尾矿库安全评价技术

谢旭阳　梅国栋　李　坤等　编著

内 容 简 介

本书介绍了尾矿库基本知识，阐述了尾矿库安全预评价、安全设施竣工验收评价、现状评价、中期稳定性评价的作用、定位、报告结构、依据、定性定量评价细则、安全对策措施建议等，还介绍了尾矿库定量评价方法和定量计算软件使用方法，对于规范尾矿库安全评价工作具有指导意义。

本书适用于尾矿库安全评价、安全设施设计、安全管理人员、各级安全监管人员，相关领域研究、教学人员及在校大学生参考。

图书在版编目(CIP)数据

尾矿库安全评价技术 / 谢旭阳等编著. —— 北京：气象出版社，2020.5
ISBN 978-7-5029-7162-5

Ⅰ.①尾… Ⅱ.①谢… Ⅲ.①尾矿-矿山安全-安全评价 Ⅳ.①TD926.4

中国版本图书馆 CIP 数据核字(2020)第 070499 号

出版发行	：气象出版社			
地　　址	：北京市海淀区中关村南大街 46 号		邮政编码	：100081
电　　话	：010-68407112(总编室)　010-68408042(发行部)			
网　　址	：http://www.qxcbs.com		E-mail	：qxcbs@cma.gov.cn
责任编辑	：杨　辉		终　　审	：张　斌
责任校对	：王丽梅		责任技编	：赵相宁
封面设计	：追韵文化			
印　　刷	：北京中石油彩色印刷有限责任公司			
开　　本	：787 mm×1092 mm　1/16		印　　张	：14.75
字　　数	：370 千字		彩　　插	：4
版　　次	：2020 年 5 月第 1 版		印　　次	：2020 年 5 月第 1 次印刷
定　　价	：75.00 元			

本书如存在文字不清、漏印以及缺页、倒页、脱页等，请与本社发行部联系调换

前　言

据统计，我国目前共有尾矿库万余座，根据国家相关规定，尾矿库在初步设计前需进行安全预评价，在投入使用前需进行安全验收评价，每隔三年在安全生产许可证续期前需进行现状评价，上游式尾矿库在堆积到 1/2~2/3 坝高时需对尾矿库进行中期稳定性评价。2016 年，为规范尾矿库建设项目的安全预评价工作和验收评价工作，《国家安全监管总局关于印发金属非金属矿山建设项目安全评价报告编写提纲的通知》（安监总管一〔2016〕49 号）发布，文件中的《金属非金属矿山尾矿库建设项目安全预评价报告编写提纲》《金属非金属矿山尾矿库建设项目安全验收评价报告编写提纲》和《金属非金属矿山尾矿库建设项目安全验收表》等对尾矿库的预评价和验收评价具有很强的指导性，这些文件虽然没有涉及尾矿库的现状评价、中期稳定性评价，但对定量计算和分析提出了要求。

为方便相关人员开展评价工作，本书对尾矿库安全预评价、验收评价、现状评价、中期稳定性评价中的相关要求进行了明确，并介绍了相关的定性定量评价方法、相关的软件等，便于更加规范地进行尾矿库评价工作。

本书第 1 章介绍了尾矿库相关的基本知识，主要包括尾矿设施的功能与组成、尾矿库类型、尾矿库库容、尾矿库等别、初期坝、堆积坝、排洪构筑物、尾矿库观测设施以及危险、有害因素分类。第 2 章介绍了尾矿库安全预评价，主要包括预评价的作用与地位、预评价报告结构、预评价报告前言、预评价报告对象与依据、建设项目概述、定性定量评价、安全对策措施建议、评价结论、附图、安全预评价所需的资料等。第 3 章介绍了尾矿库验收评价，主要包括验收评价的定位、验收评价报告结构、验收评价报告前言、验收评价范围与依据、建设项目概述、安全设施符合性评价、安全对策措施建议、评价结论、附件、附图、安全验收评价所需的资料等。第 4 章介绍了尾矿库现状评价，主要包括现状评价的定位、现状评价报告结构、现状评价报告前言、现状评价范围与依据、尾矿库概述、定性定量评价、安全对策措施建议、评价结论、附件、附图、现状评价所需的资料等。第 5 章介绍了尾矿库中期稳定性评价，主要包括稳定性评价报告结构、中期稳定性评价报告前言、评价对象与依据、尾矿库概述、勘探概述、稳定性分析、场地地震效应分析、安全对策措施建议、评价结论、附件等。第 6 章介绍了尾矿库定量评价方法，主要包括坝体渗流计算、稳定性计算、地震液化及动力分析、调洪演算、爆破对尾矿库的影响分析等。第 7 章介绍了尾矿库定量计算软件，主要包括 MIKE21、GeoStudio、Midas/GTS、BT-PFS2018 等。

本书有助于指导尾矿库安全评价、中期稳定性评价工作，可以作为尾矿库安全评价、安全设施设计、安全管理及各级安全监管人员的参考工具，同时也可以作为尾矿库相关科研人员的参考资料。本书主要供读者参考,具体项目评价时,需要根据尾矿库的具体情况进行评价。

感谢参考文献的作者,同时感谢同事们的支持和帮助。本书由谢旭阳主编并负责统稿和定稿,其中梅国栋、卢欣奇参与了第1章的编写,杨小聪、李坤、李垚萱参与了第2章的编写,谢源、卢尧、吴永刚参与了第3章的编写,余斌、梅国栋、崔益源参与了第4章的编写,梅国栋、李垚萱参与了第5章的编写,周汉民、王莎、王雅莉参与了第6章的编写,李坤、王莎参与了第7章的编写。

本书难免存在不当之处,敬请读者指正。

作　者

2019年9月

目 录

前言
第1章 尾矿库基本知识 (1)
　1.1 尾矿设施的功能及组成 (1)
　1.2 尾矿库 (1)
　1.3 尾矿坝 (5)
　1.4 排洪构筑物 (11)
　1.5 尾矿库观测设施 (13)
　1.6 尾矿库安全度 (13)
　1.7 危险、有害因素分类 (15)

第2章 尾矿库安全预评价 (19)
　2.1 安全预评价的作用及定位 (19)
　2.2 安全预评价报告结构 (21)
　2.3 安全预评价报告前言 (23)
　2.4 评价对象与依据 (24)
　2.5 建设项目概述 (25)
　2.6 定性定量评价 (28)
　2.7 安全对策措施建议 (59)
　2.8 评价结论 (59)
　2.9 附图 (60)
　2.10 附件 (60)
　2.11 安全预评价所需的资料 (60)

第3章 尾矿库建设项目安全设施竣工验收评价 (61)
　3.1 验收评价的定位 (61)
　3.2 安全验收评价报告结构 (62)
　3.3 验收评价报告前言 (64)
　3.4 评价范围与依据 (64)
　3.5 建设项目概述 (66)
　3.6 安全设施符合性评价 (74)
　3.7 安全对策措施建议 (90)
　3.8 评价结论 (90)
　3.9 附件 (91)

3.10 附图 …………………………………………………………………………（91）
3.11 安全验收评价所需的资料 ………………………………………………（91）

第4章 尾矿库现状评价 ……………………………………………………（94）
4.1 现状评价的定位 ……………………………………………………………（94）
4.2 现状评价报告结构 …………………………………………………………（94）
4.3 现状评价报告前言 …………………………………………………………（96）
4.4 评价范围与依据 ……………………………………………………………（96）
4.5 尾矿库概述 …………………………………………………………………（97）
4.6 定性定量评价 ………………………………………………………………（100）
4.7 安全对策措施建议 …………………………………………………………（121）
4.8 评价结论 ……………………………………………………………………（122）
4.9 附图 …………………………………………………………………………（122）
4.10 附件 ………………………………………………………………………（123）
4.11 现状评价所需的资料 ……………………………………………………（123）

第5章 尾矿库中期稳定性评价 ……………………………………………（125）
5.1 稳定性评价报告结构 ………………………………………………………（125）
5.2 中期稳定性评价报告前言 …………………………………………………（126）
5.3 评价对象与依据 ……………………………………………………………（126）
5.4 尾矿库概述 …………………………………………………………………（127）
5.5 勘探情况概述 ………………………………………………………………（128）
5.6 稳定性分析 …………………………………………………………………（137）
5.7 场地地震效应 ………………………………………………………………（139）
5.8 对策措施建议 ………………………………………………………………（141）
5.9 评价结论 ……………………………………………………………………（141）
5.10 附件 ………………………………………………………………………（141）

第6章 尾矿库定量评价方法 ………………………………………………（143）
6.1 坝体渗流计算 ………………………………………………………………（143）
6.2 稳定性计算 …………………………………………………………………（159）
6.3 地震液化及动力分析 ………………………………………………………（166）
6.4 调洪演算 ……………………………………………………………………（175）
6.5 爆破对尾矿库的影响分析 …………………………………………………（201）

第7章 定量计算软件介绍 …………………………………………………（206）
7.1 MIKE21 ……………………………………………………………………（206）
7.2 GeoStudio …………………………………………………………………（212）
7.3 Midas/GTS …………………………………………………………………（218）
7.4 BTPFS2018 …………………………………………………………………（223）

参考文献 ………………………………………………………………………（229）

第1章　尾矿库基本知识

1.1　尾矿设施的功能及组成

金属或非金属矿山开采出的矿石,经选矿厂选出有价值的精矿后产生砂一样的"废渣",称作尾矿。将选矿厂排出的尾矿送往指定地点堆存或利用的技术叫作尾矿处理。为尾矿处理所建造的设施系统,称作尾矿设施。

尾矿设施一般包括:尾矿堆存系统、尾矿回水系统、尾矿水处理系统等部分(图1.1)。

(1)尾矿堆存系统

一般常简称为尾矿库,包括库区、尾矿坝、排洪构筑物和观测设施等,用以储存选矿厂排出的尾矿。

(2)尾矿回水系统

包括回水泵站、回水管道和回水池等,用以回收尾矿库或浓缩池的澄清水,送回选矿厂供选矿生产重复利用。

(3)尾矿水处理系统

包括污水处理站和截渗、回收设施等,用以处理不符合重复利用或排放标准要求的尾矿水,使之达到标准。

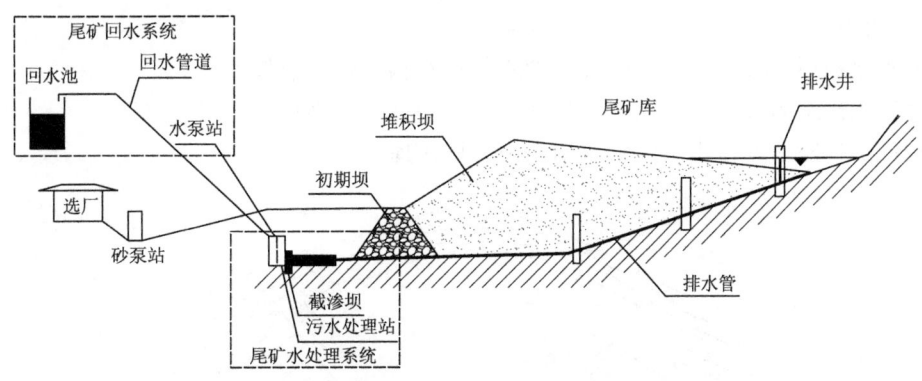

图1.1　尾矿设施示意图

1.2　尾矿库

1.2.1　尾矿库类型

(1)山谷型尾矿库

山谷型尾矿库是在山谷谷口处筑坝形成的尾矿库(图1.2)。山谷型尾矿库具有如下特点：

①初期坝相对较短，坝体工程量较小，后期尾矿堆坝相对较易管理维护，当堆坝较高时，可获得较大的库容；

②库区纵深较长，尾矿水澄清距离及干滩长度易满足设计要求；

③汇水面积较大时，排洪设施工程量相对较大。

我国现有的大、中型尾矿库大多属山谷型尾矿库。

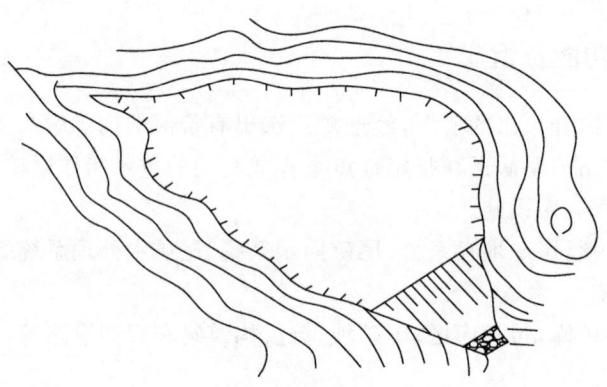

图 1.2　山谷型尾矿库示意图

（2）傍山型尾矿库

傍山型尾矿库是在山坡脚下依山筑坝所围成的尾矿库（图 1.3）。傍山型尾矿库具有如下特点：

①初期坝相对较长，初期坝和后期尾矿堆坝工程量较大；

②由于库区纵深较短，尾矿水澄清距离及干滩长度受到限制，后期坝堆筑高度一般不太高，故库容较小；

③汇水面积小，调洪能力较低，排洪设施的进水构筑物一般较大；

④由于尾矿水的澄清条件和防洪控制条件较差，管理、维护相对比较复杂。

我国低山丘陵地区中小矿山常选用傍山型尾矿库。

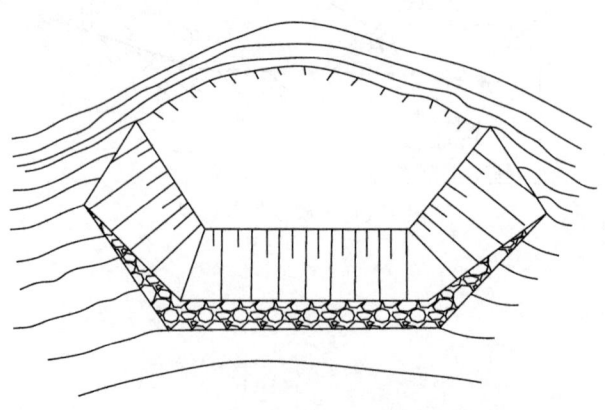

图 1.3　傍山型尾矿库示意图

(3) 平地型尾矿库

平地型尾矿库是在平缓地形周边筑坝围成的尾矿库(图1.4)。平地型尾矿库具有如下特点：

①初期坝和后期尾矿堆坝工程量大，维护管理比较麻烦；

②由于周边堆坝，库区面积越来越小，尾矿沉积滩坡度越来越缓，因而澄清距离、干滩长度都随之缩短，调洪能力随之减弱，堆坝高度受到限制，一般不高；

③汇水面积小，排水构筑物相对较小。

我国平原或沙漠戈壁地区常采用平地型尾矿库，例如金川集团股份有限公司、包头钢铁(集团)有限责任公司和山东省一些金矿企业的尾矿库。

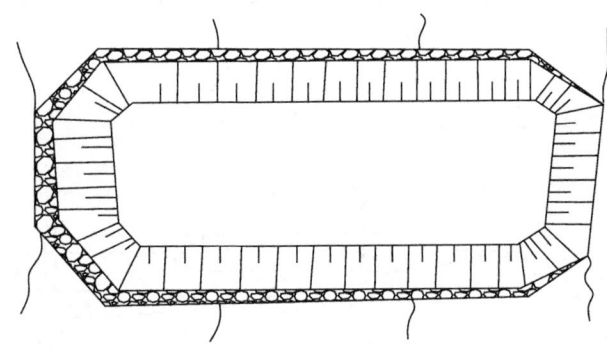

图1.4 平地型尾矿库示意图

(4) 截河型尾矿库

截河型尾矿库是截取一段河床，在其上、下游两端分别筑坝形成的尾矿库(图1.5)。有的在宽浅式河床上留出一定的流水宽度，三面筑坝围成尾矿库，也属此类。截河型尾矿库具有如下特点：

①不占农田；

②库区汇水面积一般不大，但尾矿库上游的汇水面积通常较大，库内和库上游都要设置排水系统，配置较复杂，规模庞大。

截河型尾矿库维护管理比较复杂，我国采用不多。

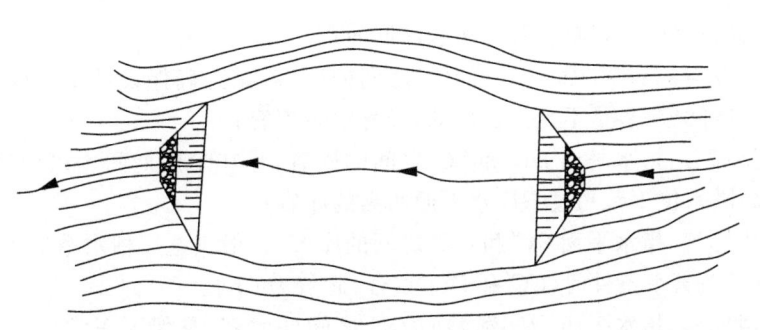

图1.5 截河型尾矿库示意图

1.2.2 尾矿库库容

尾矿库库容指尾矿库空间容积。

(1) 全库容

尾矿坝某标高顶面、下游坡面及库底面所围空间的容积,包括有效库容、澄清库容、蓄水库容、调洪库容和安全库容五个部分(图1.6)。

(2) 有效库容

某坝顶标高时,初期坝内坡面、堆积坝外坡面以里(对下游式尾矿筑坝则为坝内坡面以里)、沉积滩面以下、库底以上的空间,即容纳尾矿的库容。

(3) 调洪库容

某坝顶标高时,沉积滩面、正常水位以上的库底、正常水位三者以上,最高洪水位以下的空间。

(4) 总库容

设计最终堆积标高时的全库容。

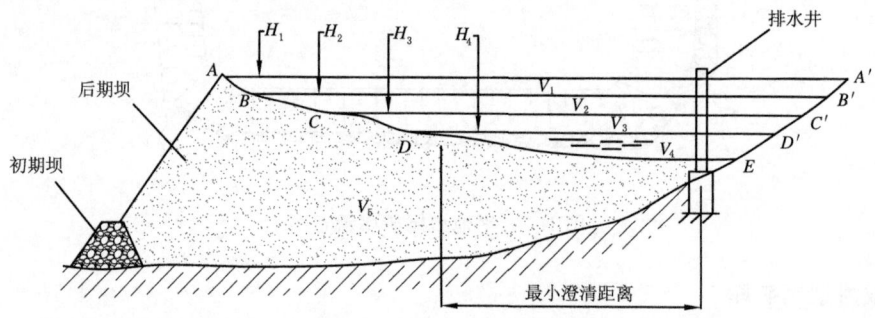

图1.6 尾矿库库容组成图

尾矿库库容计算参照图1.6。

H_1——某一坝顶标高,对应的水平面为AA';

H_2——设计洪水水位,对应的水平面BB';

H_3——蓄水水位,对应的水平面为CC';

H_4——正常生产的最低水位,通常也称死水位,对应的水平面为DD',由最小澄清距离确定;

DE——细颗粒尾矿沉积滩面及矿泥悬浮层面;

V_1——安全库容:指水平面AA'与BB'之间的库容,是为确保设计洪水位时坝体安全超高和安全滩长的空间容积,是不允许占用的,又称空余库容;

V_2——调洪库容:指水平面BB'和CC'之间的库容,是在暴雨期间用以调节洪水的库容,是设计确保最高洪水位不致超过BB'水平面所需的库容;

V_3——蓄水库容:指水平面CC'和DD'之间的库容,一般供选厂枯水季生产水源紧张时使用,当尾矿库不具备蓄水条件时,CC'和DD'重合,此值为0;

V_4——澄清库容:指水平面DD'和滩面DE之间的库容,是保证正常生产时水量平衡和溢流水水质得以澄清的最低水位所占用的库容,俗称死库容;

V_5——有效库容:指滩面$ABCDE$以下沉积尾矿以及悬浮状矿泥所占用的容积,是尾矿库实际可容纳尾矿的库容。

尾矿库的全库容 V 是指某坝顶标高顶面、下游坡面及库底面所围空间的容积，是安全库容、调洪库容、蓄水库容、澄清库容和有效库容的总和，用公式表示为：

$$V = V_1 + V_2 + V_3 + V_4 + V_5 \tag{1.1}$$

尾矿库的总库容是指尾矿堆积至设计最终坝顶标高时的全库容。

1.2.3 尾矿库等别

尾矿库的等别从高到低分为五等。根据《尾矿设施设计规范》(GB 50863—2013)，尾矿库等别根据尾矿库的最终全库容及最终坝高按表 1.1 确定。尾矿库各使用期的设计等别根据该期的全库容和坝高分别按表 1.1 确定。当按尾矿库的全库容和坝高分别确定的尾矿库等别的等差为一等时，以高者为准；当等差大于一等时，按高者降低一等。除一等库外，下游有重要城镇、工矿企业、铁路干线或高速公路等时，经充分论证后，其设计等别可提高一等。露天废弃采坑及凹地储存尾矿，且周边未建尾矿坝时，不定等别；周边建尾矿坝时，应根据坝高及其形成的库容确定尾矿库的等别。

表 1.1　尾矿库各使用期的设计等别

等别	全库容 V(万 m^3)	坝高 H(m)
一	$V \geqslant 50000$	$H \geqslant 200$
二	$10000 \leqslant V < 50000$	$100 \leqslant H < 200$
三	$1000 \leqslant V < 10000$	$60 \leqslant H < 100$
四	$100 \leqslant V < 1000$	$30 \leqslant H < 60$
五	$V < 100$	$H < 30$

尾矿库构筑物的级别根据尾矿库的等别及其重要性按表 1.2 确定，尾矿库副坝应根据坝高及其对应的库容按照表 1.1 确定的尾矿库等别确定其构筑物级别。

表 1.2　尾矿库构筑物的级别

尾矿库等别	构筑物的级别		
	主要构筑物	次要构筑物	临时构筑物
一	1	3	4
二	2	3	4
三	3	5	5
四	4	5	5
五	5	5	5

注：主要构筑物是指尾矿坝、库内排水构筑物等失事后将造成下游灾害的建筑物；次要构筑物是指除主要构筑物外的永久性构筑物；临时构筑物是指施工期临时使用的构筑物。

1.3 尾矿坝

尾矿坝是指拦挡尾矿和水的尾矿库外围构筑物，常泛指尾矿库初期坝和堆积坝的总体。初期坝是指用土、石等材料筑成的，作为尾矿堆积坝的排渗或支撑体的坝。堆积坝是指生产过程中在初期坝坝顶以上用尾矿充填堆筑而成的坝。

1.3.1 初期坝

(1)初期坝的类型

初期坝的类型主要有不透水初期坝和透水初期坝两种。

不透水初期坝是指用透水性较小的材料筑成的初期坝。因其透水性远小于库内尾矿的透水性,不利于库内沉积尾矿的排水固结。当尾矿堆高后,浸润线往往从初期坝坝顶以上的尾矿堆积坝坝坡逸出,造成坝面沼泽化,不利于后期坝坝体的稳定。这种坝型适用于挡水式尾矿坝或尾矿堆坝不高的尾矿坝。

透水初期坝是指用透水性较好的材料筑成的初期坝。因其透水性大于库内沉积尾矿,有利于后期坝的排水固结,并可降低坝体浸润线,提高坝体的稳定性。它是比较合理的初期坝坝型。

(2)初期坝的坝型及其特点

初期坝的坝型根据构筑材料主要有均质土坝,透水堆石坝,砂、石透水堆石坝,废石坝,砌石坝,混凝土坝等类型。

①均质土坝

均质土坝是用黏土、粉质黏土或风化土料筑成的坝(图1.7),它像水坝一样,属典型的不透水坝型。在坝的外坡脚往往设有毛石堆成的排水棱体,以降低坝体浸润线。

该坝型对坝基工程地质条件要求不高,施工简单,造价较低,在早期或缺少石材地区应用较多。

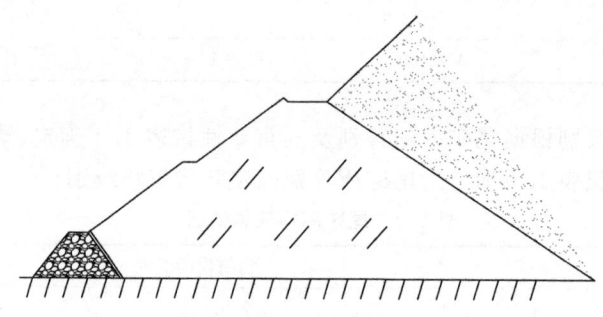

图1.7 均质土坝示意图

若在均质土坝内坡面和坝底面铺筑可靠的排渗层(图1.8),使尾矿堆积坝内的渗水通过此排渗层排到坝外,便形成了适用于后期尾矿堆坝要求的透水土坝。

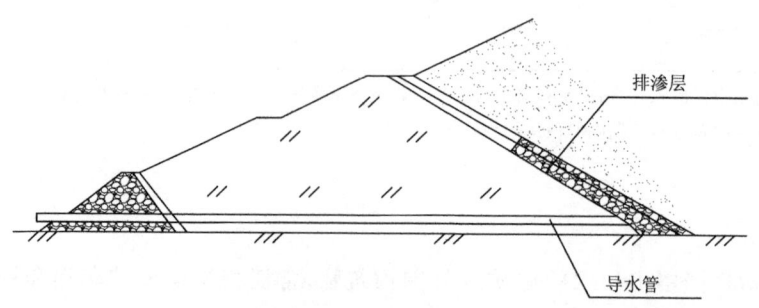

图1.8 铺筑排渗层的均质土坝示意图

②透水堆石坝

透水堆石坝是用堆石料堆筑成的坝(图1.9)。透水堆石坝一般在坝的上游坡面用天然反滤料或土工布铺设反滤层,防止尾砂流失。该坝型能有效地降低后期坝的浸润线。由于它对后期坝的稳定有利,且施工简便,成为20世纪60年代以来广泛采用的初期坝坝型。

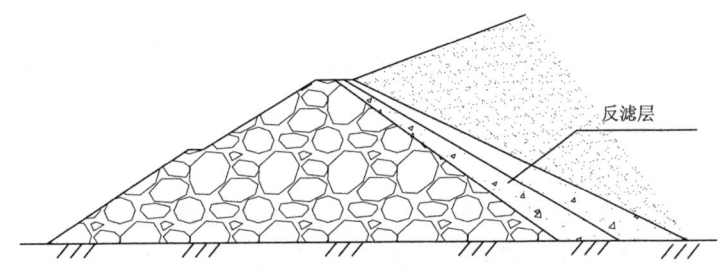

图1.9 透水堆石坝示意图

③砂、石透水堆石坝

砂、石透水堆石坝对坝基工程地质条件要求不高。当质量较好的石料数量不足时,也可采用一部分较差的砂石料来筑坝。此时可将质量较好的石料铺筑在坝体底部及上游坡一侧(浸水饱和部位),而将质量较差的砂石料铺筑在坝体的次要部位(图1.10)。

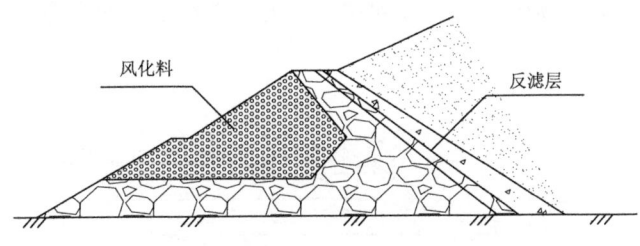

图1.10 砂、石透水堆石坝示意图

④废石坝

废石坝是用采矿场剥离的废石材料筑的坝,有两种情况:一种是当废石质量符合强度和块度要求时,可按正常堆石坝要求筑坝;另一种是结合采矿场废石排放筑坝,废石不经挑选,用汽车或轻便轨道直接上坝卸料,这种坝的下游坝坡为废石的自然安息角,为安全计,坝顶宽度较大(图1.11)。在废石坝的上游坡面应设置砂砾料或土工布做成的反滤层,以防止坝体土颗粒透过堆石而流失。

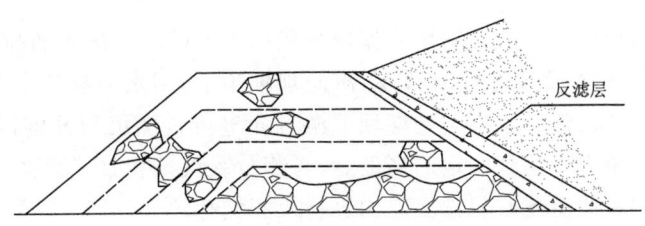

图1.11 废石坝示意图

⑤砌石坝

砌石坝是用块石或条石砌成的坝,分干砌石坝和浆砌石坝两种。砌石坝的坝体强度较高,坝坡可做得比较陡,能节省筑坝材料,但造价较高。可用于高度不大的尾矿坝,但对坝基的工程地质条件要求较高,坝基最好是基岩,以免坝体产生不均匀沉降,导致坝体产生裂缝。

⑥混凝土坝

混凝土坝,顾名思义是用混凝土浇筑成的坝。这种坝整体性好、强度高,因而坝坡可做得很陡,筑坝工程量比其他坝型都小,但工程造价高,对坝基条件要求高,采用者比较少。

1.3.2 堆积坝

1.3.2.1 堆积坝功能与特点

堆积坝是指生产过程中在初期坝坝顶以上用尾砂充填堆筑而成的坝,实质上是尾矿沉积体,这种水力充填沉积的砂性土边坡稳定性能较差;大、中型尾矿堆积坝最终的高度往往比初期坝高得多,是尾矿坝的主体部分。

1.3.2.2 堆积坝型式

(1)上游式筑坝

上游式筑坝是向初期坝上游方向堆积尾矿加高坝体的一种筑坝工艺(图1.12)。当尾矿库内的尾矿充满至坝顶时,在距坝顶一定距离外的尾矿库沉积滩上就地挖尾矿,沿坝轴线方向堆筑子坝,形成新的库容。将放矿管移到子坝坝顶继续放矿充填、筑坝。当库内尾矿充满至子坝坝顶时,再进行下一级子坝的堆筑。如此按一定的边坡坡度逐渐向库内方向推进,直到最终堆积高程。

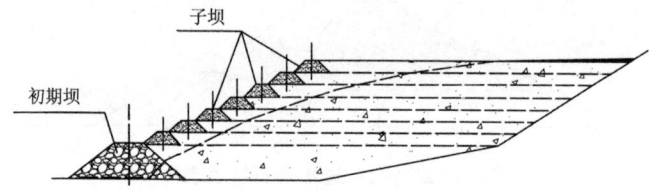

图1.12 上游式尾矿坝示意图

上游式筑坝的特点是坝轴线的位置不断向上游推移,无上游坝面轮廓线,坝体与沉积滩联为一体,由流动矿浆中的尾矿颗粒自然沉积形成。沉积体内存在多层细泥夹层,这一方面降低了坝体的渗透性,抬高了浸润线的位置,另一方面使坝的抗剪强度降低。因此,上游式筑坝的稳定性较差,抗地震液化性能差,如不采取一定的措施,不适于在高地震烈度地区使用。但上游式筑坝工艺简单、管理方便、运营费用低,国内外均普遍采用。

(2)下游式筑坝

下游式筑坝是向初期坝下游方向用旋流器分级粗砂堆(冲)积尾矿加高坝体而成的一种筑坝工艺(图1.13)。尾矿库投入运行以后,在初期坝坝顶上,用水力旋流器将选矿厂的尾矿分级。分级后含粗颗粒的底流矿浆排至初期坝下游方向进行自然沉积并辅以机械修整和压实,形成下游坝体。当下游坝体达到一定的高度后,再将分级设备和放矿管移到新坝顶上,直到最终堆积高程。含细颗粒的溢流矿浆排至库内进行沉积储存。

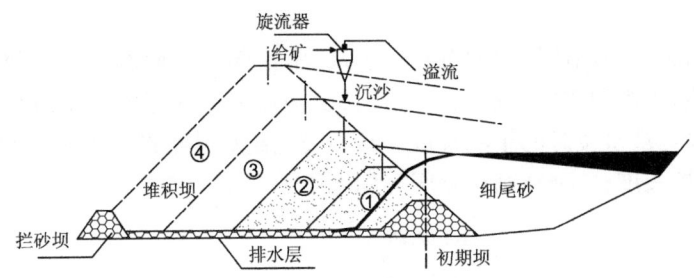

图 1.13 下游式尾矿坝示意图
①1 期子坝;②2 期子坝;③3 期子坝;④4 期子坝

下游式筑坝的特点是坝轴线不断向下游移位,坝体有明确的轮廓线。坝体由粗粒尾砂沉积而成,很少有细泥夹层,渗透性良好,抗剪强度高。因此,坝体稳定性好,抗地震液化能力强,适用于高地震烈度地区的筑坝。但采用此法需满足一定的条件:一是要求尾矿可以分离出足够数量的粗颗粒用以筑坝;二是坝址地形狭口足够长,可以布置下坝体。在筑坝过程中,需控制坝顶与库内沉积滩面的高差,保持均衡上升,以满足防洪要求。下游式筑坝生产管理与维护比较复杂,成本较高。国外使用较多,我国采用较少。

(3)中线式筑坝

中线式筑坝是在初期坝坝轴线位置上用水力旋流器沉砂堆(冲)积尾矿加高坝体而成的一种筑坝工艺(图 1.14)。尾矿库投入运行以后,在初期坝坝顶上用水力旋流器将选矿厂送来的尾矿库分级。分级后的含粗颗粒的底流矿浆沿坝轴线方向均匀地向初期坝上、下两个方向排放,进行自然沉积并辅以机械修整和压实,形成新坝体。当坝体达到一定的高度后,再将分级设备和放矿管移到新坝顶上,继续分级、放矿、筑坝。新坝逐渐升高,直至最终堆积高程。含细颗粒的溢流矿浆排至库内进行沉积储存。

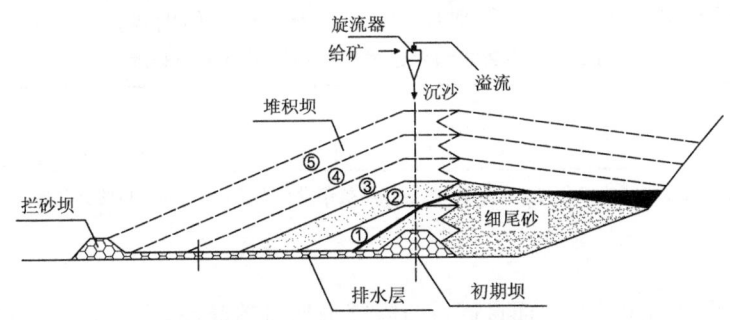

图 1.14 中线式尾矿坝示意图
①1 期子坝;②2 期子坝;③3 期子坝;④4 期子坝;⑤5 期子坝

中线式筑坝的特点是坝轴线的位置总是与初期坝坝轴线吻合,不向上、下游移位,坝体有明确的轮廓线。其下游侧坝体的筑坝质量与下游式筑坝相同,而上游侧坝体与尾矿沉积滩则成垂直的锯齿形接触面。因此,中线式筑坝的优缺点介于上游式筑坝和下游式筑坝之间,抗地震液化性能优于上游式,而筑坝要求的粗颗粒尾矿数量可比下游式少一些,坝址狭口长度也可以短一些,在筑坝过程中,同样需控制坝顶与库内沉积滩面的高差,保持均衡上升,以满足防洪要求。中线式筑坝的尾矿库生产管理与维护也比上游式筑坝复杂。

1.3.2.3 沉积滩

沉积滩是指水力冲积尾矿形成的沉积体表层,常指露出水面部分。滩顶是指沉积滩面与堆积坝外坡的交线,为沉积滩的最高点。干滩长度是指由滩顶至库内水边线的水平距离。最小干滩长度是指设计洪水位时的干滩长度。最小安全超高是指设计洪水位时的安全超高最小允许值。滩顶、干滩长度、安全超高示意图如图1.15。

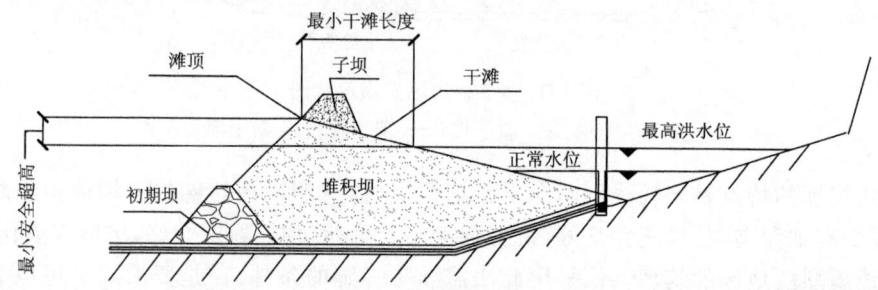

图1.15 滩顶、干滩长度、安全超高示意图

上游式尾矿库堆积坝的最小安全超高和最小干滩长度应符合表1.3的规定。

表1.3 上游式尾矿库堆积坝的最小安全超高与最小干滩长度

尾矿库等别	一	二	三	四	五
最小安全超高(m)	1.5	1.0	0.7	0.5	0.4
最小干滩长度(m)	150	100	70	50	40

注:①三等及三等以下的尾矿坝经渗流稳定论证安全时,表内最小干滩长度最多可减少30%;
②地震区的最小干滩长度尚应符合现行国家标准《构筑物抗震设计规范》(GB 50191)的有关规定。

下游式和中线式尾矿坝坝顶外缘至设计洪水位水边线的距离,宜符合表1.4的规定;同时,坝顶与设计洪水位的高差,应符合表1.3的最小安全超高值的规定。

表1.4 下游式和中线式尾矿坝的最小干滩长度

尾矿库等别	一	二	三	四	五
最小干滩长度(m)	100	70	50	35	25

注:地震区的最小干滩长度还应符合现行国家标准《构筑物抗震设计规范》(GB 50191)的有关规定。

1.3.2.4 坝高

干式尾矿库坝高为尾矿坝顶面最高点与坝脚最低点的高差,当尾矿坝坝脚有初期坝或拦砂坝作为支撑体时,为尾矿坝顶面最高点至初期坝或拦砂坝轴线处原地面的高差;湿式尾矿库采用上游式筑坝为堆积坝坝顶与初期坝坝轴线处原地面的高差,其他坝型为坝顶与坝轴线处原地面的高差。

总坝高是指与总库容相对应的最终堆积标高时的坝高,堆坝高度(堆积高度)是指尾矿堆积坝坝顶与初期坝坝顶的高差(图1.16)。

1.3.2.5 浸润线

尾矿库浸润线是指坝体中渗流水的自由表面的位置,在横剖面上为一条曲线(图1.17)。

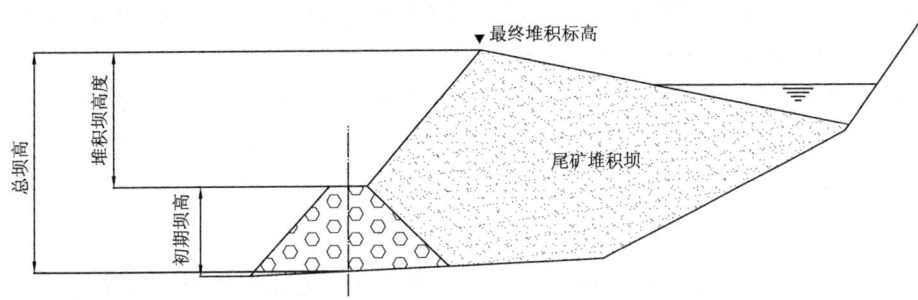

图 1.16 坝高示意图

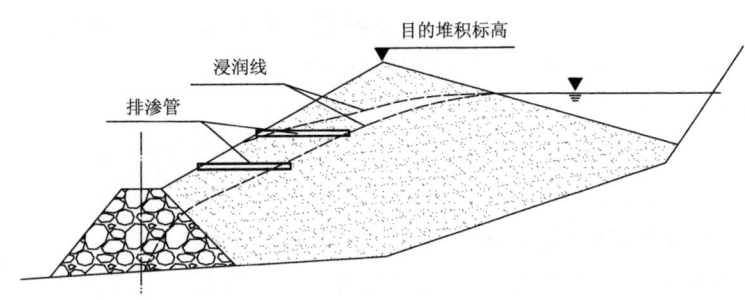

图 1.17 浸润线示意图

尾矿堆积坝下游坡浸润线的最小埋深除应满足坝坡抗滑稳定的条件外,尚应满足表 1.5 的要求。

表 1.5 尾矿堆积坝下游坡浸润线的最小埋深

堆积坝高度 H(m)	$H \geqslant 150$	$150 > H \geqslant 100$	$100 > H \geqslant 60$	$60 > H \geqslant 30$	$H < 30$
浸润线最小埋深(m)	10~8	8~6	6~4	4~2	2

注:任意高度堆积坝的浸润线最小埋深可用插入法确定。

1.4 排洪构筑物

1.4.1 防洪标准

尾矿库各使用期的防洪标准应根据使用期库的等别、库容、坝高、使用年限及对下游可能造成的危害程度等因素,按表 1.6 确定。

表 1.6 尾矿库防洪标准

尾矿库各使用期等别	一	二	三	四	五
洪水重现期(年)	1000~5000 或 PMF	500~1000	200~500	100~200	100

注:PMF 为可能最大洪水。

当确定的尾矿库等别的库容或坝高偏于该等下限,尾矿库使用年限较短或失事后对下游不会造成严重危害者,防洪标准可取下限;反之,应取上限。对于高堆坝或下游有重要居民点时,防洪标准可提高一等。尾矿库失事后会对下游环境造成极其严重危害的尾矿库,防洪标准应提高,必要时可按可能最大洪水进行设计。

采用露天废弃采坑及凹地储存尾矿的尾矿库,周边未建尾矿坝时,防洪标准应采用百年一遇的洪水;建尾矿坝时,应根据坝高及其对应的库容确定库的等别及防洪标准。

1.4.2 排洪设施

1.4.2.1 排洪设施的功能及组成

排洪设施是尾矿库必须设置的安全设施,其功能在于将汇水面积内洪水安全地排至库外,保证尾矿库在洪水运行期的安全运行。它的安全性和可靠性直接关系到尾矿库防洪安全。

尾矿库库内排洪构筑物通常由进水构筑物和输水构筑物两部分组成。尾矿坝下游坡面的雨水用排水沟排除。排洪构筑物型式的选择,应根据尾矿库排水量的大小、尾矿库地形、地质条件、使用要求以及施工条件等因素并经技术经济比较确定。

1.4.2.2 进水构筑物

进水构筑物主要有以下四种。

(1) 排水井

窗口式——整体性好,堵孔简单,但进水量小,早期应用较多。

框架式——结构合理,进水量大,操作也较简便,广泛采用。

井圈叠装式和砌块式——用预制井圈和预制砌块逐层加高,进水量大,操作要求高,整体性差,应用不多。

(2) 排水斜槽——既是进水构筑物,又是输水构筑物。随着库水位的升高,进水口的位置不断向上移动。它没有复杂的排水井,但进水量小,一般在排洪量较小时经常采用。

(3) 溢洪道——常用于一次性建库的排洪进水构筑物。为减少过水深度,常采用宽浅式溢洪道。

(4) 截洪沟——也是进水构筑物兼作输水构筑物。沿全部沟长均可进水。在较陡山坡处的截洪沟易遭暴雨冲毁,可靠性差,管理维护工作量大。

1.4.2.3 输水构筑物

输水构筑物主要有以下四种。

(1) 排水管——埋设在库底部,承受荷载较大,一般采用钢筋混凝土结构。

(2) 斜槽——钢筋混凝土或浆砌石结构。

(3) 隧洞——结构稳定性好,是大、中型尾矿库常用的输水构筑物。当排洪量较大,且地质条件较好时,隧洞方案往往比较经济。

(4) 截洪沟——钢筋混凝土或浆砌石结构。

1.4.2.4 坝坡排水沟

坝坡排水沟主要包括截水沟和排水沟。

(1) 截水沟——沿山坡与坝坡结合部设置浆砌块石,以防止山坡暴雨汇流冲刷坝肩。

(2) 排水沟——在坝体下游坡面设置纵横沟,将坝面的雨水导流排出坝外,以免雨水滞留在坝面造成坝面拉沟,影响坝体的安全。

1.4.3 尾矿水的澄清距离

尾矿水的澄清距离可根据排水的允许悬浮物含量及最大粒径计算,或参考尾矿性质类似的尾矿库经验数据确定。

尾矿澄清水中悬浮物的允许含量及最大粒径,当需要回水时,按生产工艺要求确定;当向下游河道排放时,应满足国家外排水标准的要求。

尾矿于坝前均匀排放时所需的澄清距离可按公式(1.2)计算:

$$l = hv/u = hQ/h'nau \tag{1.2}$$

式中:l——所需的澄清距离,m;

h——颗粒在静水中下沉深度(即澄清水层的深度),一般取 0.5~1.0 m;

v——平均流速,m/s;

u——颗粒在静水中的沉降速度,m/s;

Q——矿浆流量,m³/s;

h'——矿浆流动平均深度,一般取 0.5~1.0 m;

n——放矿口同时工作个数;

a——放矿口的间距,m。

1.5 尾矿库观测设施

尾矿库观测设施主要有:库水位观测设施、坝体位移观测设施、浸润线观测设施、构筑物变形观测设施、渗流水观测设施、孔隙水观测设施、坝体固结观测设施、排水水量观测设施及水质监测设施等。尾矿库观测设施分为人工观测设施和自动监测设施。

1.6 尾矿库安全度

尾矿库安全度主要根据尾矿库防洪能力和尾矿坝坝体稳定性确定,分为危库、险库、病库、正常库四级。尾矿库安全度是通过安全评价对影响尾矿库安全的各种危险、有害因素进行定性、定量分析而确定的。

尾矿库防洪能力的安全程度或可靠程度主要指防洪标准、调洪排洪能力及排洪设施安全可靠性是否符合安全规定及符合程度;

尾矿坝稳定性安全程度主要指坝体在规定的工况条件下静力、动力和渗流稳定性是否符合安全规定及符合程度。

(1)危库

危库指安全没有保障,随时可能发生垮坝事故的尾矿库。危库必须停止生产并采取应急措施。

尾矿库有下列工况之一的为危库。

①尾矿库调洪库容严重不足,在设计洪水位时,安全超高和最小干滩长度都不满足设计要求,将可能出现洪水漫顶;

②排洪系统严重堵塞或坍塌,不能排水或排水能力急剧降低;

③排水井显著倾斜,有倒塌的迹象;

④坝体出现贯穿性横向裂缝,且出现较大范围管涌、流土变形,坝体出现深层滑动迹象;

⑤经验算,坝体抗滑稳定最小安全系数小于表 1.7 规定值的 0.95;

⑥其他严重危及尾矿库安全运行的情况。

表1.7 坝坡抗滑稳定最小安全系数

最小安全系数\尾矿库等别	一	二	三	四、五
运行情况				
正常运行	1.30	1.25	1.20	1.15
洪水运行	1.20	1.15	1.10	1.05
特殊运行	1.10	1.05	1.05	1.00

危库完全不具备安全生产的基本条件,必须停产,排除险情,并迅速向安全生产监督管理部门和当地政府报告,启动相应的应急预案,根据险情的实际可采取以下应急措施:

①立即降低库水位,扩大调洪库容,加高坝体,严防洪水漫顶;

②为满足汛期最小安全超高和最小干滩长度的要求,必要时,可按最小干滩长度为坝顶宽度,用渠槽法抢筑宽顶子坝,以形成所需的安全超高和干滩长度;

③疏通、加固或修复排水构筑物,必要时可另开挖临时排洪通道;

④紧急加固坝体。

(2) 险库

险库指安全设施存在严重隐患,若不及时处理将会导致垮坝事故的尾矿库。险库必须立即停产,排除险情。

尾矿库有下列工况之一的为险库:

①尾矿库调洪库容不足,在设计洪水位时安全超高和最小干滩长度均不能满足设计要求;

②排洪系统部分堵塞或坍塌,排水能力有所降低,达不到设计要求;

③排水井有所倾斜;

④坝体出现浅层滑动迹象;

⑤经验算,坝体抗滑稳定最小安全系数小于表1.7规定值的0.98;

⑥坝体出现大面积纵向裂缝,且出现较大范围渗透水高位出逸,出现大面积沼泽化;

⑦其他危及尾矿库安全运行的情况。

险库不具备安全生产的基本条件,应根据险情实际,采取措施,排除险情。

①降低库水位,扩大调洪库容,满足汛期最小安全超高和最小干滩长度的要求;

②疏通、加固或修复排水构筑物;

③增建或扩建排水系统;

④处理滑坡,加固坝体;

⑤降低浸润线、消除管涌和流土。

(3) 病库

病库指安全设施不完全符合设计规定,但符合基本安全生产条件的尾矿库。病库应限期整改。

尾矿库有下列工况之一的为病库:

①尾矿库调洪库容不足,在设计洪水位时不能同时满足设计规定的安全超高和最小干滩长度的要求;

②排洪设施出现不影响安全使用的裂缝、腐蚀或磨损;

③经验算,坝体抗滑稳定最小安全系数满足表 1.7 规定值,但部分高程上堆积边坡过陡,可能出现局部失稳;

④浸润线位置局部过高,有渗透水出逸,坝面局部出现沼泽化;

⑤坝面局部出现纵向或横向裂缝;

⑥坝面未按设计设置排水沟,冲蚀严重,形成较多或较大的冲沟;

⑦坝端无截水沟,山坡雨水冲刷坝肩;

⑧堆积坝外坡未按设计覆土、植被;

⑨其他不影响尾矿库基本安全生产条例的非正常情况。

对于病库,应采取以下措施在限定的时间内按照正常库标准进行整治,消除事故隐患:

①抓紧进行防洪治理,确保汛前彻底完成治理;

②加固、修复排水构筑物;

③加固坝体或适当削坡,处理局部裂缝;

④实施降水措施降低浸润线,消除管涌和流土;

⑤修整坝坡,开挖坝肩截水沟。

(4)正常库

尾矿库同时满足下列工况的为正常库:

①尾矿库在设计洪水位时能同时满足设计规定的安全超高和最小干滩长度的要求;

②排水系统各构筑物符合设计要求,工况正常;

③尾矿坝的轮廓尺寸符合设计要求,稳定安全系数满足设计要求;

④坝体渗流控制满足要求,运行工况正常。

正常库应运行工况正常、管理规范、资料齐全,完全具备安全生产条件。

1.7 危险、有害因素分类

危险因素是指能对人造成伤亡或对物造成突发性损害的因素,有害因素是指能影响人的身体健康、导致疾病或对物造成慢性损害的因素。通常情况下,二者并不加以区分而统称为危险、有害因素。危险、有害因素主要是指客观存在的危险、有害物质或能量超过一定限值的设备、设施、场所等。

危险、有害因素分类的方法有多种,一般为按导致事故原因分类、参照《企业职工伤亡事故分类标准》(GB 6441—1986)分类、按职业健康分类等多种方法。在尾矿库危险、有害因素分析中,一般按照《企业职工伤亡事故分类标准》(GB 6441—1986)进行分类。

1.7.1 按导致事故原因分类

按照《生产过程危险和有害因素分类与代码》(GB/T 13861—2009)的规定,生产过程中的危险、有害因素分为人的因素、物的因素、环境因素、管理因素等 4 类。

(1)人的因素。指在生产活动中,来自人员自身或人为性质的危险、有害因素,包括心理、生理性危险和有害因素、行为性危险和有害因素。

心理、生理性危险和有害因素包括:负荷超限(如体力、听力、视力等负荷超限)、健康状况异常、从事禁忌作业、心理异常(如情绪异常、冒险心理、过度紧张等)、辨识功能缺陷(如感知延迟、辨识错误)等。

行为性危险和有害因素包括：指挥错误（如指挥失误、违章指挥等）、操作错误（如误操作、违章作业等）、监护失误等。

（2）物的因素。指机械、设备、设施、材料等方面存在的危险、有害因素，包括物理性危险和有害因素、化学性危险和有害因素、生物性危险和有害因素等。

物理性危险和有害因素包括：设备、设施、工具、附件缺陷（如强度不够、刚度不够、稳定性差、密封不良、耐腐蚀性差、应力集中、外形缺陷、外露运动件、操纵器缺陷、制动器缺陷、控制器缺陷等）、防护缺陷（如无防护、防护装置和设施缺陷、防护不当、支撑不当、防护距离不够等）、电伤害（如带电部位裸露、漏电、静电和杂散电流、电火花等）、噪声（如机械性噪声、电磁性噪声、液体动力性噪声等）、振动危害（如机械性振动、电磁性振动、液体动力性振动等）、电离辐射、非电离辐射（如紫外辐射、激光辐射、微波辐射、超高频辐射、高频电磁辐射、工频电场）、运动物危害（如抛射物、飞溅物、坠落物、反弹物、土岩体滑动、料堆/垛滑动、气流卷动等）、明火、高温物质（如高温气体、液体、固体等）、低温物质（如低温气体、液体、固体等）、信号缺陷（如无信号设施、信号选用不当、信号位置不当、信号不清、信号显示不准等）、标志缺陷（如无标志、标志不清晰、不规范、标志选用不当、标志位置缺陷等）、有害光照。

化学性危险和有害因素包括：爆炸品、压缩气体和液化气体、易燃液体、易燃固体、自燃物品和遇湿易燃物品、氧化剂和有机过氧化物、有毒品、放射性物品、腐蚀品、粉尘与气溶胶等。

生物性危险和有害因素包括：致病微生物（如细菌、病毒、真菌等）、传染病媒介物、致害动物、致害植物等。

（3）环境因素。指生产作业环境中的危险、有害因素，包括室内作业场所环境不良、室外作业场所环境不良、地下（含水下）作业环境不良等。

室内作业场所环境不良包括：室内地面滑，室内作业场所狭窄，室内作业场所杂乱，室内地面不平，室内梯架缺陷，地面、墙和天花板上的开口缺陷，房屋基础下沉，室内安全通道缺陷，房屋安全出口缺陷，采光照明不良，作业场所空气不良，室内温度、湿度、气压不适，室内给排水不良，室内涌水，等等。

室外作业场所环境不良包括：恶劣气候与环境，作业场地和交通设施湿滑，作业场地狭窄，作业场地杂乱，作业场地不平，脚手架、阶梯和活动梯架缺陷，地面开口缺陷，建筑物和其他结构缺陷，门和围栏缺陷，作业场地基础下沉，作业场地安全通道缺陷，作业场地安全出口缺陷，作业场地光照不良，作业场地空气不良，作业场地温度、湿度、气压不适，作业场地涌水，等等。

地下（含水下）作业环境不良包括：隧道/矿井顶面缺陷、隧道/矿井正面或侧壁缺陷、隧道/矿井地面缺陷、地下作业环境空气不良、地下火、冲击地压、地下水、水下作业供氧不当等。

（4）管理因素。是指管理和管理责任缺失所导致的危险、有害因素，包括安全管理机构不健全、安全责任制未落实、管理规章制度不完善（如建设项目"三同时"制度即安全设施必须与主体工程同时设计、同时施工、同时投入生产和使用制度未落实、操作规程不规范、事故应急预案及响应缺陷、培训制度不完善等）、安全投入不足、管理不完善等。

1.7.2 按《企业职工伤亡事故分类标准》分类

按照《企业职工伤亡事故分类》（GB 6441—1986）标准，综合考虑起因物、引起事故的诱导性原因、致害物、伤害方式等，将事故分为：物体打击、车辆伤害、机械伤害、起重伤害、触电、淹溺、灼烫、火灾、高处坠落、坍塌、冒顶片帮、透水、放炮、火药爆炸、瓦斯爆炸、锅炉爆炸、容器爆炸、其他爆炸、中毒和窒息及其他伤害共20类。

(1)物体打击。指物体在重力或其他外力的作用下产生运动,打击人体造成人身伤亡事故,如落物、滚石、锤击、碎裂、崩块等造成的伤害,但不包括因机械设备、车辆、起重机械、坍塌等引发的物体打击。

(2)车辆伤害。指企业机动车辆在行驶中引起的人体坠落和物体倒塌、下落、挤压伤亡事故,如机动车辆在行驶中的挤、压、撞车或倾覆等事故,在行驶中的上下车、搭乘矿车或放飞车所引起的事故,以及车辆运输挂钩、跑车事故等,不包括起重设备提升、牵引车辆和车辆停驶时发生的事故。

(3)机械伤害。指机械设备运动(静止)部件、工具、加工件直接与人体接触引起的夹击、碰撞、剪切、卷入、绞、碾、割、刺等伤害,不包括车辆、起重机械引起的机械伤害。

(4)起重伤害。指各种起重作业(包括起重机安装、检修、试验)中发生的挤压、坠落(吊具、吊重)物体打击。

(5)触电。指电流经过人体造成生理伤害的事故,包括雷击伤亡事故。

(6)淹溺。包括高处坠落淹溺,但不包括矿山井下透水淹溺。

(7)灼烫。指火焰烧伤、高温物体烫伤、化学灼伤(酸、碱、盐、有机物引起的体内外灼伤)、物理灼伤(光、放射性物质引起的体内外灼伤),不包括电灼伤和火灾引起的烧伤。

(8)火灾。指造成人身伤亡的企业火灾事故。

(9)高处坠落。指在高处作业中发生坠落造成的伤亡事故,适用于脚手架、平台、陡壁施工等高于地面的坠落,也适用于踏空失足坠入洞、坑、沟、漏斗口等情况,但不包括触电坠落事故。

(10)坍塌。指物体在外力或重力作用下,超过自身的强度极限或因结构稳定性破坏而造成的事故,如挖沟时的土石塌方、脚手架坍塌、堆置物倒塌等,不适用于矿山冒顶片帮和车辆、起重机械、爆破引起的坍塌。

(11)冒顶片帮。冒顶是指顶板发生垮落,片帮是指矿井工作面、巷道侧壁等由于支护不当、压力过大所造成的坍塌。适用于矿山、地下开采、掘进及其他坑道作业发生的坍塌事故。

(12)透水。指矿山地下开采或其他坑道作业时,意外水源带来的伤亡事故。适用于井巷含水层、地下含水层、溶洞或与被淹巷道、地面水域相通时,涌水造成的事故。不适用于地面水害事故。

(13)放炮。指放炮作业中发生的伤亡事故。

(14)火药爆炸。指火药、炸药及其制品在生产、加工、运输、贮存中发生的爆炸事故。适用于火药与炸药生产在配料、加工、运输、储存过程中,由于明火、振动、摩擦、静电作用,或因炸药的热分解作用,贮存时间过长等发生的爆炸事故。

(15)瓦斯爆炸。是指可燃性气体瓦斯、煤尘与空气混合形成了达到燃烧极限的混合物,接触火源时,引起的爆炸事故,主要适用于煤矿,也适用于空气不流通、瓦斯、煤尘积聚的场所。

(16)锅炉爆炸。指锅炉发生的物理性爆炸事故。

(17)容器爆炸。压力容器一般简称为容器,是指比较容易发生事故,且事故危害性较大的承受压力载荷的密闭装置。容器爆炸是压力容器破裂引起的气体爆炸,即物理性爆炸,包括容器内盛装的可燃性液化气在容器破裂后,立即蒸发,与周围的空气混合形成爆炸性气体混合物,遇到火源时产生的化学爆炸,也称容器的二次爆炸。

(18)其他爆炸。凡不属于上述爆炸事故均可列为其他爆炸事故,如:

①可燃性气体如煤气、乙炔等与空气混合形成的爆炸;

②可燃蒸气与空气混合形成的爆炸性气体混合物（如汽油挥发等）引起的爆炸；

③可燃性粉尘以及可燃性纤维与空气混合形成的爆炸性气体混合物引起的爆炸。

(19)中毒和窒息。中毒是指人接触有毒物质，或误食有毒食物或呼吸有毒气体引起的人体急性中毒事故。窒息是指在废弃的坑道、暗井、地下管道等不通风的地方工作，因为氧气缺乏，发生突然晕倒甚至死亡的事故。

(20)其他伤害。

第 2 章　尾矿库安全预评价

尾矿库安全预评价是在尾矿库建设项目可行性研究报告完成后,根据建设项目可行性研究报告的内容以及相关的基础资料,辨识与分析尾矿库潜在的危险、有害因素,分析其与安全生产法律法规、规章、标准、规范的符合性,评估事故发生的可能性及其严重程度,提出科学、合理、可行、有针对性的安全对策措施建议,做出安全评价结论的活动。

2.1　安全预评价的作用及定位

2.1.1　安全预评价的作用

尾矿库安全预评价实际上就是在尾矿库项目建设前应用安全系统工程的原理和方法对项目中存在的危险、有害因素及其危害性进行预测性评价。尾矿库安全预评价在尾矿库安全设施设计之前进行,对其后建设的项目中可能出现的危险性、有害性进行预测和评价并提出安全对策措施,指导安全设施设计,使建设的项目达到安全要求。

尾矿库安全预评价以拟建的建设项目作为评价对象,根据建设项目可行性研究报告提供的生产工艺过程、主要设备和操作条件等,分析尾矿库固有的危险及有害因素,应用安全系统工程的原理和方法,对系统的危险性和危害性进行定性、定量分析,确定系统的危险、有害因素及其危险、有害程度;针对危险、有害因素及其可能产生的危险、危害后果,提出消除、预防和降低危险、危害的对策措施;评价采取措施后的系统是否满足规定的安全要求。尾矿库安全预评价是安全评价机构对尾矿库建设项目可能存在的危险有害因素及其危害性进行评价,使建设项目在设计阶段的安全设施更完善、更合理,把安全隐患消灭在设计和施工前的一项重要工作。尾矿库安全预评价的作用可概括为以下四方面。

(1)尾矿库安全预评价是对尾矿库可研报告中安全性的把关和深化。建设项目通常经过项目立项、可行性研究、初步设计(包括安全设施设计)、施工图设计、现场施工、试生产、正式投产等几个阶段。在可行性研究阶段,多数设计单位都能按照有关法律法规要求编写安全章节,但以往实践表明,有的安全章节的深度达不到要求,有的可研报告甚至没有安全章节。设计单位往往只侧重于考虑生产过程实现的工艺和经济指标,通常也只配备与生产过程相对应的专业技术人员,不一定有安全方面的专业人员。安全评价单位专门配备了经国家注册认证的安全专业的技术人员,是对安全生产条件进行把关的专业单位。安全预评价者从系统的角度出发,更侧重于考虑安全设施是否达到国家有关标准和规范的要求,能否确保职工的安全,两者把关出发点和力度大不相同。特别是在建设项目投资趋紧时,业主往往要求设计单位首先压缩安全生产投入,而对于安全设施考虑得较少。因此,如果没有进行安全预评价,设计单位直接进行初步设计和施工图设计,其安全设施就有可能达不到国家有关标准和规范的要求,从而造成尾矿库运行先天性的不足。

(2)安全预评价是实施行政监督的一个重要程序。行政机关实施安全监督侧重于对建设单位是否贯彻落实安全生产法律法规的行为进行监督,在实施行政监督过程中,由于行政人员的专业知识和工作内容侧重于行政管理,技术上需要中介机构提供参谋。在市场经济条件下,设计已成为一种技术性商品,设计单位的行为受雇主观点和利益影响,特别是一些雇主安全生产意识不强时,设计就不一定能完全体现全民和社会效益。而尾矿库预评价单位则是从安全生产角度入手,对设计单位是否按照国家法律法规及技术标准进行设计作出鉴别评价,除了对雇主负责外还要对生产安全性和社会负责。尾矿库预评价是行政机关实施安全生产行政监督的一个必要程序。尽管安全评价机构也可能受经济利益影响,但参与尾矿库安全预评价报告的审查备案和综合管理则是行政机关对中介机构的一种监督。

(3)从安全经济学理论讲,安全预评价工作是投资少收益大的一项措施。安全工作虽不能体现直接的经济效益,但其隐性效益是显著的。安全经济学上有一种理论,即安全效益金字塔法则:系统设计1分安全性＝10分建设安全性＝100分应用安全性。从这个角度讲,工程设计阶段对安全设施的投入与事故发生后进行亡羊补牢式的整改的投入,两者是不能同日而语的。也就是说,在工程设计阶段的安全投入是最节省的安全投入。因此,通过尾矿库安全预评价对"同时设计"工作进行把关是具体体现"预防为主"的重要措施。

(4)安全预评价与"三同时"是中国特有的一种管理模式。据了解,西方国家并没有由政府管理的"三同时"制度。因为西方国家的管理模式是只重结果不重过程的,或者说是以结果为主要管理对象的,如果建设项目建成后不符合国家有关标准和规范是不允许投产的。我国法制尚未十分健全,一些项目由于"同时设计"把关不到位、建成投产后发现存在隐患,有时只好迁就通融、维持现状,或是从其他方面采取一些隔靴搔痒的"补救措施",这样会给项目运行带来很大的安全隐患。通过预评价与"三同时"的管理可以有效将预防措施提前,有效减少事故隐患的存在,保证尾矿库运行的安全。

因此,在我国现有生产力水平和体制下,通过行政部门对建设项目进行预评价,为安全设施设计提供依据,才能真正从源头上消除安全隐患,实现从事后查处向事前预防的转变。实践表明对安全预评价和项目建设"三同时"的有效监管,有效地促进了尾矿库安全生产技术的不断提高和改进,减少了生产安全事故的发生。

2.1.2 安全预评价的定位

《中华人民共和国安全生产法》(2014年修订)第二十八条规定:"生产经营单位新建、改建、扩建工程项目(以下统称建设项目)的安全设施,必须与主体工程同时设计、同时施工、同时投入生产和使用。安全设施投资应当纳入建设项目概算。"第二十九条规定:"矿山、金属冶炼建设项目和用于生产、储存、装卸危险物品的建设项目,应当按照国家有关规定进行安全评价。"随着我国社会主义市场经济的建立和完善,近年来,根据党中央全面深化改革的战略部署和国务院推进简政放权、放管结合、优化服务的总体要求,对安全预评价的要求和管理也发生了相应的变化。为适应我国经济社会的发展,符合安全生产法的要求,对尾矿库安全预评价的要求和管理定位如下。

(1)安全预评价内容

《金属非金属矿山建设项目安全设施目录(试行)》(国家安全生产监督管理总局令 第75号)规定了尾矿库建设项目安全设施设计目录(此文件编号以下从略),将尾矿库建设项目安全设施分为基本安全设施和专用安全设施两部分。然而根据安全预评价的目的和阶段性的作用,尾矿库安全预评价的评价范围应更宽广一些,不应只拘泥于《金属非金属矿山建设项目安全设施目录(试行)》要求的基本安全设施和专用安全设施,也不应只对项目可行性研究报告提出的安全内容进行评价分析,应从安全的角度,根据系统安全原理对项目可行性研究报告进行整体的评价和分析。尾矿库安全预评价不仅要考虑项目本身可能引起的人身、设备伤害等危险、危害因素,还要从尾矿库所处的周边环境进行考虑,要评价分析周边环境和项目生产之间的相互影响。

(2)安全预评价报告重点

辨识系统中存在的危险和有害因素,是安全预评价的一项基础性工作。正确识别系统中存在的危险和有害因素,是了解建设项目的本质安全水平,开展有针对性的安全预评价的基础,它对确定评价重点等具有重要的指导意义,所以在预评价中必须把危险、有害因素的辨识作为一项重要内容加以分析研究。

根据安全预评价导则的要求,危险和有害因素的辨识一是从人、机、物、工艺和环境等角度入手,分析系统中可能存在的危险、有害因素的种类;二是在此基础上进一步识别各种危险、有害因素的危害程度,从而确定预评价重点。

开展预评价工作时,建设项目还只是在工程设想阶段,无现实系统可供分析,所以要确定评价重点,必须充分调研国内外同类工程的运行情况,认真分析这些工程各种生产事故的发生频率及其事故后果。在同类工程运行过程中频繁发生,而且危害严重的生产事故必定是预评价的重点,相反尽管发生频率较高,但很少引起人身伤亡或者造成重大财产损失的事故,则不必作为重点进行评价。

因此,尾矿库建设项目安全预评价的主要内容应包括以下四方面:

①辨识尾矿库建设项目投产运行后在运行过程中存在的主要危险、有害因素,并分析其可能导致发生事故的诱发因素、可能性及严重程度;

②评价可行性研究报告(以下简称可研报告)中危险、有害因素预防和控制措施的可靠性,以及与有关安全生产法律、法规、规章、规范性文件和标准的符合性;

③提出消除未受控危险、有害因素的安全对策措施及建议;

④安全预评价结论。

(3)安全预评价报告和验收报告区别

安全预评价是在项目的初始阶段进行危险、有害分析,本着"安全第一、预防为主、综合治理"的安全生产方针,将项目生产过程中可能存在的危险、有害因素及其所引发的危险、危害程度控制在萌芽状态,应详细辨识和分析项目存在的危险、有害因素;验收评价报告评价安全设施是否与主体工程同时设计、同时施工、同时投入生产和使用,再根据实际施工情况,评价安全设施与批复的安全设施设计及有关安全生产法律、法规、规章、标准、规范性文件的符合性。

2.2 安全预评价报告结构

尾矿库安全预评价报告的编写应依据最新的《关于印发金属非金属矿山建设项目安全评价报告编写提纲的通知》中《金属非金属矿山尾矿库建设项目安全预评价报告编写提纲》进行编写;报告应内容全面、条理清楚,能够全面、概括地反映出尾矿库安全预评价的全部工作;查出的问题要准确,提出的对策措施要具体可行。

尾矿库安全预评价的主要内容包括：安全评价对象与依据，被评价单位基本情况，建设项目的定性定量评价（包括建设项目应重点防范的重大危险、有害因素分析，建设项目从安全生产角度是否符合国家有关法律、法规、技术标准，调洪演算等定量分析），应重视的重要安全对策措施和评价结论等。尾矿库新建、改建和扩建建设项目安全预评价报告的结构示例见表2.1。尾矿回采项目安全预评价报告结构可参照表2.1，但还应包括回采作业评价。

表 2.1 尾矿库安全预评价报告结构示例

一级标题	二级标题	三级标题
前言		
1 评价对象与依据	1.1 评价对象及范围	
	1.2 评价依据	1.2.1 法律法规
		1.2.2 标准规范
		1.2.3 项目技术资料
		1.2.4 其他评价依据
2 建设项目概述	2.1 建设项目概况	
	2.2 自然环境概况	
	2.3 地质概况	
	2.4 建设方案概况	2.4.1 尾矿库现状
		2.4.2 库址选择
		2.4.3 库容、等别
		2.4.4 尾矿坝
		2.4.5 防排洪系统
		2.4.6 安全监测设施
		2.4.7 干式尾矿运输
		2.4.8 库内船只
		2.4.9 辅助设施
		2.4.10 安全标志
		2.4.11 安全管理及其他
3 定性定量评价	3.1 评价单元划分	
	3.2 库址选择单元	3.2.1 库址选择检查
		3.2.2 库区存在的主要自然灾害
		3.2.3 尾矿库对周边环境的影响
		3.2.4 周边环境对尾矿库的影响
	3.3 尾矿坝单元	3.3.1 尾矿坝主要危险、有害因素分析
		3.3.2 尾矿坝预先危险性分析
		3.3.3 尾矿坝符合性检查
		3.3.4 坝体渗流分析
		3.3.5 坝体稳定性分析

续表

一级标题	二级标题	三级标题
3 定性定量评价	3.4 防排洪系统单元	3.4.1 防排洪系统主要危险、有害因素分析
		3.4.2 防排洪系统预先危险性分析
		3.4.3 防排洪系统符合性检查
		3.4.4 调洪演算
		3.4.5 水工模型试验
	3.5 干式尾矿运输单元	3.5.1 干式尾矿运输主要危险、有害因素分析
		3.5.2 干式尾矿运输符合性检查
	3.6 安全监测单元	
	3.7 辅助设施单元	3.7.1 辅助设施主要危险、有害因素分析
		3.7.2 辅助设施预先危险性分析
		3.7.3 辅助设施符合性检查
	3.8 安全标志单元	
	3.9 安全管理单元	3.9.1 组织与制度
		3.9.2 安全运行管理
		3.9.3 应急救援
	3.10 重大危险源辨识单元	
4 安全对策措施建议		
5 评价结论	5.1 危险、有害因素分析	
	5.2 应重视的安全对策措施	
	5.3 评价结论	
6 附图		

2.3 安全预评价报告前言

该部分主要简述项目基本情况、项目性质（新建、改建、扩建）、评价项目委托方、评价要求及评价工作过程等。

（1）项目基本情况简述项目建设的背景（主要包括项目建设的理由与原因、长远目标与战略意义等）、尾矿库坝高、库容、排洪方式、初期坝形式与堆积坝筑坝方式等。

（2）项目的性质介绍项目属于新建项目、改建项目还是扩建项目。

（3）评价项目委托方介绍项目的委托单位名称、单位性质、所在位置、上级主管单位等。

（4）评价要求介绍有关安全生产法律、法规、规章、规范性文件和标准对尾矿库安全预评价及报告编制的相关要求。

（5）评价工作过程包括接受委托、资料收集、现场考察、报告编制和内部审核过程等情况。

前言不宜太多，说明应简练精要。

2.4 评价对象与依据

2.4.1 评价对象及范围

该部分主要根据项目可行性研究报告、《金属非金属矿山建设项目安全设施目录(试行)》和有关法律法规等,明确评价对象、评价项目名称和安全预评价范围。

(1)评价对象一般是指可行性研究报告或设计方案中即将建设的尾矿库。

(2)评价项目名称是指被评价尾矿库的名称,一般应与立项文件中的名称一致。立项文件是指建设项目审批、核准或备案部门同意开展项目前期准备工作的文件。

(3)评价范围宜从空间角度或生产系统角度进行描述。尾矿库空间范围是指尾矿初期坝坝底标高到堆积坝最终标高及与其对应的库区范围。生产系统主要是指库区、尾矿坝、防洪排水构筑物、观测设施、照明和通讯等设施。尾矿库评价范围一般依据可研报告,从生产系统角度进行描述,评价范围包括库区、尾矿坝、防洪排水构筑物、观测设施、照明和通讯、库内回水浮船或运输船等设施,但一般不包括尾矿输运管道和回水管道。

2.4.2 评价依据

2.4.2.1 法律法规

这里所说的"法律法规"是指现行国家有关安全生产法律、行政法规、部门规章、地方性法规、地方政府规章和有关规范性文件的统称。我国法律法规体系包括法律、行政法规、部门规章和地方性法规、地方政府规章、规范性文件等。行政法规的制定权属国务院,由总理签署,以国务院令颁布;规章的制定权是国务院各部委以及各省、自治区、直辖市人民政府和省、自治区的人民政府所在地的市以及设区市的人民政府;地方性法规的制定权是省、自治区、直辖市、设区的市的人民代表大会及其常委会;规范性文件一般是指法律范畴以外的其他具有约束力的非立法性文件。

该部分按照现行国家有关安全生产法律、行政法规、部门规章、地方性法规、地方政府规章和有关规范性文件的顺序列出预评价法律法规依据。

法律法规按发布时间顺序列出(一般发布时间最新的放在最前面),列出的法律法规应为最新版本,并标注其文号及实施日期。引用的法律法规应具有针对性和完整性,要根据评价项目的需要优先选择最适用的法律法规,报告中引用到的应全部列出,没有引用到的不应列出;法律法规引用要书写完整、规范,不得使用简略方式,应完整标注法律法规名称、发布机构、发布时间、编号。

2.4.2.2 标准规范

标准规范是指现行标准(包括强制性国标(GB)、推荐性国标(GB/T)、国家标准指导性技术文件(GB/Z)、行业标准(如安全生产 AQ、有色冶金 YS、电力 DL、公共安全 GA、劳动和劳动安全 LD 等,推荐性行业标准的代号是在强制性行业标准代号后面加"/T")、地方标准(DB))、规程、规范的统称。该部分按照强制性国标、推荐性国标、国家标准指导性技术文件、行业标准、地方标准、规程、规范的顺序列出预评价标准规范依据。

标准规范按照发布时间的先后顺序列出(一般发布时间最新的放在最前面)。列出的标准规范应为最新版本,并为现行有效。所列标准规范应与本建设项目的安全生产相关,在报告中没有引用到的标准规范不列入。标准规范引用要书写完整、规范、统一,应标注标准规范编号;在进行评价时,当只有地方标准时应执行地方标准,当有国家标准、行业标准、地方标准时,执行标准应从严。

2.4.2.3 项目技术资料

列出建设项目安全预评价所依据的有关技术资料,包括但不限于:建设项目可行性研究报告、建设项目岩土工程勘察报告、建设项目相关试验报告。

技术资料应列出名称、编制单位和日期等相关内容,要真实可靠、完整;技术资料上应有相关单位公章及有关人员签字,否则不能作为有效的评价依据。

2.4.2.4 其他评价依据

其他评价依据主要包括安全预评价委托书(任务书、合同书),以及不能列入法律法规、标准规范、项目技术资料中的其他依据。

2.5 建设项目概述

建设项目概述主要介绍尾矿库建设项目中涉及的建设项目概况、自然环境概况、地质概况和建设方案概况。建设项目概述中,在可研报告中和相关资料中没有提及的在概述中可以不进行介绍,但在进行定性定量评价时,应对尾矿库运行和管理中需要进行分析且在可研报告和相关资料中没有介绍的主要自然环境、地质情况和安全设施进行评价,并提出在安全设施设计中补充完善。

2.5.1 建设项目概况

简要介绍建设单位历史沿革、经济类型、隶属关系、建设项目背景及立项情况(主要包括项目由来、立项申请和批准、岩土工程勘察、可行性研究等前期工作情况等)。

简要介绍建设项目行政区划、地理位置及交通情况(包括公路、铁路、港口)等。

2.5.2 自然环境概况

简要介绍建设项目所在区域地形地貌、气候(包括降雨量、风向、主导风向、气温、冻土深度)、地震烈度等。

(1)气候:应说明气候类型,并结合地域情况,突出建设项目所在地的特殊自然环境特征,如沿海区域的台风、北部区域的低温和冰冻、南部区域的降雨等。

(2)降雨量:应说明最大降雨量及平均降雨量。

(3)风向:应画出风向玫瑰图,说明全年主导风向、不同季节主导风向和最小风频。

(4)气温:应说明最高气温、最低气温和平均气温。

2.5.3 地质概况

根据可研报告、岩土工程勘察报告等技术资料简要介绍区域地质情况,库区地层、地质构造和岩石等库区地质情况(包括各层岩土渗透性及物理力学性质指标),库区自然地质现象,水文地质条件、类型和特征(包括库区地表水和地下水的成因、类型、水量大小),库区工程地质岩组,岩体结构特征,工程地质特征(包括第四系、地质构造等工程地质条件)等工程地质情况。

地质概况应重点说明存在哪些不良地质条件。特别是影响初期坝、尾矿库周围边坡稳定性、排洪系统的不良地质条件要重点说明,如岩石风化、岩溶、采空区、滑坡和泥石流等。

2.5.4 建设方案概况

2.5.4.1 尾矿库现状

尾矿库改建或扩建工程,应详细描述尾矿库原设计情况、生产运行情况、尾矿库现状、本次改建或扩建工程利用现有尾矿库设施的情况。

原设计情况主要介绍原设计单位、设计资质、尾矿库原设计的初期坝坝型、初期坝外坡比、初期坝内坡比、初期坝坝基处理要求、初期坝坝底标高、初期坝坝顶标高、初期坝坝顶宽度、堆积坝堆积方法、子坝堆积高度、堆积坝外坡比、最终堆积标高、防排洪系统参数、总库容、最小安全超高、最小干滩长度、防洪标准、尾矿坝抗滑稳定安全系数、最小浸润线埋深、浸润线控制、尾矿库等别等相关情况。如果尾矿库经过多次设计修改,可以分别介绍设计修改的情况。

尾矿库现状主要介绍尾矿库初期坝坝型、初期坝外坡比、初期坝内坡比、初期坝坝底标高、初期坝坝顶标高、初期坝坝顶宽度、堆积坝堆积方法、堆积坝外坡比、子坝堆积高度、子坝堆积级数、每级子坝高度、马道的宽度、坝肩截水沟、坝面排水沟及护坡、库水位、干滩长度、防排洪系统现状参数、现状库容、观测设施、照明和通信、应急物资等。

如果有拦洪坝、隔离坝、副坝,则按照主坝(包括初期坝和子坝)的介绍内容一一介绍拦洪坝、隔离坝、副坝的原设计情况和现状。

生产运行情况主要介绍尾矿库安全管理的机构与职责、建立的相关规章制度、日常巡检和定期观测、尾矿库应急预案编制及应急演习、尾矿排放与筑坝(包括初期坝坝基处理、岸坡清理、尾矿排放、坝体堆筑、坝面维护和质量检测等环节)、尾矿库水位控制与防汛、尾矿库渗流控制、尾矿库防震与抗震、库区及周边管理等情况。

简要介绍最近一次的尾矿库现状评价,并说明评价得出的尾矿库安全性结论。如果没有进行安全现状评价,则说明尾矿库标准化等级及等级最近评定时间。

尾矿库改建或扩建工程利用现有尾矿库设施情况主要介绍利用尾矿库中尾矿坝、防洪排水构筑物、观测设施、照明和通讯等设施中的哪些设施,同时介绍这些被利用设施的基本参数。

2.5.4.2 库址选择

该部分简要介绍尾矿库位置、地形地貌、库区周边环境、上游同一沟谷内情况、下游居民及重要设施情况等。

(1)尾矿库位置主要介绍尾矿库所在的地方以及库区的地理坐标。

(2)地形侧重于根据地面的形态来分类,主要介绍库区地形的总特征(分别是高原、山地、丘陵、盆地、平原);地貌侧重于从成因上来划分,主要介绍地表大致的样子。

(3)库区周边环境主要介绍可能影响建设项目安全的地质构造、岩溶、采空区、滑坡、泥石流等地质环境,库区水系、汇流条件、汇水面积等水利条件,以及周边土地开发、矿床开采、树木砍伐、放牧等人类活动情况。

(4)上游同一沟谷内情况主要介绍同一沟谷内是否建设有尾矿库。如果建设有,则简要介绍上游尾矿库总库容、总坝高、筑坝方式、堆积坝外坡比、排洪系统等基本情况以及与建设项目距离等。

(5)下游居民及重要设施情况主要介绍下游工矿企业、地表水体、大型水源地、水产基地、居民区、全国和省重点保护名胜古迹、公路、铁路等对象的基本情况及其与尾矿库的水平距离、高差。

2.5.4.3 库容、等别

简要介绍选厂规模、尾矿产率、年尾矿量、总尾矿量、入库量、颗粒密度、堆积干密度、粒度分级、排放浓度等相关情况。

简要介绍库容、尾矿坝坝高、等别、主要构筑物级别、最小安全超高、最小干滩长度、防洪标准、尾矿坝抗滑稳定安全系数、最小浸润线埋深、浸润线控制等相关参数。

2.5.4.4 尾矿坝

简要介绍初期坝(主要包括初期坝位置、初期坝类型、坝基处理、坝体结构参数和筑坝材料等)、尾矿堆积坝(主要包括筑坝方法、子坝结构参数、坝肩截水沟、坝面排水沟及护坡等)、排渗设施和防渗措施等。如果有拦洪坝、隔离坝、副坝,应按照初期坝和堆积坝的介绍内容一一予以说明。一次性筑坝的,无堆积坝的相关介绍内容。

湿式堆存简要介绍入库尾矿的组分、粒径分布、含水量、密度、尾矿库力学性能参数、尾矿生产量、排尾方式等。

尾矿干式堆存简要介绍尾矿筑坝碾实要求、排放方式、堆排工艺、台阶高度、台阶坡比、布料范围、尾矿脱水指标、尾矿入库含水率、尾矿力学性能参数等。

2.5.4.5 防排洪系统

简要介绍尾矿库洪水计算、调洪演算、排洪方式及布置、防洪系统水力计算等。

(1)尾矿库洪水计算介绍应说明取用的防洪标准和水文参数,以及洪峰流量、洪水总量、洪水过程线等计算结果。

(2)防洪系统水力计算介绍应说明排水系统工作状态和典型库水位时的泄流量。

(3)调洪演算介绍应说明调洪演算的方法,典型坝高时的调洪库容、最大泄洪流量、最小干滩长度和最小安全超高。

(4)排洪方式及布置介绍应说明排洪系统的型式、结构参数、布置线路和初期使用时的澄清距离,以及采用多级排水井或排水斜槽时,上级进水口标高与下级井筒或斜槽顶高的重叠高度。

2.5.4.6 安全监测设施

人工监测简要介绍地质灾害、坝体内部位移和外部位移、浸润线、渗流(包括坝体渗流压力、绕坝渗流、渗流量)、干滩、库水位等设施布置、监测要求。

在线监测简要介绍地质灾害、坝体内部位移和外部位移、浸润线、渗流(包括坝体渗流压力、绕坝渗流、渗流量)、干滩、库水位、降水量、视频等在线监测设施布置、监测要求,以及在线监测中心位置和建设要求。

2.5.4.7 干式尾矿运输

简要说明干式尾矿运输方式(采用汽车运输方式或皮带运输方式)。汽车运输方式简要介绍汽车的型号、运载量、数量、汽车避让道、卸料平台的安全挡车设施等。皮带运输方式简要介绍皮带的起始点和终点、长度、宽度、支架结构、安全护栏、安全护罩、防冻措施、皮带的末端仰角和高度、防火措施等。

2.5.4.8 库内船只

简要介绍库内回水浮船或运输船的数量、安全护栏、救生器材、浮船固定设施、电气设备接地措施等情况。

2.5.4.9 辅助设施

简要介绍尾矿库管理站(又称为库区值班房)的位置、通信设施(包括方式、通信设施数量和位置)、坝上照明(包括照明方式、数量和布置点)、上坝道路(包括起始位置和道路的宽度)、电气照明、防雷及接地、报警系统(包括报警方式、报警设备数量和位置)等。

2.5.4.10 安全标志

简要介绍尾矿库库区及周边设置的安全标志的类型、位置和数量,安全标志主要包括交通、电气安全、警示等相关标志。

2.5.4.11 安全管理及其他

尾矿库新建工程,应简要介绍企业生产组织及劳动定员、工程建设总投资、基本安全设施投资、专用安全设施投资及其占总投资的比例。

尾矿库改建或扩建工程,应简要介绍生产经营单位安全管理机构设置、安全管理人员配备、已制定的规章制度、工程建设总投资、基本安全设施投资、专用安全设施投资及其占总投资的比例、应急救援(包括应急救援预案制定和应急救援队伍建设)等情况。

2.6 定性定量评价

主要针对建设项目的特点,分单元有针对性地辨识项目建设中存在的危险、有害因素,分析可能发生的事故类型;评价项目建设方案与相关安全生产法律法规、技术规范的符合性;采用定性定量的方法分析评价其安全性及其发生事故后的后果。在本书示例中,定性方法主要采用安全检查表法和预先危险性分析方法,在实际评价过程中,评价人员可以根据具体的情况,采用不同的定量定性评价方法对尾矿库进行评价。

在进行定性定量评价后,针对建设项目存在的问题,在安全对策措施建议中提出具体的安全措施建议。

2.6.1 评价单元划分

根据尾矿库建设项目实际特点,结合项目可行性研究报告和勘察设计资料等相关内容,综合考虑建设项目现场调研的实际情况,按尾矿库生产系统进行划分,一般划分为库址选择单元、尾矿坝单元、防排洪系统单元、干式尾矿运输和尾矿堆排工艺单元、安全监测单元、辅助设施单元、安全标志单元、安全管理单元、重大危险源辨识单元等9个评价单元对尾矿库建设项目进行安全预评价。评价项目可以根据项目建设特点,选择适合本项目的评价单元,可根据尾矿库自身特点和评价的需要对评价单元进行调整。对加高扩容或改造工程,在每个评价单元中应分析和评价工程中利旧工程与原系统的相互关系和影响等。

(1)库址选择单元

分析该单元存在的主要危险、有害因素,并分析存在危险、有害因素的主要位置和原因;对可能存在山体滑坡、泥石流等灾害的库区,进行安全状况的评价,分析灾害对尾矿库的影响;在尾矿库溃坝范围数值模拟或相似材料模拟试验定量分析的基础上,分析尾矿库对周边环境的影响;评价库址选择方案的安全性、合理性,以及与相关法律法规、标准规范关于尾矿库选址要求的符合性。

(2)尾矿坝单元

分析该单元存在的主要危险、有害因素,并分析存在危险、有害因素的主要位置和原因;对尾矿坝排渗设施型式、布置和结构参数等方面评价是否符合有关安全生产法律法规和标准规范的要求；对尾矿库初期坝和堆积坝稳定性进行分析，对坝体渗流、稳定性等进行定量评价。

(3) 防排洪系统单元

分析该单元存在的主要危险、有害因素、并分析存在危险、有害因素的主要位置和原因；依据有关安全生产法律法规和标准规范的要求，评价尾矿库防排洪系统方案的安全合理性；从防洪标准、洪水计算、防排洪系统布置、防洪系统水力计算、调洪演算等方面进行定量评价。

(4) 干式尾矿运输和尾矿堆排工艺单元

分析该单元存在的主要危险、有害因素，并分析存在危险、有害因素的主要位置和原因；干式尾矿运输从尾矿汽车运输的相关安全设计(运输线路安全护栏、道路挡车设施、汽车避让道、卸料平台挡车设施等)，或者尾矿带式运输机运输的相关安全设计(输送机系统各种闭锁和电气保护设施、设备安全护罩、安全护栏等)等方面，评价分析建设方案的安全合理性，以及与相关法律法规和标准规范的符合性。

尾矿堆排工艺从入库含水率、排放方式、堆存工艺、压实度、分层高度、台阶高度、台阶坡度相关安全设计等方面，评价分析建设方案的安全合理性，以及与相关法律法规和标准规范的符合性。

(5) 安全监测单元

从安全监测设施设计的监测项目、监测精度、监测周期和监测设施的布置，以及尾矿库在线监测系统等方面，评价建设项目是否符合有关安全生产法律法规和标准规范的要求，分析安全监测设施建设方案的合理性。

(6) 辅助设施单元

分析该单元存在的主要危险、有害因素，并分析存在危险、有害因素的主要位置和原因；从尾矿库管理站、守坝值班房、上坝道路、坝上照明、库区通信、报警系统、库区护栏、应急救援器材、电气设备接地设施等方面内容，评价分析建设方案的安全合理性，以及与相关法律法规和标准规范的符合性。

(7) 安全标志单元

从尾矿库库区及周边应设置的符合要求的安全标志，包括交通、电气安全和警示标志等，评价分析建设方案与相关法律法规和标准规范的符合性。

(8) 安全管理单元

对改建或扩建工程，主要从生产经营单位安全组织机构及管理人员配备、安全教育及培训、特种作业人员持证情况、规章制度、现场管理及生产安全检查等方面进行符合性评价。

(9) 重大危险源辨识单元

依据重大危险源管理的相关法律法规和标准规范，辨识建设项目存在的重大危险源。

2.6.2 库址选择单元

2.6.2.1 库址选择检查

依据《尾矿库安全监督管理规定》《尾矿设施设计规范》(GB 50863—2013)、《尾矿库安全技术规程》(AQ 2006—2005)等法规标准关于尾矿库库址选择的相关要求，并结合可研报告，在现场查看的基础上，采用安全检查表方法对尾矿库项目库址选择安全、合理性进行检查，库址选择检查示例见表2.2。

表 2.2 库址选择检查示例

序号	检查内容	检查依据	可研设计情况	现场实际情况	评价结果
1	尾矿库不应设在风景名胜区、自然保护区、饮用水源保护区、国家法律禁止的矿山开采区域	《尾矿设施设计规范》第3.1.1条			
2	不宜位于工矿企业、大型水源地、重要铁路和公路、水产基地和大型居民区上游	《尾矿设施设计规范》第3.1.2条 《尾矿库安全技术规程》第5.2.1条a款			
3	在同一沟谷内建设两座或两座以上尾矿库时,后建库设计时应充分论证各尾矿库之间的相互关系与影响	《尾矿设施设计规范》第3.1.3条			
4	应避开地质构造复杂、不良地质现象严重区域	《尾矿库安全技术规程》第5.2.1条c款			
5	尾矿库库区汇水面积小,有足够的库容和初、终期库长	《尾矿库安全技术规程》第5.2.1条e款			
6	检查周边山体滑坡、塌方和泥石流等情况时,应详细观察周边山体有无异常和急变,并根据工程地质勘查报告,分析周边山体发生滑坡可能性	《尾矿库安全技术规程》第7.3.2条			
7	建成后是否将成为头顶库	国家安全生产监督管理总局关于印发《遏制尾矿库"头顶库"重特大事故工作方案》的通知			

注:①表中的可研设计和现场实际情况主要说明在可研报告中针对检查内容的实际情况,以及在拟建设的库区检查的实际情况;

②评价结果中只填写"符合"和"不符合",如果该部分检查的内容多,有一部分符合,一部分不符合,则评价结果为"不符合"(该注适合于本书下文所有符合性检查表);

③在现场检查,如果可能发生山体滑坡、泥石流等灾害,在对策措施中应提出由相关单位开展灾害评估的建议;

④库区现场检查应附上与库区相关的照片,特别是对不符合相关标准、要求的现场,更应附上相关的照片作为证明。

2.6.2.2 库区存在的主要自然灾害

该部分主要分析库区可能出现的自然灾害客观因素(主要包括地震、断层、泥石流、山体垮塌、溶洞、台风、冰雹、严寒冰冻、暴雨等)对尾矿库运行的影响。

(1)地震

地震是引发尾矿坝事故的第二大因素,主要原因是尾矿坝内堆存了易发生液化的饱和沙土材料,地震作用下尾矿坝易发生液化而丧失稳定性。地震造成的危害主要包括:建(构)筑物、管道甚至设备损坏,人身安全受到威胁,下游生态环境遭到破坏。

目前我国尾矿库大多采用上游式筑坝工艺,地震增加了溃坝的可能性,因此在预评价过程中应重点分析建(构)筑物、管道防震等级是否达到当地的防震要求。

(2) 断层等不良地质条件

断层等不良地质条件对尾矿库地基的稳定性、未来尾矿库渗漏等会造成潜在的安全隐患。

(3) 泥石流

泥石流是一种挟带大量泥沙、石块和巨砾等固体物质,突然以极大速度从沟谷或坡地冲泄下来,势头凶猛,历时短暂且具有强大破坏力的特殊洪流。

如库区乱采废石,或施工弃土弃石胡乱堆放,则这些松散岩土物料会给泥石流的发生提供固体物质来源,在条件具备时,如暴雨情况下,就可能产生泥石流。泥石流一般都伴随降雨。泥石流不但侵占了尾矿库的库容,减少了尾矿库的调洪库容,造成尾矿库水位上升,产生溃坝的危险,还有可能堵塞防排洪系统,造成洪水进入库内而不能有效排出,最后引起溃坝的危险。

如果库区内发生过泥石流现象,则应提出开展泥石流灾害评估的建议。

(4) 山体垮塌

山体垮塌一般都伴随降雨。山体垮塌不但侵占了尾矿库的库容,减少了尾矿库的调洪库容,造成尾矿库库水位上升,产生溃坝的危险,还有可能堵塞防排洪系统,造成洪水进入库内而不能有效排出,最后引起溃坝的危险。山体垮塌也会造成山体承受力减弱,进一步引发山体滑坡,从而引起溃坝。

如果库区内及周边发生过山体垮塌现象,则应提出开展山体垮塌灾害评估的建议。

(5) 暴雨

南方的台风雨及热带风暴雨,暴雨时期,暴雨径流的渗入,可能形成洪水,特别是发生超过设计防洪标准的暴雨,会导致尾矿库内水位猛涨,洪水不能及时排出可能造成洪水漫顶、溃坝事故;降雨会提高坝体的浸润线,甚至使坝面含水饱和,降低坝体抗滑稳定性,引发尾矿坝滑塌事故;暴雨会引起坝面冲刷拉沟,破坏坝体的整体性和稳定性,尾矿库可能成为泥石流物源而引发泥石流;降雨导致尾矿库水位升高,岸坡岩体节理裂隙发育,长时间浸泡可能造成岸坡坍塌、滑坡。同时,暴雨可能将上游的树木及乱石冲入截排洪系统,造成截排洪系统堵塞、排水能力急剧下降,在短时间内可能引起尾矿库水位急剧升高,从而造成溃坝。

(6) 高温

在盛夏酷暑季节,如果拟建尾矿库环境的作业温度较高,加之劳动强度大,可能导致作业人员发生眩晕、中暑等症状。

(7) 严寒冰冻

严寒冰冻会导致堆积坝冻结,形成冻土。堆积坝冻土分为表层冻土和深层冻土,表层冻土指的是在当地最大冻土深度以上的冻土,深层冻土是指在浸润线以下(一般浸润线深度大于当地最大冻土深度)的冻土。

冻土会造成冻结时冻胀、融化时土体融陷,对尾矿库周边的山坡和坝体的安全性会产生危害。长期的冻融也可能使尾砂的物理特性参数发生改变,尾矿库的稳定性有可能降低。

严寒冰冻给尾矿库易造成坝体浸润线升高、坝体稳定性降低、降低抗渗强度、破坏建(构)筑物、调洪库容相应减小、低温伤害等一系列安全问题。

同时,严寒冰冻给尾矿库放矿、车辆运行等带来危害,使设备和设施不能正常运转。

(8) 溶洞

溶洞对尾矿库的影响主要是溶洞承载力差,在尾矿的压力下容易失稳,造成溶洞坍塌,从而可能造成尾矿崩塌,致使整个尾矿库溃坝。

2.6.2.3 尾矿库对周边环境的影响

堆积坝高于10 m以上的尾矿库应采用数值模拟方法模拟确定尾矿库溃坝范围；对于非一次性筑坝（包括分期实施）的一等、二等尾矿库可同时开展相似材料模拟试验，根据数值模拟和相似材料模拟试验结果，综合确定尾矿库溃坝后对下游的影响。

尾矿库溃坝范围数值模拟或相似材料模拟试验可由具备能力的相关单位负责完成，但须作为预评价报告的一部分。

(1) 溃坝数值模拟

有关数值模拟方面，较多学者根据多个尾矿坝的实际溃决资料，参考一般水力溃坝模型，考虑尾砂的物理力学性质及其在流动中的变形，建立尾矿坝溃坝的数学模型，提出尾矿坝溃坝后泥石流对坝下游的影响的方法。针对日常工作中需要对尾矿库溃坝可能造成的危害及危害范围进行估计而又没有成熟的模型可用的情况，有的学者根据泥石流以及水库溃坝等方面的工程经验和数学模型，经过对其类似之处进行类比，并对原有模型进行调整，初步得出尾矿库溃坝所形成泥石流的数学模型，求出其冲击范围和破坏能力。

目前，国内外没有完全适合尾矿溃坝数值模拟的软件，综合考虑尾矿库溃坝主要是两相流问题，尾矿库溃坝数值模拟软件可选用Fluent和MIKE21等。MIKE21的主要功能和使用方法详见本书第7章。

进行溃坝范围模拟后，根据计算出来的流速分布和埋深分布来分析尾矿库溃坝后对周围的淹没范围和影响程度，特别是溃坝对建筑物（构筑物）的影响，分析需要搬迁的建筑物（构筑物）以及工业场地等布置的合理性等。

如果同一沟谷内下游有尾矿库，则需计算尾矿库溃坝后流入到下游尾矿库的尾砂数量和水量，提出下游尾矿库由于上游尾矿库溃坝造成排洪能力影响的建议。

(2) 溃坝物理模拟

尾矿库坝体结构和物质组成、溃决机理、溃决过程十分复杂，完全从理论上难以给出可靠的溃决模式，因此需要开展物理模型试验。尾矿库溃坝物理模拟一般方式如下：

①首先通过专家咨询和调研分析，确定尾矿库最可能的溃坝方式；
②根据尾矿库溃坝模型相似律，选配适合尾矿库模拟的模型沙；
③按照一定的比例，制定尾矿库全库区和坝下游可能影响区域的地形模型；
④根据尾矿库现状或者设计资料，建设初期坝，并按照一定的比例用模型沙堆积初期坝；
⑤进行模型试验，测量尾矿库溃坝流量、水位过程线、模型沙流向范围和流速等相关参数；
⑥在试验的基础上进行计算和分析；
⑦研究提出相关的对策措施。

2.6.2.4 周边环境对尾矿库的影响

(1) 上游尾矿库影响

如果同一沟谷内上游有尾矿库，通过相应的软件计算上游尾矿库溃坝后流入到下游尾矿库的尾砂数量和水量，核算上游尾矿库溃坝造成安全超高、排洪能力等方面的影响。如果综合考虑雨季情况，则将上游尾矿库溃坝入到下游尾矿库的尾砂数量作为尾矿库调洪库容减少量，水量作为洪水量进行调洪演算，从而分析尾矿库是否能满足上游尾矿库溃坝后调洪的要求。

(2) 排土场影响

对于距离少于排土场 2 倍高度的周边排土场应采用数值分析方法计算排土场坍塌后对尾矿库的影响。分析时,通过相应的软件计算排土场坍塌后可能排入到尾矿库中的土石量,将该土石量的体积作为尾矿库调洪库容减少量,再次进行调洪演算,从而分析由于排土场的坍塌对尾矿的排洪影响。

对于排土场坍塌后可能造成尾矿库其他构筑物,如截洪沟的堵塞,排洪隧道的堵塞等也要进行定性分析。

(3) 采空区、溶洞影响

如果库区下方有采空区或者溶洞,则需要通过相应的软件计算分析采空区、溶洞塌陷后对尾矿库稳定性的影响,分析时,参数要采用尾矿库堆积到最终坝高时的相关参数。

(4) 爆破影响

如果尾矿库库区周边存在爆破作业或者可能发生爆炸的场所,应定量分析爆破作业对尾矿库的影响。

在分析爆破对尾矿库的影响时,首先计算出爆破产生的能量、爆破产生的地震加速度,再根据尾矿库的地震荷载计算分析爆破给尾矿库带来的影响。计算方法详见本书第 6 章第 6.5 节。

(5) 其他影响

分析尾矿库库区周边其余活动(如采石等)对尾矿库的影响。

2.6.3 尾矿坝单元

2.6.3.1 尾矿坝主要危险、有害因素分析

按照《企业职工伤亡事故分类》(GB 6441—1986)标准,尾矿坝单元的主要危险、有害因素为坍塌、车辆伤害、物体打击。

(1) 坍塌

引起坍塌的原因主要有尾矿库溃坝,而引起尾矿库溃坝的直接原因主要有坝坡失稳、洪水漫顶、渗流破坏和结构破坏等。

① 坝坡失稳

坝体的稳定性直接关系到尾矿库的安全,坝体失稳会引起坝体滑坡甚至溃坝。有些滑坡是突然发生的,有些是先由裂缝开始的,如不及时采取措施,任其逐步扩大和漫延就可能造成重大的溃坝事故。

发生坝坡失稳主要原因可分为自身原因、外部原因和人为原因。

(a) 自身原因

(i) 坝的堆筑速度、高度,以及筑坝质量。坝的堆筑速度较快时,坝体排渗将面临极大风险,浸润线将有可能快速抬升,筑坝质量也有可能得不到应有的保证,坝体失稳的风险将急剧增大。

(ii) 尾矿材料的透水性及其固结、沉降特性。尾矿材料颗粒过细时,导致其透水性能的大幅下降以及固结沉降性不足,将严重影响坝体的安全稳定性。此外,选矿工艺采用浮选,尾矿水中含有浮选药剂,由于尾矿材料本身所含的某些化学物质成分,以及某一时段内的外部温度条件,也将可能会影响到尾矿材料的透水及固结效果。

(iii) 尾矿泥浆以及库内存水的运动,对坝体造成的冲刷、冲击。尾矿泥浆以及库内存水的

日常运动,具体表现为液体或泥水混合物的涌浪。涌浪对坝体长期的冲刷、冲击,可能对坝体稳定性造成重要影响。

(b)外部原因

(i)地震。地震可引起尾矿坝震动,相当于坝体承受一种附加荷载。地震使坝体受到反复振动冲击,使坡体软弱面咬合松动,抗剪强度降低或完全失去结构强度,坝体稳定性下降甚至失稳。地震对坝体破坏的影响程度,取决于地震烈度大小,并与坝体的物理力学性质、层理以及坝面的方位和含水性有关。地震可使处于饱和状态的尾砂受到振动、剪切或渗透,部分或全部应力转化为孔隙水压力而发生液化,进而导致溃坝或严重沉陷和变形,从而发生重大的地质灾害。

(ii)暴雨和台风。暴雨使库区汇集的雨水不能及时排出,水位抬高,使尾矿坝的结构面上受到静水压力作用,垂直于结构面而作用在坝体上,削弱了该面上所受滑体重量产生的法向应力,从而降低了抗滑阻力,造成坝体稳定性下降。在暴雨季节,由于急降暴雨,使库区汇集的雨水不能及时排出,直至造成洪水漫过坝顶、冲垮坝体。此外,短时间内的急降水还将可能导致坝体浸润线的快速抬升,严重威胁坝体的安全稳定性。

(iii)风化。风化作用促使初期坝岩石内裂隙增多、透水性增强、抗剪强度降低,以至于坝体强度减小,坝体稳定性大大降低,促进坝体变形与破坏。坝体岩土风化越深,坝体稳定性越差,稳定坡角越小。

(iv)冻融。冻融会造成冻结时冻胀、融化时土体融陷,对尾矿库周边的山坡和坝体的安全性会产生危害。长期的冻融也可能使尾砂的物理特性参数发生改变,尾矿库的稳定性有可能降低。

(c)人为原因

(i)管理的不足。尾矿材料中的水是引起尾矿库坝体失稳破坏的关键因素,管理的过程中需谨慎处理尾砂中的水。对坝体各项安全稳定性监测指标疏于观测、记录、汇报,未按照设计要求或超过设计能力进行尾矿的脱水、碾压、筑坝、堆积施工,在管理方面存在违背规范或麻痹大意的操作,长期的生产管理疏忽,将可能造成坝体的蠕动、变形甚至出现失稳。

(ii)在尾矿库区及周边山体违反规定进行挖土、采石、尾砂挖采、爆破等,所产生的震动因素、滑坡风险、对尾矿库库容的影响,都将对尾矿坝的安全稳定性造成严重危害。

(iii)施工质量不良。坝体堆筑过程中堆积过高、未对岸坡进行有效处理、坝坡形式和筑坝施工形式达不到设计要求,也可能造成坝坡失稳。

②洪水漫顶

导致洪水漫顶的原因主要体现在:一是尾矿库抵抗洪水能力不满足设计或标准要求;二是排洪设施不能安全下泄洪水。造成洪水漫顶的主要因素有:

(a)上游拦洪坝失效,或主隧洞泄流能力不足,上游洪水涌入尾矿库内,库内排洪系统无法及时排走洪水,水位升高,从而导致漫顶事故发生。

(b)遭遇超标准洪水。设计洪水标准偏低,排洪断面偏小,不能满足排洪需求。当尾矿库区域降雨量大于设计设防标准洪水位时,洪峰流量和洪水总量可能会大于设计值,则调洪库容不足,进而可能引发洪水漫过坝顶甚至发生溃坝事故。

(c)水文系列增加,导致洪水增大。在库区地下水位埋深较浅、单孔涌水量较大,造成洪水总量大于设计值,可能造成调洪库容不足,导致洪水漫顶事故。

(d)设计的排洪设施排洪能力不足。在实际生产进程中有可能出现设计排洪设施排洪能力不足情况,导致洪水漫顶事故。

(e)排洪系统堵塞。当清理工作不及时造成排洪系统堵塞时,则将减少过水断面,降低排洪能力;排洪系统遭受人为堵塞或破坏,不能正常排水;库区山体滑坡可能堵塞或破坏排洪设施。排洪系统堵塞时,则有可能出现排洪设施排洪能力不足情况,导致洪水漫顶事故。

(f)排洪构筑物结构的破坏。施工不符合设计或规范要求,排洪系统施工单位不具备相应资质,无相关施工经验,施工质量达不到设计、规范的要求;施工时随意改变设计的排水方式和排水设施参数;排水构筑物设计强度不符合要求或未按设计施工;运行过程结构破坏;疏忽构筑物的日常检查、维修工作,导致漏砂、漂浮杂物沉积并堵塞进、出水管道;地形、地质条件导致构筑物变形、沉降,无法发挥正常功能。这些原因有可能造成排洪构筑物破坏,从而导致排洪设施排洪能力不足,致使洪水漫顶。

(g)尾矿库库内堆置其他物料,或在库中放矿,侵占调洪库容;设计以外的尾矿、废料、废水进入尾矿库内。这些造成尾矿库调洪库容不足,导致洪水漫顶事故。

(h)管理及应急措施不足。生产运行过程中,若出现汛前超蓄洪水、排洪系统未进行有效管理疏浚、干滩过短、安全超高不足等管理不当情况,或是无相应应急处置措施,可能引发洪水漫顶事故。

③渗流破坏

渗流破坏也是导致尾矿库坝体失稳的主要原因之一。尾矿坝坝体及坝基的渗流有正常渗流和异常渗漏之分。正常渗流有利于尾矿坝坝体及坝前干滩的固结,从而有利于提高坝体的整体稳定性,异常渗漏则是有害的。由于设计考虑不全、施工不当以及后期管理不善等原因而产生的非正常渗流,造成坝体内浸润线过高,坝外坡沼泽化,可能导致渗流出口处坝体产生流土、冲刷及管涌多种形式的破坏,降低坝体稳定性,严重时可导致垮坝事故。

造成渗流破坏的原因主要有:

(a)生产运行过程中,管理不当,尾砂填筑过程存在贯通的近水平向薄弱层。

(b)未按设计要求进行坝体堆筑,坝体堆筑上升过快,尾矿未有效堆筑固结。

(c)强降雨使得浸润线迅速抬升。

(d)仅清除覆盖层表层浮土,直接填筑坝体,导致坝基渗漏。

(e)坝基和两岸结合面未做截渗处理,或截渗措施失效。

④结构破坏

结构破坏是指坝体结构产生裂缝或排洪构筑物结构的破坏。造成结构破坏的主要原因有:

(a)坝体裂缝

坝体裂缝按其方向可分为龟裂缝、横向裂缝(垂直或斜交于坝轴线)及纵向裂缝(平行于坝轴线);按其产生的部位可分为表面裂缝和内部裂缝;按其产生的原因可分为干缩裂缝、沉陷裂缝和滑坡裂缝。

干缩裂缝。由于坝体受大气影响或植物影响,土料中水分大量蒸发,在土体干缩过程中产生干缩裂缝,多表现为密集交错、无特定方向、裂缝间距较均匀、无上下错动、多与坝体表面垂直等特点。

横向裂缝。与坝轴线垂直或斜交的裂缝称为横向裂缝,横向裂缝一般接近铅直或稍为倾斜地伸入坝体内,它对坝体具有极大的危害性,产生的根本原因是沿坝轴线纵剖面方向相邻坝段及坝基产生的不均匀沉陷所造成。

纵向裂缝。与坝轴线平行的裂缝称为纵向裂缝,纵向裂缝多发生在坝顶,并位于坝轴线或内外坝肩附近,但有时也在坝坡上发生。纵向裂缝主要是由于坝体横断面上不同的土料固结速度不同、坝坡过陡及风浪淘刷等原因产生的不均匀沉陷。

(b)排洪构筑物结构的破坏

排洪构筑物设计、施工不符合设计或规范要求,运行过程结构破坏;疏忽构筑物的日常检查、维修工作,导致漏砂、漂浮杂物沉积并堵塞进、出水管道;废弃的排水构筑物未能及时处理;负重、锈蚀等因素导致排水井、隧洞破损、断裂、垮塌;地形、地质条件导致构筑物变形、沉降,无法发挥正常功能。

尾矿库溃坝的间接原因主要包括自然条件、勘察和设计、施工、管理、社会因素及其他原因。

①自然条件

库区或坝址存在如地形、地质及地震等影响尾矿库相关构筑物稳定的不良自然条件因素,暴雨时可能形成冲击力、破坏力很强的山洪冲击库区周边山体,山体植被遭到破坏,可能引发山体滑坡和泥石流。大量的山洪、泥石流可能摧毁坝体、库区交通及房屋等生产、生活设施,造成人员、财产的巨大损失。

②勘察和设计

对不良地质情况勘察不明,坝址选择不当,位于工程地质不良地段或基岩体内存在与坝体边坡同向的破碎带、软弱夹层等不连续面时,可能构成滑坡的滑动面,造成坝体滑坡、溃坝。

尾矿坝坝型、坝体结构参数设计不当,坝体外坡过陡、初期坝坝顶宽度过窄,坝体抗滑稳定最小安全系数达不到安全技术规范要求,可能发生尾矿坝整体或局部滑动;排洪系统型式、断面尺寸等设计不当,造成排洪能力达不到要求;排渗设施设置不合理,导致尾矿不能及时固结,致使坝体稳定性降低,可能造成坝体滑坡、溃坝危害。

③施工

因施工原因造成质量缺陷,在外力作用下或在渗水饱和后,可能导致坝体沿坝、岩结合部或弱面滑坡。由于坝基基础清理不彻底或处理不当,坝体堆筑材料达不到规范、设计的要求或碾压不密实等施工缺陷,都有可能造成坝体滑坡、溃坝。

④管理

管理原因造成尾矿库溃坝主要包括:

未设置尾矿库专职管理人员、缺少必要的资金投入、未建立健全尾矿库管理及检查制度、未按要求编制应急救援预案、未建立健全相关操作规程,对潜在的滑坡危险地段不能及时发现和采取有效的加固措施。

长期对排洪构筑物不检查、维修,致使堵塞、塌陷等隐患未能及时发现。

长期高水位运行,坝内浸润线升高超过允许正常范围,致使尾矿坝饱和、坝面沼泽化,浸润线在坝外坡逸出,坝体向下的滑动力大于坝体本身的抗滑力,堆积坝发生整体滑坡,直至发生溃坝。

尾矿排放不符合规定,沉积滩坡度过缓,导致干滩长度不够,调洪库容不足引起溃坝。

⑤社会因素

周边居民破坏尾矿库相关安全设施,如堵塞排洪道,或非法在库区从事采石、爆破等危害尾矿库安全的作业活动,或在坝体上耕作、违章建筑等,在库区周边堆置物料或向库内排放其他废液料等人为因素。

⑥其他原因

地震是危害极大的自然灾害,一旦发生地震,特别是超过设防烈度的地震,将对尾矿坝造成极大的破坏。尾矿坝在遇到大地震时,极易发生液化,如果这种液化发生在坝体下游坡部位,则会造成坝体裂缝、坍塌、滑坡、溃坝。

持续的特大暴雨,使坝坡土体饱和或溪流河水浸泡坝体、风浪冲刷等。同时,暴雨可能引发库周山体或排土场发生大面积滑坡、泥石流,导致库水位猛涨出现溃坝事故。

(2)车辆伤害

在尾矿库坝上进行筑坝以及车辆在坝上行驶时可能造成人员伤害。造成车辆伤害的原因主要有:

①车辆带"病"运行,安全设施失效;
②高堤道路外侧未设置护栏、挡车土堆等;
③夜间筑坝作业场所无照明或照明不足;
④雨天路面湿滑,雨雾天、大风扬尘造成司机视线不清;
⑤司机精力不集中,违章作业。

(3)物体打击

在库内从事筑坝、巡视检查、架设与拆卸管道等作业活动时,存在物体打击的危险。

2.6.3.2 尾矿坝预先危险性分析

采用预先危险性分析法,对尾矿坝单元进行评价,尾矿坝主要危险、有害因素预先危险性分析示例见表2.3。

表2.3 尾矿坝主要危险、有害因素预先危险性分析示例

危险、有害因素	细类	机理	诱导因素	危险等级	措施
坍塌(坝坡失稳原因造成)	整体失稳	库水下泄引起失稳	①漫顶冲刷下游坝脚,坝体整体抗滑动能力降低; ②坝体与坝基结合处发生渗流破坏,降低抗滑能力; ③岸坡与坝体结合部位松动,降低抗滑能力	Ⅲ	①汛期前,对排洪设施进行检查、维修和疏浚,确保排洪设施畅通; ②汛期确保干滩长度和安全超高; ③严格按照设计要求设置排渗盲沟; ④岸坡结合部位按照设计要求进行夯实
		洪水和地震荷载作用下整体失稳	①长期降水使得尾砂饱和,抗剪能力降低; ②库水位抬升,坝体饱和区扩大; ③出现纵向裂缝,减小了阻滑力; ④裂缝进水,加大了推力; ⑤坝坡过陡; ⑥新老结合面质量差; ⑦地震导致荷载增大明显,大于阻滑力	Ⅲ	①汛期确保有足够的干滩长度; ②严格按照设计要求施工排渗盲沟,必要时,经论证,加设排渗设施,确保浸润线埋深; ③设置立体式坝面排水沟,确保坝面排水畅通; ④严格按照设计坡比进行施工; ⑤严格按照设计和规范要求进行筑坝; ⑥尾矿库防震安全等级不能低于当地设防等级,按照更加严格的要求进行设防

续表

危险、有害因素	细类	机理	诱导因素	危险等级	措施
坍塌（坝坡失稳原因造成）	局部滑坡	浅层滑坡	①坝体下游坡局部荷载增加；②雨水或其他原因导致局部尾砂饱和度增加，抗剪强度降低；③局部下游坡度过陡，滑动力大于阻滑力；④局部横向或纵向裂缝导致该部位滑动；⑤地震荷载作用	Ⅲ	①严格按照设计进行筑坝；②严格按照设计要求施工排渗盲沟，必要时，经论证，加设排渗设施，确保浸润线埋深；③设置立体式坝面排水沟，确保坝面排水畅通；④坝体出现裂缝，及时进行处理；⑤震后加强检查，必要时采取压坡等工程措施
		深层滑坡	①库水位抬高，引起浸润线抬升迅速，在下游坡某部位出溢；②纵向裂缝产生，导致沿纵向裂缝面和沿下游软弱部位滑动；③初级坝施工质量差或其他人为因素；④地震荷载作用	Ⅲ	①严格按照规范和设计要求进行排洪、排渗，确保尾矿库浸润线埋深；②定期对坝体裂缝情况进行检查，出现异常，及时与设计单位联系，尽早采取工程措施；③震后加强检查，必要时采取压坡等工程措施
坍塌（洪水漫顶原因造成）	尾矿库抵抗洪水能力不满足设计或标准要求	抵抗洪水能力不够	①遭遇超标准洪水；②水文系列增加，导致洪水总量大于设计值；③洪水标准提高；④汛期前，尾矿库未留出足够的调洪库容	Ⅱ	①汛期前，根据最新标准和实际情况，进行调洪演算；②汛期前，对排洪设施进行检查、维修和疏浚，确保排洪设施畅通；③汛期必须满足设计对库内水位控制的要求，低水位运行
		外因导致安全超高或最小安全滩长不足	①原滩顶已经发生较大沉降；②风浪过大，超过设计标准；③滩顶发生局部滑坡，涌浪翻过滩顶	Ⅱ	①运行过程中，时刻确保安全超高符合要求；②加大滩顶监测力度，发现异常，及时处理
	排洪设施不能安全下泄洪水	排洪设施泄洪能力不足	①水文系列延长导致设计洪水变化；②设计的排洪设施排洪能力不足；③排洪设施自身不安全，不能排出设计泄量	Ⅲ	①汛期前，根据最新标准和实际情况，进行调洪演算，确保干滩长度和安全超高；②汛期前，对排洪设施进行检查、维修和疏浚，确保排洪设施畅通；③在满足回水水质和水量要求前提下，尽量降低库内水位
		排洪设施操作失灵	①排水井或排水管管理不当；②人工操作无法进行	Ⅱ	加强对排洪设施的管理，定期进行检查和维护

续表

危险、有害因素	细类	机理	诱导因素	危险等级	措施
坍塌（洪水漫顶原因造成）	排洪设施不能安全下泄洪水	排洪管路堵塞	①长期或集中降雨使岸坡、截洪沟软弱部位饱和，强度降低，滑坡、堵塞排洪管路；②排洪管堵塞，减少过水断面	Ⅱ	①汛期加大对截洪沟等排洪设施检查力度，如出现滑坡等异常情况，及时疏通排洪设施；②定期对排水管进行检查，保证排水管排洪畅通
	其他	管理及应急措施不足	①汛前超蓄；②日常隐患排查和整改严重不足；③无有效的事故应急措施，加大漫顶危害程度	Ⅱ	①汛期严格按照规范和作业规程进行管理，确保干滩长度和安全超高；②建立隐患排查治理反馈制度；③及时修订应急预案，并按照要求进行演练
坍塌（渗流破坏造成）	坝体集中渗漏	坝体存在渗漏通道	①坝体不均匀沉降大，从滩面到下游坡形成贯通的横向裂缝；②尾砂填筑过程存在贯通的近水平向薄弱层；③雨水冲刷坝坡，导致渗漏通道	Ⅱ	①坝前均匀放矿，维持坝体均匀上升；②坡面修筑人字沟或网状排水沟
	坝体集中渗漏	实际渗透坡降大于坝体抗渗能力	①库内水位超过设计汛期限制水位；②强降雨使得浸润线迅速抬升；③地震作用下浸润线迅速抬升；④设计坝体内部排渗系统淤堵失效；⑤尾矿放矿不均匀，存在水平向透水层	Ⅲ	①汛期必须满足设计对库内水位控制的要求；②坡面修筑人字沟或网状排水沟；③日常运行过程中，确保浸润线埋深达到设计要求；④定期对排渗系统进行检查和维护；⑤坝体浸润线超过控制线，应经安全技术论证，采取相应排渗措施；⑥坝前均匀放矿，维持坝体均匀上升
	坝基集中渗漏	坝基处理不当	①仅清除覆盖表层浮土，直接填筑坝体；②坝基和两岸结合面未做截渗处理，或截渗措施失效；③浸润线抬升，坝基处渗透坡降增大	Ⅱ	①每期子坝堆筑前必须进行岸坡处理，将树木、树根、草皮、废石、坟墓及其他有害构筑物全部清除；②严格按照设计和规范要求做好坝体与岸坡结合处的防渗措施；③按设计要求做好库区防渗系统；④当坝体浸润线超过控制线，应经安全技术论证，采取相应排渗措施
坍塌（结构破坏原因造成）	尾矿坝裂缝	横向裂缝	①干缩；②坝体填筑质量差；③两坝端岸坡过陡，不均匀沉降严重；④两岸坡和坝下原状土层未做任何处理；⑤地震荷载作用	Ⅱ	①维持坝体均匀上升；②严格按照设计和规范要求堆筑；③严格按设计要求对岸坡进行处理；④震后加强检查，出现异常及时处理

续表

危险、有害因素	细类	机理	诱导因素	危险等级	措施
坍塌（结构破坏原因造成）	尾矿坝裂缝	纵向裂缝	①干裂；②坝体填筑质量差；③两岸坡和坝下原状黄土未做任何处理；④下游坡陡，安全系数不够；⑤地震荷载作用	Ⅱ	①维持坝体均匀上升；②严格按照设计和规范要求堆筑坝体；③严格按设计要求对岸坡进行处理；④严格按设计坡度进行筑坝；⑤震后加强检查，出现异常及时处理
		水平裂缝	堆筑存在水平向透水层	Ⅱ	坝前均匀放矿，维持坝体均匀上升。
	排洪构筑物结构破坏	结构破坏导致功能失效	①设计、施工不符合规范或设计要求，运行过程结构破坏；②构筑物的日常检查、维修工作疏忽；③废弃的排水构筑物未能处理；④负重、锈蚀等因素导致排水管破损、断裂、坍塌；⑤隧洞破损、断裂、坍塌；⑥地形、地质条件导致构筑物变形、沉降，无法发挥正常功能	Ⅲ	①尾矿库运行过程中，应严格按照设计要求对排水井进行施工；②定期对排洪设施进行检查、维修和疏浚，确保排洪设施畅通；③严格按照设计水位要求，对排水井进行封堵，确保排洪畅通；④尾矿库运行期间，加大对排水管的检查，出现异常情况，及时进行加固处理
车辆伤害		车辆失控伤害到相关人员	①车辆带"病"运行，安全设施失效；②高堤道路外侧未设置护栏、挡车土堆等；③夜间筑坝作业场所无照明或照明不足；④雨天路面湿滑，雨雾天、大风扬尘造成司机视线不清；⑤司机精力不集中，违章作业	Ⅱ	①定期对车辆进行维护保养，发现问题立即进行维修；②高堤道路外侧设置护栏、挡车土堆等；③筑坝作业场所要设置照明，照明要能充分覆盖作业区域；④雨天尽量不要驾车作业；⑤司机作业一定时间后，要进行休息；⑥对司机进行教育培训，按照规定的速度行使，按照操作规程进行操作
物体打击		物体碰撞到人的身体时对人造成伤害	在库内从事筑坝、巡视检查、架设与拆卸管道等作业活动时，存在物体打击的危险	Ⅰ	①加强管理，经常检查，使物体处于一个较为安全的状态；②采取措施，对危险区域进行隔离，防止人员进入

坍塌主要是由尾矿坝溃坝事故引起的，而尾矿库溃坝的主要表现为坝坡失稳导致溃坝、洪水漫顶导致溃坝、渗流破坏导致溃坝、结构破坏导致溃坝4种类型。

其中，抵抗洪水能力不够、管理及应急措施不足、外因导致安全超高或最小安全滩长不足、排洪设施操作失灵、排洪管路堵塞、坝体存在渗漏通道、坝基处理不当、尾矿坝裂缝等8类的危险级别为Ⅱ级,属于"临界的",需要制定管理制度、规定进行控制,努力降低风险,应仔细测定并限定预防成本,在规定期限内实施降低风险措施。

排洪设施泄洪能力不足、库水下泄引起失稳、洪水和地震荷载作用下整体失稳、浅层滑坡、深层滑坡、实际渗透坡降大于坝体抗渗能力、结构破坏导致功能失效等7类的危险级别为Ⅲ级,属于"危险的",必须制定措施进行控制管理。当风险涉及正在进行中的工作时,应采取应急措施,并根据需求为降低风险制定目标、指标、管理方案或配给资源、限期治理,直至风险降低后才能开始工作。

2.6.3.3 尾矿坝符合性检查

尾矿坝符合性检查主要针对尾矿库初期坝的类型、坝址、坝基处理、坝体结构参数和筑坝材料,堆积坝的结构参数和筑坝材料,尾矿的排放工艺和作业过程,筑坝的方式和工艺,尾矿坝的防排渗设施,坝肩坝坡排水,坝体的地震液化风险等方面,评价其安全合理性以及与相关法律法规和标准规范的符合性,具体包括:

(1)初期坝。从工程地质条件、水文地质条件、不良地质作用及其处理等方面,评价坝址选择是否符合有关安全生产法律、法规、规章、规范性文件和标准的规定;从坝址条件、筑坝材料性质及来源等方面,评价坝型是否符合有关安全生产法律、法规、规章、规范性文件和标准的规定,评价坝高、坡比及马道、反滤层、排渗层、排水棱体设置等方面是否符合有关安全生产法律、法规、规章、规范性文件和标准的规定。

(2)堆积坝。评价放矿方式、筑坝方法、坝体结构参数、坝坡保护等方面是否符合有关安全生产法律、法规、规章、规范性文件和标准的规定。

(3)排渗设施。评价排渗设施型式、布置和结构参数等方面是否符合有关安全生产法律、法规、规范性文件和标准的规定。

(4)坝肩坝坡排水设施。评价坝肩坝坡排水设施结构类型、布置、结构参数等方面是否符合有关安全生产法律、法规、规章、规范性文件和标准的规定。

根据《尾矿设施设计规范》(GB 50863—2013)、《尾矿库安全技术规程》(AQ 2006—2005)等规范标准,结合可研报告,采用安全检查表方法对尾矿库项目坝体符合性进行评价。坝体符合性检查示例见表2.4。

表2.4 坝体符合性检查示例

序号	检查内容	检查依据	可研报告设计情况	评价结果
1	尾矿坝宜以滤水坝为初期坝,利用尾矿筑坝;上游式尾矿库的初期坝宜采用透水坝型	《尾矿库安全技术规程》第5.3.1条《尾矿设施设计规范》第4.1.2条		
2	初期坝坝高可至少贮存选矿厂投产后半年以上的尾矿量,除满足初期堆存尾矿、澄清尾矿水、尾矿库回水和冬季放矿要求外,还应满足初期调蓄洪水要求	《尾矿库安全技术规程》第5.3.2条《尾矿设施设计规范》第4.1.3条		
3	坝基处理应满足渗流控制和静、动力稳定要求	《尾矿库安全技术规程》第5.3.3条《尾矿设施设计规范》第4.1.4条		

续表

序号	检查内容	检查依据	可研报告设计情况	评价结果
4	尾矿筑坝的方式,对于抗震设防烈度为7度及7度以下地区宜采用上游式筑坝,上游式筑坝应采取抗震措施	《尾矿库安全技术规程》第5.3.4条《尾矿设施设计规范》第4.1.6条		
5	上游式筑坝,中、粗尾矿可采用直接冲积筑坝法,尾矿颗粒较细时宜采用分级冲积筑坝法	《尾矿库安全技术规程》第5.3.5条《尾矿设施设计规范》第4.1.6条		
6	尾矿坝沉积滩顶至设计洪水位的高差、滩顶至设计洪水位边线距离根据坝的等级满足不同要求	《尾矿库安全技术规程》第5.3.8~5.3.9条《尾矿设施设计规范》第4.2.1~4.2.2条		
7	挡水坝在最高洪水位时安全超高不得小于最小安全超高值、最大风涌水面高度和最大风浪爬高三者之和	《尾矿库安全技术规程》第5.3.10条《尾矿设施设计规范》第4.2.3条		
8	上游式尾矿堆积坝的初期透水堆石坝坝高与总坝高之比值宜采用1/4~1/8	《尾矿库安全技术规程》第5.3.14条《尾矿设施设计规范》第4.1.3条		
9	当无行车要求时,初期坝坝顶宽度:坝高<10 m,≥2.5 m;坝高10~20 m,≥3 m;坝高20~30 m,≥3.5 m;坝高>30 m,≥4 m	《尾矿设施设计规范》第4.5.1条		
10	透水堆石坝上游坡坡比不宜陡于1:1.6,下游坡比:岩基1:1.6~1:1.75,非岩基1:1.75~1:1.20	《尾矿库安全技术规程》第5.3.22条《尾矿设施设计规范》第4.5.3条		
11	透水初期坝上游坡面采用土工布组合反滤层时,设置高差10~15 m、宽度不小于1.5 m的嵌固平台	《尾矿设施设计规范》第4.5.4条		
12	上游式尾矿坝的初期坝下游坡面,应沿高程每隔10~15 m设一马道,其宽度不宜小于1.5 m	《尾矿设施设计规范》第4.5.5条		
13	初期坝上游坡面有防止初期放矿直接冲刷初期坝的措施	《尾矿设施设计规范》第4.5.8条		

2.6.3.4 坝体渗流分析

采用渗流分析说明排渗设施是否满足尾矿坝坝体控制渗流稳定的要求,主要分析两个方面:一是采用现有的排渗设施后,尾矿库的浸润线是否能达到尾矿库浸润线控制线的要求;二是分析排渗设施的排渗流量能否满足要求。具体的分析方法详见本书第6章。

2.6.3.5 坝体稳定性计算

坝体稳定性计算主要采用静力稳定性分析方法。尾矿坝静力稳定分析最早开始于20世纪30年代,将土力学中极限平衡法应用到尾矿库的稳定分析中,自1966年有限元计算方法出现后,Clough(1967)等开始对土坝应力变形进行分析,以后引入尾矿坝的安全评价中。

尾矿坝的静力稳定分析需要考虑许多因素,比如尾矿坝几何形态和结构设计,以及强度特性、地下水条件和孔隙压力特性。尾矿库系统安全管理的最核心问题就是保证尾矿坝的稳定性能,一般来讲都是考虑从整体上定量分析评价和预测尾矿坝的稳定状态,定量的分析所设计的以及建设完成运行中的尾矿是否安全,有多大的安全储备,后续堆积坝还可以堆筑程度以及是否需要加固维护。然而由于尾矿坝技术起步较晚,至今并未形成自身独立的分析体系,均沿用土力学的传统分析方法。

定量分析方法主要包括:极限平衡法、数值分析法和不确定性分析方法。其中极限平衡法包括:瑞典圆弧法(又称 Ordinary or Fellenius method)、毕肖普法(Bishop method)、简布法、斯宾塞法、沙尔玛法、余推力法以及摩根斯坦-普莱斯法。数值分析法包括:有限元强度折减、边界元法、有限单元法、非连续变性分析等。不确定性分析方法包括:蒙特卡洛模拟方法、可靠指标法、统计矩近似法、随机有限元法等。

目前,在坝坡稳定计算中,极限平衡计算分析方法在工程中已经获得广泛的应用。其基本特点是只考虑静力平衡条件和土的摩尔-库仑破坏准则。也就是说,通过分析土体在破坏那一刻的平衡来求得问题的解。极限平衡计算分析方法通过引入一些简化假定,使问题变得静定可解。这种处理使得该方法的严密性受到了损害,但是对计算结果的精度损害不大,同时极大地简化了分析计算工作。

在计算尾矿坝的稳定性问题时,瑞典圆弧法和简化毕肖普法是《尾矿设施设计规范》(GB 50863—2013)中规定的方法。瑞典圆弧法是极限平衡方法中最早而又是最简单的方法,其基本原理就是将滑动面以下的土体沿垂直方向划分成 n 个竖向土条,计算各个土条上土体所受的力和力矩,求解出在极限平衡状态下的安全系数。毕肖普法是一种考虑土条间的相互作用力的坝坡稳定分析方法。

毕肖普法和瑞典圆弧法均属于极限平衡法范畴,但是其区别是毕肖普法考虑了土条之间的相互作用力而瑞典圆弧法将其忽略不计,从其计算公式可以看出,毕肖普法的计算结果要大于瑞典圆弧法,因此《尾矿设施设计规范》(GB 50863—2013)中针对这两种方法给出的最小安全系数是不同的。

计算尾矿坝的抗滑稳定安全系数来评价尾矿坝相关参数的合理性。对于一等、二等尾矿坝的抗滑稳定性,除了要按拟静力法计算外,还应进行专门的动力抗震计算,即要求在动态有限元基础上进行地震液化分析、地震稳定分析和地震永久变形分析。

对于加高扩容项目,利用勘察数据,在计算堆积坝稳定性的同时,应分析初期坝的稳定性。可以采用相关的软件对坝体的稳定性进行分析。具体的分析方法详见本书第6章。

2.6.4 防排洪系统单元

2.6.4.1 防排洪系统主要危险、有害因素分析

防洪排水设施存在的危险、有害因素主要有防排洪建(构)筑物坍塌、淹溺、高处坠落等。

(1)防排洪系统构筑物坍塌

防排洪系统构筑物坍塌主要原因包括:

①防洪排水设施设计施工不符合规范或不能满足生产实际需求,或因各类载荷超过设

标准而引起的坍塌造成人员伤亡、财产损失;

②防排洪设施施工过程中,因管理疏忽、违反安全生产规程引起的坍塌;

③防排洪设施承重、承压结构因水汽、冰融腐蚀、钢筋锈蚀、强度受损、年久失修等造成的坍塌;

④因自然气候、地质、地震等引起的防排洪设施等的变形、破坏和坍塌。

(2)淹溺

作业人员在库区进行排水井加盖井圈等作业时,由于无防护措施冒险进入水面区域等原因均存在发生淹溺的危险。

(3)高处坠落

在排水井等处进行作业时,存在高处坠落的危险。

2.6.4.2 防排洪系统预先危险性分析

根据危险、有害因素辨识分析结果,防洪系统单元存在坍塌、淹溺、高处坠落等危险,采用预先危险分析法对防排洪系统潜在的主要危险因素进行分析,示例详见表 2.5。

表 2.5 防洪系统预先危险分析示例

危险因素	诱导因素	事故后果	危险等级	措施
排洪建(构)筑物坍塌	①对库区不良地质条件未能查明; ②基础资料不确切、设计方案及技术论证方法不当,不遵循设计规范; ③排洪设施基础施工清基不彻底、基础垫层密实度不均; ④排洪建(构)筑物材料不合格; ⑤排洪构筑物施工质量差,有蜂窝、麻面; ⑥发生超过设防烈度地震	①排洪设施基础处理不当,基础变形; ②基础设计存在缺陷; ③基础沉降不均; ④排洪设施结构强度不达标; ⑤排洪设施强度差,导致变形、裂缝、坍塌; ⑥排洪设施断裂、坍塌	Ⅲ	①严格按照国家规定对排洪设施基础进行勘察; ②全面收集库区工程地质资料,查清库区内断层产状、溶洞分布情况,严格按照相关规范、规程设计排洪设施; ③查清可能存在的基础软弱层、溶洞等,按规范要求处理; ④严格对排洪构筑物进行检验; ⑤严格按照施工规范施工、验收排洪设施; ⑥制定排洪设施防抗震措施和预案,加强设施检查、维护、管理
淹溺	①排水井加盖井圈、封井、库内回水等作业时,不慎落入水中; ②人员在巡查尾矿库时意外落入水中; ③未备船只和救生设备	人员伤亡	Ⅱ	①完善作业现场安全防护措施; ②操作人员应严格按照规程操作; ③作业前应做好技术交底,并设有专人监护
高处坠落	操作人员在进行加盖井圈、封井等高处作业时意外坠落	人员伤亡	Ⅱ	操作人员佩戴好个人防护用品,严格按照规程操作

尾矿库防洪系统单元事故主要表现为排洪建(构)筑物坍塌、淹溺和高处坠落,因此对尾矿库防洪能力的评价应从排洪建(构)筑物坍塌、淹溺和高处坠落的危险度分析出发,通过对可能造成该事故的主要危险、有害因素进行评价,以确定初步设计方案中尾矿库防洪的实际水平。

2.6.4.3 防排洪系统符合性检查

防排洪系统符合性检查采用安全检查表法对尾矿库防洪设施、防洪标准、水位控制、排洪

设施的结构、泄洪能力是否符合设计规范和安全技术规程要求等进行评价,防洪系统单元应重点对以下内容进行评价:

(1)评价防洪标准、排洪方式、库内外防排洪构筑物(如排水斜槽、涵管、隧洞、溢洪道和截水沟等)的布置线路及基础处理、结构参数等是否符合有关安全生产法律、法规、规章、规范性文件和标准的规定。

(2)复核可研报告的洪水计算与调洪演算结果。采用水量平衡法进行调洪演算,并附典型坝高时(初期坝高、最终坝高及尾矿库等别变化时的坝高)洪峰流量、洪水总量、最小安全超高、最小干滩长度、调洪库容、最大泄流量等参数,以及对应坝高时的洪水过程线、调洪库容曲线、泄水能力曲线。

安全检查表主要依据《尾矿设施设计规范》(GB 50863—2013)、《尾矿库安全技术规程》(AQ 2006—2005)等规范标准。防洪系统符合性评价检查示例见表 2.6。

表 2.6 防洪系统符合性检查示例

序号	检查内容	检查依据	可研报告设计情况	评价结果
1	尾矿堆积坝下游坡与两岸山坡结合处的山坡应设置截水沟	《尾矿库安全技术规程》第 5.3.23 条 《尾矿设施设计规范》第 4.5.9 条		
2	上游式尾矿坝的堆积坝下游坡面上应结合排渗设施每隔 5~10 m 高差设置排水沟	《尾矿库安全技术规程》第 5.3.23 条 《尾矿设施设计规范》第 4.5.7 条		
3	尾矿库必须设置排洪设施,并满足防洪要求。尾矿库的排洪方式及布置应根据地形、地质条件、洪水总量、调洪能力、尾矿性质、回水方式及水质要求、操作条件与使用年限等因素,经过技术经济比较确定。尾矿库宜采用排水井(或斜槽)—排水管(或隧洞)排洪系统	《尾矿库安全技术规程》第 5.4.1 条		
4	尾矿库的防洪标准应根据使用期库的等别,综合考虑库容、坝高、使用年限及对下游可能造成的危害等因素,满足规范要求	《尾矿库安全技术规程》第 5.4.2 条 《尾矿设施设计规范》第 6.1.1 条		
5	尾矿库洪水计算应符合下列要求: ①应根据当地水文图册或有关部门建议的适用于特小汇水面积的计算公式计算。当采用全国通用的公式时,应当用当地的水文参数。有条件时应结合现场洪水调查予以验证。 ②库内水面面积不超过流域面积的 10%,则可按全面积陆面汇流计算。否则,水面和陆面面积的汇流应分别计算	《尾矿库安全技术规程》第 5.4.4 条		
6	设计洪水的降雨历时应采用 24 h 计算	《尾矿库安全技术规程》第 5.4.5 条 《尾矿设施设计规范》第 6.2.2 条		
7	除库尾排矿的干式尾矿库外,三等及三等以上尾矿库不得采用截洪沟排洪	《尾矿设施设计规范》第 6.1.3 条		

续表

序号	检查内容	检查依据	可研报告设计情况	评价结果
8	尾矿库排水构筑物型式与尺寸应根据水力计算及调洪计算确定	《尾矿库安全技术规程》第5.4.7条 《尾矿设施设计规范》第6.2.4条		
9	排水构筑物的基础应避免设置在工程地质条件不良或需要填方的地段。无法避开时,应进行地基处理设计。排洪构筑物不得直接坐落在尾矿沉积滩上	《尾矿库安全技术规程》第5.4.9条 《尾矿设施设计规范》第6.1.4条		
10	在排水构筑物上或尾矿库内适当地点,应设立清晰醒目的水位标尺	《尾矿库安全技术规程》第5.4.12条		
11	尾矿库的一次洪水排出时间应小于72 h	《尾矿库安全技术规程》第5.4.6条 《尾矿设施设计规范》第6.2.7条		
12	尾矿库不得采用机械排洪	《尾矿设施设计规范》第6.2.8条		
13	排水井内径不宜小于1.5 m	《尾矿设施设计规范》第6.3.1条		
14	排水井井底应设置消力坑	《尾矿设施设计规范》第6.3.2条		
15	排水管或斜槽的净高不宜小于1.2 m	《尾矿设施设计规范》第6.3.3条		
16	排水隧洞的净高不应小于1.8 m,净宽不应小于1.5 m,最小设计坡度不宜小于0.3%	《尾矿设施设计规范》第6.3.4条		
17	沟埋式和平埋式排水管,两侧回填土应夯实,顶部应松填,其厚度不应小于0.5 m	《尾矿设施设计规范》第6.3.5条		
18	建在岩基上的排水管宜每隔10~20 m设一条伸缩缝,在岩性变化或断层处应设沉降缝;建在非岩基上的排水管宜每隔4~8 m设一条沉降缝	《尾矿设施设计规范》第6.3.6条		
19	排水管外壁宜涂刷沥青	《尾矿设施设计规范》第6.3.7条		
20	设计排水系统时,应考虑在终止使用时在井座和支洞末端采取封堵措施	《尾矿库安全技术规程》第5.4.11条 《尾矿设施设计规范》第6.3.10条		

2.6.4.4 调洪演算

尾矿库调洪演算的目的是为了找出当一定防洪标准的设计洪水入库后能满足防洪要求的防洪库容、泄洪建筑物型式和尺寸。在尾矿库建成后,调洪演算的目的是寻求合理的、较优的尾矿库汛期控制运用方式。

进行调洪演算时,要附典型坝高时(初期坝高、最终坝高及尾矿库等别变化时的坝高)洪峰流量、洪水总量、最小安全超高、最小干滩长度、调洪库容、最大泄流量等参数,以及对应坝高时的洪水过程线、调洪库容曲线、泄水能力曲线。

调洪演算具体算法详见本书第6章。

2.6.4.5 水工模型试验

一等、二等尾矿库宜开展排洪系统水工模型试验,依照试验结果,评价分析相关建设方案的安全性和合理性。

水工模型试验可由具备相应能力的其他单位负责完成,水工模型试验的结果须作为预评价报告的一部分。水工模型试验是在按比尺缩小的模型中复演与原型相似的水流,进行水工建筑物各种水力学问题研究的实验技术。对于大型复杂的尾矿库排水系统,仅仅依据理论分析方法确定排水构筑物的布置方式和结构尺寸往往是不够的,这是因为大型尾矿库排水系统通常结构比较复杂、服务年限长,加之排水系统内水流流速高、流量大、边界条件复杂等,水流极易产生无序运动,进而发生水流气蚀、翻滚、阵发性喷射等不利水流现象,严重影响构筑物结构的稳定。水工模型试验对构筑物水流流态进行模拟,可更加直观地观察到构筑物内水流的变化情况,恰好弥补了大型尾矿库采用理论分析确定构筑物的这一缺陷。尾矿库排洪系统水工模型试验主要目的是预演和展示排水系统水流流态;了解排水建筑物型式和尺寸的合理性,确定排洪系统的泄流能力及其对构筑物的冲击影响;在确保满足泄流要求的前提下,优化排洪系统的建筑物结构,为工程设计提供依据。

水工模型试验的原型和模型水力过程要相似必须满足几何相似、运动相似和动力相似准则。制作水力学模型主要依据水力相似准则进行模拟,其中包括重力相似、黏滞力相似、弹性力相似、表面张力相似、压力相似等,以表述重力相似准则的弗劳德定律最为常用。弗劳德准则即两流体促使流动的力只有重力时,弗劳德数 $Fr = v/gh$,代表惯性力与重力的比例,重力影响相似,原型与模型弗劳德数相等。尾矿库排洪系统的水工模型试验通常是在弗劳德准则下设计的。

水工模型试验通常根据研究对象的目的与要求不同,在考虑试验场地的实际情况下,选用合适的模型比尺。整体模型比尺一般采用 1:20~1:100,单项整体模型比尺一般采用 1:20~1:100,断面模型比尺多为 1:10~1:50。

水工模型试验的操作流程包括模型的规划设计、模型的布置等。具体如下:

(1)模型的规划设计和制作:按所研究问题的性质和任务,选定模型的类型和比尺进行模型的设计。在试验场地用水泥、砂石、木材、钢材、塑料等材料或制品制作模型。模型的设计应该遵循重力相似准则,并按几何相似进行设计。根据《水工(常规)模型试验规程》(SL 155—2012)模型类型与比尺的选择应满足以下条件:①研究枢纽布置与各建筑物的相互关系,宜采用整体模型,几何比尺不宜小于 1:120;②研究枢纽中单一建筑物的水力特性,宜采用单体模型,几何比尺不宜小于 1:80;③研究枢纽中特定部位的水力特性,可采用局部模型,几何比尺不宜小于 1:50;④研究具有二元水力特征的泄水建筑物水力特性时,可采用断面模型,几何比尺不宜小于 1:120。对于尾矿库排洪系统常基于重力相似准则,选用 1:25 或 1:50 的比尺进行设计。

(2)布置测试系统:按照模型试验要求,在预定区域或断面上布置测点,设置量测水位、流速、流量、压强、流态、地形的仪器设备,并取得原始测读数据。

(3)进行预备试验:用已有资料验证模型中水流是否与原型相似,必要时对模型进行修正,如进行河道模型试验时,要对河床糙率 n 值按实测资料验证,以保证其相似性。

(4)进行试验研究:设备管理一般先进行原设计方案的试验,观察水流流态,测各项水力要素。针对原布置方案的问题,参照已有工程经验及科研成果对模型进行修改,逐步优化,最后对选定方案进行总结试验。

(5)分析资料,编写报告,提出相应的建议。试验报告编写的内容主要包括工程概况、试验目的和内容、技术路线和方法、模型设计、测试手段、必要的测试数据、试验成果分析、结论与建议等。试验报告表述内容要求全面,表达准确,图表齐方,结论观点明确,切合实际。

在大型尾矿库排水系统优化设计中水工模型试验是对理论分析的复核和有利补充,水工模型试验不但可以直接观察到流构筑物内流态及水流现象,并根据水力相似原理将模型中量测到的水力要素换算为原型的水力要素,同时通过水工模型试验可以在尾矿库排水系统布置方案的比较、构筑物过流表面的体型优化以及下游消能防冲等问题的研究,解决实际工程问题。可见,采用水工模型试验和理论分析相结合的方式是解决大型尾矿库排水系统设计优化的有效途径。

2.6.5 干式尾矿运输单元

2.6.5.1 干式尾矿运输主要危险、有害因素分析

干式尾矿运输存在的主要危险、有害因素为车辆伤害、触电、机械伤害。

(1)车辆伤害

车辆伤害事故指在车辆行驶中引起的人体坠落或物体倒塌、下落、挤压等造成的伤亡事故。造成车辆伤害事故的主要因素有:

①因提升重物动作太快、超速驾驶、突然刹车、碰撞障碍物、在已有重物时使用前铲、在车辆前部有重载时下斜坡、横穿斜坡或在斜坡上转弯或卸载、在不适的路面或支撑条件下运行等,都有可能发生翻车、翻倒而导致人员伤亡事故;

②因超载导致的车辆伤害事故;

③与建筑物、管道、堆积物及其他车辆之间发生碰撞引起的伤害事故;

④因车辆电线短路、油管破裂、粉尘堆积、电池充电产生氢气而引发的爆炸、燃烧事故以及车辆在运送可燃物品时自身成为火源;

⑤违章携带乘员所引发的事故。

(2)触电

由于采用带式运输机运输时,在日常生产活动中容易发生触电事故,触电事故包括触及带电体和人受放电冲击。引起触电事故的主要原因,除了设备缺陷、设计不周等技术因素外,大部分是由于违章指挥、违章操作引起的,常见的有个人和企业两个方面。

①个人方面

(a)不认真执行安全用电的规章制度,使用不合格的绝缘工具和电气工具;

(b)线路或电气设备工作完毕,未办理终结手续,就对停电设备恢复送电;

(c)在带电设备附近进行作业,不符合安全距离或无监护措施;

(d)跨越安全围栏或超越安全警戒线,工作人员误碰带电设备,以及在带电设备附近使用钢卷尺等进行测量或携带金属超高物体在带电设备下行走;

(e)绝缘胶鞋破损透水,作业者身体或工具碰到带电设备或线路上;

(f)缺少标志或标志不明显;

(g)工作人员擅自扩大工作范围;

(h)使用电动工具金属外壳不接地,不戴绝缘手套;

(i)在潮湿地区、金属容器内工作不穿绝缘鞋,无绝缘垫,无监护人;

(j)电气作业的安全管理工作存在漏洞。

②企业方面

(a)电气设备不能满足在粉尘、潮湿、腐蚀等环境中的正常工作要求,不符合国家安全标准;

(b)电力设备负载过重且长期连续运转,严重老化;

(c)缺乏触电保护、漏电保护、短路保护、过载保护、绝缘、电气隔离、屏护等设备或不符合电气安全工作距离要求；

(d)生产作业的电压条件和设施不符合安全规定，缺乏防静电、防雷击等电气联结措施；

(e)自动控制系统、紧急状态用电不可靠；

(f)安全用电管理制度不健全。

(3)机械伤害

采用带式运输机运输时，在运输设备上可能发生的拖曳伤害。机械伤害事故大多是由于人的违章指挥、违章操作造成。常见的主要原因有：

①违章操作或穿戴不符合安全规定的服装进行设备操作；

②机械设备安全防护装置缺乏或损坏、被拆除等，导致事故发生；

③操作人员疏忽大意，身体进入机械危险部位；

④在检修和正常工作时，机器突然被别人随意启动，导致事故发生；

⑤在不安全的机械上停留、休息，导致事故发生；

⑥安全管理上存在不足。

2.6.5.2 干式尾矿运输符合性检查

干式尾矿运输符合性检查主要从尾矿汽车运输的相关安全设计（运输线路安全护栏、道路挡车设施、汽车避让道、卸料平台挡车设施等）、尾矿带式运输机运输的相关安全设计（输送机系统各种闭锁和电气保护设施、设备安全护罩、安全护栏等）等方面，评价分析建设方案的安全合理性，以及与相关法律法规、标准规范的符合性。干式尾矿运输符合性检查示例见表2.7、表2.8。

表2.7 尾矿汽车运输符合性检查示例

序号	检查内容	检查依据	可研报告设计情况	评价结果
1	运输线路安全护栏	《尾矿设施设计规范》		
2	道路挡车设施	《尾矿设施设计规范》		
3	汽车避让道	《尾矿设施设计规范》		
4	卸料平台挡车设施	《尾矿设施设计规范》		

表2.8 尾矿带式运输机运输符合性检查示例

序号	检查内容	检查依据	可研报告设计情况	评价结果
1	输送机系统各种闭锁	《尾矿设施设计规范》		
2	输送机系统电气保护设施	《尾矿设施设计规范》		
3	设备安全护罩	《尾矿设施设计规范》		
4	安全护栏	《尾矿设施设计规范》		

2.6.6 安全监测单元

评价分析安全监测设施建设方案的安全合理性，以及与相关法律法规、标准规范的符合性。依据《尾矿库安全监测技术规范》(AQ 2030—2010)、《尾矿库在线安全监测系统工程技术规范》(GB 51108—2015)、《尾矿设施设计规范》(GB 50863—2013)的相关要求,对照可研报告采用安全检查表法,对尾矿库安全监测设施进行评价。安全监测检查示例见表2.9。

表 2.9 安全监测符合性检查示例

序号	检查项目及内容	检查依据	可研报告设计情况	评价结果
1	实施监测的尾矿库等别根据尾矿库设计等别确定,监测系统的总体设计应根据总坝高进行一次性设计,分步实施	《尾矿库安全监测技术规范》第4.2.6条		
2	尾矿库应监测位移、浸润线、干滩、库水位、降水量,必要时还应监测孔隙水压力、渗透水量、混浊度	《尾矿库安全监测技术规范》第4.4.1条		
3	尾矿库应安装在线监测系统	《尾矿库安全监测技术规范》第4.4.1条		
4	坝面位移测点初期坝顶和后期坝顶各布设一排,每30～60 m高差布设一排,一般不少于3排	《尾矿库安全监测技术规范》第5.2.2条 《尾矿库在线安全监测系统工程技术规范》第4.3.1条		
5	坝面位移测点的间距,一般坝长小于300 m时,宜取20～100 m;坝长大于300 m时,宜取50～200 m;坝长大于1000 m时,宜取100～300 m	《尾矿库安全监测技术规范》第5.2.2条 《尾矿库在线安全监测系统工程技术规范》第4.3.1条		
6	坝体位移监测断面宜布置在最大坝高断面及其他特殊断面上,可设1～3个断面	《尾矿库安全监测技术规范》第5.3.2条		
7	每个坝体监测断面上可布设1～3条监测垂线,其中一条宜布设在坝轴线附近	《尾矿库安全监测技术规范》第5.3.2条		
8	坝体监测垂线上测点的间距一般为2～10 m。每条监测垂线上宜布置3～15个测点。最下一个测点置于坝基表面	《尾矿库安全监测技术规范》第5.3.2条 《尾矿库在线安全监测系统工程技术规范》第4.3.2条		
9	浸润线监测横断面宜选在有代表性且能控制主要渗流情况的坝体横断面以及预计有可能出现异常渗流的横断面,一般不少于3个,并尽量与位移监测断面相结合	《尾矿库安全监测技术规范》第6.2.2条 《尾矿库在线安全监测系统工程技术规范》第4.3.4条		
10	浸润线监测横断面上测点的布置宜在堆积坝顶、初期坝上游坡底、下游排水体前缘各布置1条铅直线,其间部位每20～40 m布设1条铅直线	《尾矿库安全监测技术规范》第6.2.2条 《尾矿库在线安全监测系统工程技术规范》第4.3.4条		
11	在渗流进、出口段,渗流各向异性明显的土层中,以及浸润线变幅较大处,应根据预计浸润线的最大变幅沿不同高程布设测点,每条铅直线上的测点数一般不少于2个	《尾矿库安全监测技术规范》第6.2.2条 《尾矿库在线安全监测系统工程技术规范》第4.3.4条		

续表

序号	检查项目及内容	检查依据	可研报告设计情况	评价结果
12	尾矿坝的渗流压力监测,宜沿流线方向或渗流较集中的透水层布置1~3条监测横剖面,每个横剖面上宜设3~4条监测垂线	《尾矿库在线安全监测系统工程技术规范》第4.3.5条		
13	库水位监测点应设置在能代表库内平稳水位的位置,宜布置在库内排洪构筑物上	《尾矿库在线安全监测系统工程技术规范》第4.3.7条		
14	尾矿库滩顶高程的测点布防,应沿坝(滩)顶方向布置测点,当滩顶一端高一端低时,应在低标高段选较低处检测1~3个点;当滩顶高低相同时,选较低处不少于3个点;其他情况,每100 m坝长选较低处检测1~2个点,但总数不少于3个点	《尾矿库安全监测技术规范》第7.2.1条《尾矿库在线安全监测系统工程技术规范》第4.3.8条		

2.6.7 辅助设施单元

辅助设施主要包括尾矿库管理站、守坝值班房、上坝道路、坝上照明、库区通信、报警系统、库区护栏、应急救援器材、电气设备接地设施、浮船、浮船固定设施、救生器材等。

2.6.7.1 辅助设施主要危险、有害因素分析

辅助设施单元主要存在的危险、有害因素为触电、火灾、机械伤害、车辆伤害、高处坠落、淹溺、其他伤害。

(1)触电

造成触电的主要原因有:

①电工作业不遵守规章制度,不执行安全操作规程;

②使用不合格的绝缘工具和电气工具;

③移动使用的配电箱、板及所用导线不符合要求,未使用漏电保护器;

④在潮湿地区、金属容器内工作不使用安全电压,不穿绝缘鞋,无绝缘垫,无监护人;

⑤电气装置的绝缘损坏、老化;

⑥变配电装置安全防护距离不足,带电设备附近作业安全距离不足;

⑦设备接地线损坏,缺少接地、漏电保护等防护。

(2)火灾

在尾矿库辅助设施发生的火灾主要是由明火引起的火灾和电气火灾。

明火引起的火灾原因主要包括:

①明火照明、明火取暖;

②未熄灭的烟头引燃可燃物;

③油棉纱等自燃引起火灾;

④明火引发机油着火；
⑤设备检修时用汽油擦洗设备；
⑥焊接作业防护不当,作业结束后未及时清理现场。
电气火灾的主要原因包括：
①未对电气线路、照明灯具、电气设备进行定期检查；
②电气线路特别是临时线路接触不良；
③避雷装置覆盖范围不够或接地电阻大；
④超负荷用电；
⑤重要电气设备场所缺少消防器材。

(3) 机械伤害

造成机械伤害的主要原因有：
①水泵等高速转动部位缺少防护装置或安全防护装置损坏；
②违章操作,穿戴不符合安全规定的服装；
③操作人员疏忽大意,身体进入机械危险部位；
④在检修工作时,机器突然被别人随意启动；
⑤在不安全的机械旁停留、休息；
⑥操作、搬运、架设、拆除设备、管道时受到磕碰、撞击、挤压、割划等伤害。

(4) 车辆伤害

造成车辆伤害的主要原因有：
①车辆带"病"运行,安全设施失效；
②高堤道路外侧未设置护栏、挡车土堆等；
③夜间作业场所无照明或照明不足；
④雨天路面湿滑,雨雾天、大风扬尘造成司机视线不清；
⑤司机精力不集中,违章作业。

(5) 高处坠落

造成高处坠落的主要原因有：
①进行高处检修等高处作业时未系安全带,也没有监护和其他防护措施；
②作业人员身体状况不好；
③作业人员穿拖鞋、硬底鞋等进行作业；
④安全防护栏杆未设、不符合要求或损坏；检修平台、孔、洞等处缺少安全防护设施；照明情况不好；
⑤人员在巡查尾矿库时意外从坝顶坠落；
⑥其他违章作业。

(6) 淹溺

造成淹溺的主要原因有：
①库区周围岸坡较陡,人员不慎落入水中；
②水面浮船作业时,人员意外落水。
③库区周边未设围栏或拦截围栏不符合要求；
④库区未设警示牌、标志牌；

⑤在库区内抓鱼或游泳。

(7) 其他伤害

在辅助设施也可能造成其他伤害，主要包括扭伤、摔伤等，造成其他伤害的主要原因有：

①雨、雪天道路湿滑；

②照明不足；

③路面崎岖不平；

④高陡倾斜坡面作业、搬运材料。

2.6.7.2 辅助设施预先危险性分析

辅助设施的主要危险、有害因素有触电、火灾、机械伤害、车辆伤害、高处坠落、淹溺和扭伤、摔伤等，采用预先危险分析法对其危险性进行评价，辅助设施预先危险性分析示例见表 2.10。

表 2.10 辅助设施预先危险性分析示例

危险因素	诱导因素	事故后果	危险等级	措施
触电	①电工作业不遵守规章制度，不执行安全操作规程； ②使用不合格的绝缘工具和电气工具； ③移动使用的配电箱、板及所用导线不符合要求，未使用漏电保护器； ④在潮湿地区、金属容器内工作不使用安全电压，不穿绝缘鞋，无绝缘垫，无监护人； ⑤电气装置的绝缘损坏、老化； ⑥变配电装置安全防护距离不足，带电设备附近作业安全距离不足； ⑦设备接地线损坏，缺少接地、漏电保护等防护	①违章、违规作业触电； ②绝缘工具漏电； ③电气设备漏电； ④作业环境不良、防护不当触电； ⑤设备漏电； ⑥人体触及裸露带电部分触电； ⑦设备外壳带电导致触电	Ⅱ	①严格执行电气安全规程和管理规章，电工持证上岗； ②使用合格的绝缘工具作业； ③移动使用的配电箱、板应采用完整的、带保护线的多股铜芯橡皮护套软电缆同时应装设漏电保护器； ④在潮湿工作场所工作要使用安全电压，穿戴防护用品； ⑤电气设备要有良好的绝缘性能和机械强度； ⑥电气设备应合理选型、规范安装，可能被人触及的裸露带电部分设置保护罩或警示标志； ⑦设备外壳进行接地或接零
火灾	明火引起的火灾： ①明火照明、明火取暖； ②未熄灭的烟头引燃可燃物； ③油棉纱等自燃引起火灾； ④明火引发机油着火； ⑤设备检修时用汽油擦洗设备； ⑥焊接作业防护不当，作业结束后未及时清理现场	①火源管理不善，引燃周围可燃物； ②造成火灾； ③人员烧伤、窒息； ④汽油或棉纱遇火燃烧； ⑤电焊火花或焊渣引燃作业场地可燃物。 ⑥引起的火灾导致人员伤亡、损坏设备	Ⅱ	①按照有关规定设置消防设备和器材，禁止易燃场所使用明火照明、取暖； ②加强对吸烟、明火的管理； ③使用过的废油、棉纱、布头等易燃物应妥善保管并集中处理，严禁接触明火； ④设备加注油时，严禁吸烟和明火； ⑤禁止用汽油擦洗设备； ⑥制定动火管理制度，焊接作业时，必须派专人监护防火工作，焊接完毕后，应严格检查和清理作业现场

续表

危险因素	诱导因素	事故后果	危险等级	措施
火灾	电气火灾： ①未对电气线路、照明灯具、电气设备进行定期检查； ②电气线路特别是临时线路接触不良； ③避雷装置覆盖范围不够或接地电阻大； ④超负荷用电； ⑤重要电气设备场所缺少消防器材	①线路绝缘老化、破损，短路起火； ②接触电阻过高造成局部过热起火； ③雷击引起电气设备起火； ④电线、电缆、元件过热起火； ⑤着火源未及时扑灭； ⑥引起的火灾导致人员伤亡，损坏设备	Ⅱ	①定期对电气设备进行检查、维护、更换； ②电气设备由专业电工安装，选用合格的电器元器件； ③接地装置符合设计、规范规定，避雷接地电阻定期检验； ④加强用电管理，合理分配用电负荷，严禁私搭乱接用电设备； ⑤重要电气设备场所配备消防器材
机械伤害	①水泵等高速转动部位缺少防护装置或安全防护装置损坏； ②违章操作，穿戴不符合安全规定的服装； ③操作人员疏忽大意，身体进入机械危险部位； ④在检修工作时，机器突然被别人随意启动； ⑤在不安全的机械旁停留、休息； ⑥操作、搬运、架设、拆除设备、管道时受到磕碰、撞击、挤压、割划等伤害	①人体进入危险部位或造成物体打击、人员伤害； ②身体被带进或卷入机械危险部位造成人员意外伤害； ③操作人员疏忽大意，造成人员伤害； ④缺乏安全联锁装置，导致人员伤害； ⑤设备损坏、人员伤害	Ⅱ	①设备运转部位安装防护装置； ②严格执行操作规程，正确穿戴劳保防护用品； ③设备检修时应在启动开关处悬挂"有人工作，不准合闸"标志牌； ④为了操作安全性，应设置安全联锁装置； ⑤危险设备场所设置警示标志； ⑥加强职工安全技术培训，严格遵守操作规程
车辆伤害	①车辆带"病"运行，安全设施失效； ②高堤道路外侧未设置护栏、挡车土堆等； ③夜间筑坝作业场所无照明或照明不足； ④雨天路面湿滑，雨雾天、大风扬尘造成司机视线不清； ⑤司机精力不集中，违章作业	①刹车失灵、照明不足等； ②车辆坠落，人员伤亡； ③视线不清、车轮打滑，人员或车辆相撞； ④车辆损毁、人员伤亡	Ⅱ	①加强车辆维护、保养，保持车况良好； ②库区的高堤路段、弯道处、坡度较大路段外侧应设置护栏、挡车土堆等，设警示标志； ③作业场所设置照明或提高照明强度。 ④雨、雪、雾天行车严格控制车速，慢速行驶； ⑤加强司机安全教育，禁止疲劳驾驶，酒后驾车，严格照章行驶

续表

危险因素	诱导因素	事故后果	危险等级	措施
高处坠落	①进行高处检修等高处作业时未系安全带,也没有监护和其他防护措施; ②作业人员身体状况不好; ③作业人员穿拖鞋、硬底鞋等进行作业; ④安全防护栏杆未设、不符合要求或损坏;检修平台、孔、洞等处缺少安全防护设施;照明情况不好; ⑤人员在巡查尾矿库时意外从坝顶坠落; ⑥其他违章作业	人员伤亡	Ⅲ	①高处作业前要制定计划,现场统一指挥;制定完备的检修安全措施,合理使用安全带等安全防护用品; ②禁止患有禁忌症和身体状况不佳的人员从事高处作业; ③作业人员要严格按规定穿戴劳动防护用品; ④设置检修安全防护设施,在检修平台、预留孔等有高处坠落危险的场所应设安全防护栏杆等; ⑤加强日常教育培训,维护库内巡视道路; ⑥加强日常安全管理,防止违章作业
淹溺	①库区周围岸坡较陡,人员不慎落入水中; ②水面浮船作业时,人员意外落水; ③库区周边未设围栏或围栏不符合要求; ④库区未设警示牌、标志牌; ⑤在库区内抓鱼或游泳	人员伤亡	Ⅱ	①完善作业现场安全防护措施; ②库区周围设置安全警示标志; ③操作人员应严格按照规程操作; ④作业前应做好信息沟通工作,并设有专人监护; ⑤库区周边设置符合要求的围栏,禁止闲杂人员进入
其他伤害	①雨、雪天道路湿滑; ②照明不足; ③路面崎岖不平; ④高陡倾斜坡面作业、搬运材料	人员扭伤摔伤	Ⅰ	①雨、雪天行走时小心谨慎; ②增设照明设施; ③经常维护路面,保证路面平坦; ④加强安全教育,制定安全作业规程

2.6.7.3 辅助设施符合性检查

辅助设施符合性检查评价分析辅助设施建设方案的安全合理性,以及与相关法律法规、标准规范的符合性。依据《金属非金属矿山建设项目安全设施目录(试行)》的相关要求,对照可研报告采用安全检查表法,对尾矿库辅助设施进行评价,辅助设施检查示例见表2.11。

表 2.11 辅助设施检查示例

序号	检查项目	检查依据	可研报告设计情况	评价结果
1	尾矿库交通道路(库区巡查道路,尾矿坝、排洪系统与值班室及外部道路的连通道路和尾矿坝应急上坝道路等位置、参数)	《金属非金属矿山建设项目安全设施目录(试行)》		
2	尾矿库管理站	《金属非金属矿山建设项目安全设施目录(试行)》		
3	尾矿库照明设施	《金属非金属矿山建设项目安全设施目录(试行)》		
4	通信设施	《金属非金属矿山建设项目安全设施目录(试行)》		
5	报警系统	《金属非金属矿山建设项目安全设施目录(试行)》		
6	库区安全护栏	《金属非金属矿山建设项目安全设施目录(试行)》		
7	应急救援器材及设备	《金属非金属矿山建设项目安全设施目录(试行)》		

2.6.8 安全标志单元

尾矿库库区及周边应设置的符合要求的安全标志,包括警告标志、交通标志、电气安全标志等,评价分析建设方案与相关法律法规、标准规范的符合性。依据《安全标志及其使用导则》(GB 2894—2008)和《矿山安全标志》(GB/T 14161—2008)的相关要求,对照可研报告采用安全检查表法,对尾矿库安全标志进行评价,安全标志设计符合性检查示例见表 2.12。

表 2.12 安全标志设计符合性检查示例

序号	检查项目及内容	检查依据	可研报告设计情况	评价结果
1	警告标志	《安全标志及其使用导则》		
2	交通标志	《安全标志及其使用导则》		
3	电气安全标志	《矿山安全标志》		

2.6.9 安全管理单元

对改建或扩建工程,主要从生产经营单位安全组织机构及管理人员配备、安全教育及培训、特种作业人员持证情况、规章制度、现场管理及生产安全检查等方面进行符合性评价。

2.6.9.1 组织与制度

依据《安全生产法》《尾矿库安全监督管理规定》(国家安全生产监督管理总局令第 38 号)、《生产经营单位安全培训规定》《企业安全生产费用提取和使用管理办法》等法律法规,对安全生产许可证、安全组织机构及人员配备、安全教育及培训、特种作业人员持证情况、规章制度、安全投入、安全教育和培训(场地、费用)等进行检查,组织与制度检查示例见表 2.13。

表 2.13 组织与制度检查示例

序号	检查项目	检查内容	检查依据	检查方法	实际情况	附件编号	评价结果
1	安全生产管理机构	生产经营单位应当保证尾矿库具备安全生产条件所必需的资金投入,建立相应的安全管理机构或者配备相应的安全管理人员、专业技术人员	《尾矿库安全监督管理规定》第五条	查阅任命文件			
2	安全管理人员	矿山、金属冶炼、建筑施工、道路运输单位和危险物品的生产、经营、储存单位,应当设置安全生产管理机构或者配备专职安全生产管理人员	《安全生产法》第二十一条	查阅任命文件			
3	特种作业人员	从事尾矿库放矿、筑坝、巡坝、排洪和排渗设施操作的作业人员必须取得特种作业操作证书,方可上岗作业;三等及以上尾矿库特种作业人员应不少于 10 人,四等、五等尾矿库特种作业人员应不少于 6 人	《尾矿库安全监督管理规定》第六条	查阅证书			
4	安全生产责任制	建立健全尾矿库全员安全生产责任制	《尾矿库安全监督管理规定》第四条	查阅资料			
5	规章制度	建立健全安全生产规章制度	《尾矿库安全监督管理规定》第四条	查阅资料			
6	操作规程	制定作业安全规程和各岗位、工种操作规程	《尾矿库安全监督管理规定》第四条	现场检查、查阅资料			
7	管理人员教育和培训	非煤矿山主要负责人和安全生产管理人员初次安全培训时间不得少于 48 学时,每年再培训时间不得少于 16 学时	《生产经营单位安全培训规定》第九条	查阅安全生产教育培训计划、记录			
8	员工教育和培训	员工每年培训的时间不得少于 20 学时	《生产经营单位安全培训规定》第十三条	查阅安全生产教育培训计划、记录			
9	新员工的三级教育	非煤矿山新上岗的从业人员安全培训时间不得少于 72 学时	《生产经营单位安全培训规定》第十三条	查阅安全生产教育培训计划、记录			
10	新技术教育	生产经营单位采用新工艺、新技术、新材料或者使用新设备时,应当对有关从业人员重新进行有针对性的安全培训	《生产经营单位安全培训规定》第十七条	查阅安全生产教育培训计划、记录			

续表

序号	检查项目	检查内容	检查依据	检查方法	实际情况	附件编号	评价结果
11	安全生产费用	企业应当建立健全内部安全生产费用管理制度,明确安全费用提取和使用的程序、职责及权限,按规定提取和使用安全费用。尾矿库按入库尾矿量计算,三等及以上每吨1元,四等及五等每吨1.5元	《企业安全生产费用提取和使用管理办法》第六条	查阅资料			
12	工伤保险	生产经营单位必须依法参加工伤保险,为从业人员缴纳保险费	《安全生产法》第四十八条	查阅保险、缴纳证明			

2.6.9.2 安全运行管理

依据《尾矿库安全技术规程》、改建或扩建前的《安全设施设计》等,对放矿计划、排矿方式、现场管理及生产安全检查等进行检查,安全运行管理检查示例见表2.14。

表2.14 安全运行管理检查示例

序号	检查项目	检查内容	检查依据	检查方法	实际情况	附件编号	验收结果
1	放矿计划	企业是否编制年、季作业计划和详细运行图表,统筹安排和实施尾矿输送、分级、筑坝和排洪的管理工作	《尾矿库安全技术规程》第6.1.3条	查阅资料			
2	排矿方式	排矿的方式	《尾矿库安全技术规程》第6.3.4条—6.3.10条	查看现场、查阅资料			
3	滩面、坡面	尾矿滩面及下游坡面上不得有积水坑;坡面修筑人字沟或网状排水沟;坡面植草或灌木类植物	《尾矿库安全技术规程》第6.3.12条、第6.3.12条	查看现场			
4	筑坝	筑坝前后保障措施	《尾矿库安全技术规程》第6.3.3条、第6.3.13	查看现场、查阅资料			
5	安全检查	是否定期对尾矿坝、库区、防排洪系统进行了安全检查	《尾矿库安全技术规程》第9条	查阅资料			

2.6.9.3 应急救援

依据《安全生产法》《尾矿库安全监督管理规定》《生产安全事故应急预案管理办法》等,对矿山救护队或兼职救护队的人员组成及技术装备、应急预案等进行检查,应急救援符合性检查示例见表2.15。

表 2.15 应急救援符合性检查示例

序号	检查项目	检查内容	检查依据	检查方法	实际情况	附件编号	验收结果
1	应急救援组织	矿山单位应当建立应急救援组织;生产经营规模较小的,可以不建立应急救援组织,但应当指定兼职的应急救援人员	《安全生产法》第七十九条	查看现场或救援协议			
2	应急救援器材	矿山单位应当配备必要的应急救援器材、设备和物资,并进行经常性维护、保养,保证正常运转	《安全生产法》第七十九条	查看器材			
3	应急预案	生产经营单位应急预案分为综合应急预案、专项应急预案和现场处置方案;应急预案应当在公布之日起 20 个工作日内,按照分级属地原则,向县级以上人民政府应急管理部门和其他负有安全生产监督管理职责的部门进行备案	《生产安全事故应急预案管理办法》第六条、第二十六条	查阅资料			
4	应急演习	至少每半年组织一次演练,并将演练情况报送有关应急管理部门	《尾矿库安全监督管理规定》第三十六条	查阅资料			

2.6.10 重大危险源辨识单元

重大危险源是指长期地或临时地生产、使用或储存危险化学品,且危险化学品的数量等于或超过临界量的单元。重大危险源如控制不当,则可能导致重大事故的发生,产生严重的社会影响。

重大危险源的辨识一般应从是否存在一旦发生泄漏可能导致的火灾、爆炸、中毒等重大危险物质出发进行辨识与分析。矿山企业是否存在危险化学品重大危险源,一般可根据《危险化学品重大危险源辨识》(GB 18218)进行辨识。

危险化学品重大危险源辨识的依据是危险化学品的危险特性及其数量,在《危险化学品重大危险源辨识》(GB 18218)中,列出了"爆炸品、易燃气体、毒性气体、易燃液体、易于自燃的物质、遇水放出易燃气体的物质、氧化性物质、有机过氧化物、毒性物质"九大类共 78 种危险化学品名称及其临界量。

2.7 安全对策措施建议

针对项目建设方案的危险、有害因素,针对安全评价中发现的问题和不足,依据国家相关安全法律、法规、标准和规范的要求,利用最新科学技术,分评价单元提出具有针对性、实用性和可操作性的安全对策措施建议。主要包括:库址选择对策措施、尾矿坝对策措施、防排洪系统对策措施、干式尾矿运输对策措施、安全监测对策措施、辅助设施对策措施、安全标志对策措施、安全管理对策措施、重大危险源对策措施。

2.8 评价结论

2.8.1 危险、有害因素分析

根据前面每个单元分析的危险、有害因素,简要列出主要危险、有害因素,指出评价对象应重点防范的重大危险、有害因素。

2.8.2 应重视的安全对策措施

根据前面的安全对策措施,从中明确应重视的安全对策措施建议。

2.8.3 评价结论

明确评价对象潜在的危险、有害因素在采取安全对策措施后,对能否得到控制以及受控的程度如何做出明确的结论。

2.9 附图

报告宜附有以下图纸和照片,可根据项目实际情况调整:
(1)库区及周边区域地形图;
(2)总平面布置图;
(3)防排洪系统图;
(4)坝高-库容曲线图;
(5)尾矿坝剖面图;
(6)带有最危险滑弧位置的尾矿库稳定计算简图;
(7)洪水过程线图;
(8)调洪库容曲线图;
(9)泄水能力曲线图;
(10)评价项目组部分人员在现场调研照片。

以上图纸为可行性研究报告中相关图纸。图纸应字迹线条清晰、签字盖章齐全、版面大小合适,有彩色内容的图纸宜彩色打印。

2.10 附件

对于改建或扩建工程,需要附上检查的相关附件。附件应有编号,并能与检查表对应;附件应有序排列编号,要齐全、简洁(如:安全管理制度附目录、记录等抽取一次等);附件可以单独成册。

2.11 安全预评价所需的资料

安全预评价所需要的资料主要包括:
(1)建设项目概况;
(2)尾矿库现状地形及上、下游情况;
(3)水文气象资料;
(4)工程地质勘查报告;
(5)可行性研究报告;
(6)改扩建工程尾矿库现状运行情况;
(7)其他资料。

第3章 尾矿库建设项目安全设施竣工验收评价

3.1 验收评价的定位

3.1.1 安全设施验收评价作用与定位

安全设施验收评价是贯彻落实建设项目安全设施"三同时"的重要一环,其任务就是检查、评价建设项目的安全设施是否按照经过审批的安全设施设计真正落到了实处,建设项目的安全设施是否做到"同时投入生产和使用",为建设项目安全设施的竣工验收提供依据和技术支撑。

安全设施验收评价首先要根据建设项目经过批准的安全设施设计,明确安全设施验收评价报告的评价范围。安全设施验收评价主要是对评价范围内的安全设施(包括基本安全设施和专用安全设施)竣工情况进行评价。

安全设施验收评价报告的主要内容是检查建设项目实际采用的安全设施与批准的《安全设施设计》以及与法律法规和标准规程的符合情况,对建设项目的安全设施进行符合性评价,以及对相应的安全管理状况进行适应性评价。建设项目安全设施设计中不涉及的内容不列入评价内容。对于每项安全设施,安全设施设计中提出了具体参数要求的,以安全设施设计中相关参数作为检查依据评价其符合性;如果《安全设施设计》中没有提出具体的参数要求,则应以相关的法律法规、标准规程作为检查依据来评价其符合性。

金属非金属矿山安全设施验收评价的定位转变是依据原国家安全生产监督管理总局(现国家应急管理部)为依法推进行政审批制度改革和政府职能转变而转变的。为进一步规范金属非金属矿山建设项目安全评价工作,根据《安全生产法》《建设项目安全设施"三同时"监督管理办法》(国家安全生产监督管理总局令第36号)和《金属非金属矿山建设项目安全设施目录(试行)》,在《国家安全监管总局关于印发金属非金属矿山建设项目安全评价报告编写提纲的通知》(以下简称《编写提纲》)中明确了安全验收评价的定位。

3.1.2 安全设施验收评价主要内容变化

金属非金属矿山安全设施验收评价突出了其定位就是对建设项目安全设施进行符合性评价,与以往的金属非金属矿山安全验收评价报告有明显的不同,其名称改为《安全设施验收评价报告》,增加了"设施"二字,就鲜明地反映了这个特点。

《编写提纲》中的附件提供了金属非金属矿山尾矿库建设项目安全设施验收评价报告的编写提纲。《编写提纲》较以往的金属非金属矿山建设项目《安全验收评价报告》的内容有很大变化,具体体现在以下方面。

(1)《编写提纲》删除了以往的《安全验收评价报告》中的危险、有害因素辨识与分析和危险、危害程度评价章节。金属非金属矿山建设项目的危险、有害因素辨识与分析及其危险、危害程度评价是建设项目安全预评价报告的重点内容,在建设项目的安全预评价阶段进行了建设项目危险、有害因素全面的辨识、分析与评价,在《安全设施验收评价报告》中没有必要重复,以突出《安全设施验收评价报告》符合性评价的特点。

(2)《编写提纲》删除了以往的《安全验收评价报告》中评价单元划分章节。《编写提纲》对《安全设施验收评价报告》的章节设置、主要内容做了明确的规定,按照《编写提纲》的规定编写评价报告,就没有必要再在评价报告中设置说明"评价单元划分"的章节。

(3)《编写提纲》删除了以往的《安全验收评价报告》中评价方法选择与介绍的章节。《编写提纲》对《安全设施验收评价报告》的评价方法作了具体的规定,即"采用安全检查表法,对照建设项目的安全设施设计,结合现场实际检查、竣工验收资料、施工记录、监理记录、检测检验、监测数据等相关资料,采用安全检查表方法检查基本安全设施、专用安全设施和安全管理等是否符合安全设施设计要求,进行逐项检查,评价其符合性,检查的结果为'符合'与'不符合'两种。对于每个符合性评价部分,应有相应的附件(支撑材料)来证明"。《编写提纲》对评价方法作了如此具体的规定,就没有必要再在《安全设施验收评价报告》介绍选择评价方法的内容了。同时,安全验收评价作为一项技术服务,审阅《安全验收评价报告》的都是行业内专家,对于这些评价方法比较熟悉和了解,也没有必要对选择的评价方法进行介绍。

(4)安全设施验收评价报告中的检查表要与《国家安全监管总局关于规范金属非金属矿山建设项目安全设施竣工验收工作的通知》(安监总管一〔2016〕14号)文件附件中的《金属非金属矿山建设项目安全设施竣工验收表》(以下简称《验收表》)有机结合。《安全设施验收评价报告》检查表中检查项的分类(否决项、一般项)应参照《验收表》中的相应分类规定;检查表的检查项目可以参照《验收表》的检查项目,但不限于《验收表》的内容。

(5)《编写提纲》明确了评价结论分为"符合"和"不符合"两种,还规定了具体的判别标准。在《安全设施验收评价报告》做出评价结论时,有了具体的判别标准,便于操作,评价结论标准统一。

(6)《编写提纲》对安全设施验收评价报告中的附件提出了明确的要求,有利于提高《安全设施验收评价报告》的规范性和评价质量。

(7)《编写提纲》对《安全设施验收评价报告》所附的相关图纸提出了明确的要求和界定,有利于规范报告所附的图纸。

(8)《编写提纲》增加了"附录:建设项目安全设施验收评价资料目录",规范了建设单位提供资料和评价单位收集资料,有利于提高《安全设施验收评价报告》附件资料的质量。

3.2 安全验收评价报告结构

根据《编写提纲》的要求,金属非金属矿山尾矿库建设项目安全设施验收评价报告应依据《金属非金属矿山尾矿库建设项目安全设施验收评价报告编写提纲》进行编写。报告应内容全面、条理清楚,能够全面、概括地反映出尾矿库安全验收评价的全部工作;查出的问题要准确,提出的对策措施要具体可行。

尾矿库新建、改建和扩建建设项目安全验收评价的主要内容包括:前言、安全评价对象与依据、建设项目概述、建设项目符合性评价、应重视的重要安全对策措施和评价结论等,尾矿库安全设施验收评价报告的结构示例见表3.1。尾矿库回采工程安全设施评价报告结构可参考表3.1。

表 3.1 尾矿库安全设施验收评价报告结构示例

一级标题	二级标题	三级标题
前言		
1 评价对象与依据	1.1 评价对象及范围	
	1.2 评价依据	1.2.1 法律法规
		1.2.2 标准规范
		1.2.3 建设项目合法证明文件
		1.2.4 项目技术资料
		1.2.5 其他评价依据
2 建设项目概述	2.1 建设单位概况	
	2.2 自然环境概况	
	2.3 地质概况	
	2.4 建设概况	2.4.1 尾矿库现状
		2.4.2 尾矿库库址
		2.4.3 库容、等别及建设标准
		2.4.4 尾矿坝
		2.4.5 防排洪系统
		2.4.6 安全监测
		2.4.7 干式尾矿运输
		2.4.8 库内船只
		2.4.9 辅助设施
		2.4.10 个人安全防护
		2.4.11 安全标志
		2.4.12 企业安全管理
		2.4.13 安全设施投入
		2.4.14 设计变更
		2.4.15 其他
	2.5 施工监理概况	
	2.6 试运行概况	
	2.7 安全设施目录	
3 符合性评价	3.1 安全设施"三同时"程序	
	3.2 尾矿坝	3.2.1 初期坝
		3.2.2 副坝(挡水坝)
		3.2.3 堆积坝
	3.3 防排洪系统	3.3.1 库内排水设施
		3.3.2 库周截排洪设施
	3.4 地质灾害与雪崩防护设施	
	3.5 安全监测单元	

一级标题	二级标题	三级标题
3 符合性评价	3.6 排渗	
	3.7 干式尾矿运输	
	3.8 库内船只	
	3.9 辅助设施	
	3.10 个人安全防护	
	3.11 安全标志	
	3.12 安全管理	3.12.1 组织与制度
		3.12.2 安全运行管理
		3.12.3 应急救援
4 安全对策措施建议		
5 评价结论		
6 附件		
7 附图		

3.3 验收评价报告前言

该部分主要简述验收项目基本情况、项目性质(新建、改建、扩建)、评价项目委托方及评价要求、评价工作过程等。

(1)项目基本情况简述项目建设的背景(主要包括提出项目建设的理由与原因、其他长远与战略意义等),以及尾矿库坝高、库容、排洪方式、初期坝形式与堆积坝筑坝方式等;

(2)项目的性质介绍项目属于新建项目、改建项目还是扩建项目;

(3)评价项目委托方介绍项目的委托单位名称、单位性质、所在位置、上级主管单位;

(4)评价要求介绍有关安全生产法律法规和标准规范对尾矿库安全预评价及报告编制的相关要求;

(5)评价工作过程包括接受委托、资料收集、现场考察、报告编制和内部审核过程等情况。

前言不宜太多,说明应简练精要。

3.4 评价范围与依据

3.4.1 评价对象和范围

验收评价对象是已建设完成的尾矿库项目,对象名称是项目名称,项目名称应与《安全设施设计》批复文件中的名称一致。

安全验收评价范围是根据《安全设施设计》中设计的安全设施范围进行明确,主要是该项目的安全设施,包括基本安全设施和专用安全设施,在验收评价报告的写作中可以列表或者枚举出建设项目的所有安全设施。

3.4.2 评价依据

3.4.2.1 法律法规

该部分按照现行国家有关安全生产法律、行政法规、部门规章、地方性法规、地方政府规章和有关规范性文件的顺序列出验收评价法律法规依据。

法律法规按发布时间顺序列出（一般发布时间最新的放在最前面），列出的法律法规应为最新版本，并标注其文号及实施日期。引用的法律法规应具有针对性和完整性，报告中引用到的应全部列出，没有引用到的不应列出；法律法规引用要书写完整、规范，不得使用简略方式，应完整标注法律法规名称、发布机构、发布时间、编号；要根据验收评价项目的需要优先选择最适用的法律法规。

3.4.2.2 标准规范

该部分按照强制性国标（GB）、推荐性国标（GB/T）、国家标准指导性技术文件（GB/Z）、行业标准、地方标准、规程、规范的顺序列出验收评价标准规范依据。

标准规范按照发布时间的先后顺序列出（一般发布时间最新的放在最前面）。列出的标准规范应为最新版本，并为现行有效。所列标准规范应与本建设项目的安全生产相关，在报告中没有引用到的标准规范不列入。标准规范引用要书写完整、规范、统一，应标注标准规范编号；在进行评价时，当只有地方标准时应执行地方标准，当有国家标准、行业标准、地方标准时，执行标准应从严。

3.4.2.3 建设项目合法证明文件

该部分主要列出建设项目安全验收评价所依据的合法证明文件，所列的文件包括发文单位、日期和文件号等相关内容。

建设项目的合法证明文件是指支撑该建设项目建设过程合法的文件，根据《安全生产法》和《建设项目安全设施"三同时"监督管理办法》等文件的要求，合法证明文件主要有：

(1) 安全设施设计的批复文件；
(2) 安全设施设计重大设计变更的批复文件；
(3) 尾矿库建设项目用地使用许可证明；
(4) 其他证明文件。

3.4.2.4 建设项目技术资料

该部分列出建设项目安全验收评价所依据的有关技术资料，技术资料应列出名称、编制单位和日期等相关内容，要真实可靠、完整；技术资料上应有相关单位公章及有关人员签字，否则不能作为有效的验收评价依据。

建设项目技术资料主要包括以下方面：

(1) 建设项目安全设施设计；
(2) 建设项目施工图设计资料和设计变更；
(3) 建设项目地质勘查报告、地质灾害危险性评估报告；
(4) 相关专题研究（试验）报告；
(5) 建设项目施工记录（含隐蔽工程施工记录及中间验收记录）、竣工报告及竣工图；
(6) 建设项目施工监理记录和施工监理报告；
(7) 第三方检测报告。

3.4.2.5 其他评价依据

其他评价依据是指安全验收评价委托书(任务书、合同书),不能列入法律法规、标准规范、合法证明文件和项目技术资料的其他材料。

安全设施验收评价所依据的其他有关资料要真实可靠、完整,应有相关单位公章。

3.5 建设项目概述

3.5.1 建设单位概况

简要介绍建设单位历史沿革、经济类型、隶属关系等基本情况。简要介绍项目由来、立项批准或者备案(如有)、安全预评价、安全设施设计(含重大设计变更)及批复等工作情况(应说明相应编制单位及编制时间)。

简要介绍建设项目行政区划、地理位置及交通等。

3.5.2 自然环境概况

简要介绍区域地形地貌、气候(包括降雨量、风向、主导风向、气温、冻土深度)、地震烈度等。

(1)气候应说明气候类型,并结合地域情况,突出建设项目所在地的特殊自然环境特征,如沿海区域的台风、北部区域的低温和冰冻、南部区域的降雨等;

(2)降雨量应说明最大降雨量及平均降雨量;

(3)应画出风向玫瑰图,说明全年主导风向、不同季节主导风向和最小风频;

(4)气温应说明最高温度、最低温度和平均温度。

3.5.3 地质概况

根据工程地质勘查报告和实际揭露的情况(地质素描或地质描述)等简要介绍区域地质情况,库区地层、地质构造和岩石等库区地质情况(包括各层岩土渗透性及物理力学性质指标),库区自然地质现象,水文地质条件、类型和特征(包括库区地表水和地下水的成因、类型、水量大小),库区工程地质岩组、岩体结构特征、工程地质特征(包括第四系、地质构造等工程地质条件)等工程地质情况。

地质概况应重点说明存在哪些不良地质条件。特别是影响初期坝、尾矿库周围边坡稳定性、排洪系统的不良地质条件要重点说明,如岩石风化、岩溶、采空区、滑坡、雪崩和泥石流等。

3.5.4 建设概况

该部分主要简要介绍建设项目已经建设完成的各个系统主要内容。

3.5.4.1 尾矿库现状

改建或扩建工程,应详细描述尾矿库原设计情况、生产运行情况、尾矿库现状、本次改建或扩建工程利用现有尾矿库设施的情况。

原设计情况主要介绍原设计单位、设计资质,尾矿库原设计的初期坝坝型、初期坝外坡比、初期坝内坡比、初期坝坝基处理要求、初期坝坝底标高、初期坝坝顶标高、初期坝坝顶宽度、堆积坝堆积方法、子坝堆积高度、堆积坝外坡比、最终堆积标高、防排洪系统参数、总库容、最小安全超高、最小干滩长度、防洪标准、尾矿坝抗滑稳定安全系数、最小浸润线埋深、浸润线控制、尾矿库等别等相关情况。

尾矿库现状主要介绍尾矿库初期坝坝型、初期坝外坡比、初期坝内坡比、初期坝坝底标高、初期坝坝顶标高、初期坝坝顶宽度、堆积坝堆积方法、堆积坝外坡比、子坝堆积高度、子坝堆积级数、每级子坝高度、马道的宽度、坝肩截水沟、坝面排水沟及护坡、库水位、干滩长度、防排洪系统现状参数、现状库容、观测设施、照明和通信、应急物资等。

如果有拦洪坝、隔离坝、副坝，则按照初期坝的介绍内容一一介绍拦洪坝、隔离坝、副坝的原设计情况和现状。

生产运行情况主要介绍尾矿库安全管理的机构与职责、建立的相关规章制度、日常巡检和定期观测情况、尾矿库应急预案编制及应急演习情况、尾矿排放与筑坝情况（包括初期坝坝基处理、岸坡清理、尾矿排放、坝体堆筑、坝面维护和质量检测等环节）、尾矿库水位控制与防汛情况、尾矿库渗流控制、尾矿库防震与抗震、库区及周边管理情况等。

简要介绍最近一次的尾矿库现状评价，并说明评价得出的尾矿库安全性结论。如果没有进行安全现状评价，则说明尾矿库标准化等级及等级最近授予时间。

改建或扩建工程利用现有尾矿库设施情况主要介绍利用尾矿库中尾矿坝、防洪排水构筑物、观测设施、照明和通信等设施中的哪些设施，同时介绍这些被利用设施的基本参数。

3.5.4.2 尾矿库库址

该部分简要介绍尾矿库位置、地形地貌、库区周边环境、上游同一沟谷内情况、下游居民及重要设施情况等。

尾矿库位置主要介绍尾矿库所在的地方以及库区的地理坐标。

地形侧重于根据地面的形态来分类，主要介绍库区地形的总特征（分别是高原、山地、丘陵、盆地、平原）；地貌侧重于从成因上来划分，主要介绍地表大致的样子。

库区周边环境主要介绍可能影响建设项目安全的地质构造、岩溶、采空区、滑坡、泥石流等地质环境，库区水系、汇流条件、汇水面积等水利条件，以及周边土地开发、矿床开采、树木砍伐、放牧等人类活动、是否在有开采价值的矿床上面等情况。

上游同一沟谷内情况主要介绍同一沟谷内是否建设有尾矿库。如果建设有，则简要介绍上游尾矿库的基本情况，主要包括尾矿库总库容、总坝高、筑坝方式、堆积坝外坡比、排洪系统，与建设项目的距离等。

下游居民及重要设施情况主要介绍下游工矿企业、地表水体、大型水源地、水产基地、居民区、风景区、全国和省重点保护名胜古迹、公路、铁路等对象的基本情况及其与尾矿库的水平距离、高差。

3.5.4.3 库容、等别及建设标准

简要介绍选厂规模、尾矿产率、年尾矿量、总尾矿量、入库量、颗粒密度、堆积干密度、粒度分布、排放浓度等，其中粒度应说明-200目所占比例。

简要介绍尾矿库库容、尾矿坝坝高、尾矿库等别、主要构筑物级别、最小安全超高、最小干滩长度、防洪标准、尾矿坝抗滑稳定安全系数、最小浸润线埋深等设计参数。

3.5.4.4 尾矿坝

简要介绍初期坝实际竣工的相关参数和情况，初期坝情况主要包括：初期坝实际位置、初期坝类型、坝基处理、坝体结构参数、筑坝材料及其物理力学性质（如抗压强度、软化系数）等。

对加高扩容或改造工程，简要介绍尾矿堆积坝的筑坝方法、子坝结构参数、坝肩截水沟、坝

面排水沟及护坡等现状。

简要介绍尾矿库已建设完成的排渗设施和防渗措施。

如果拦洪坝、隔离坝、副坝等已完成建设,应按照初期坝和堆积坝的介绍内容予以说明。

3.5.4.5 防排洪系统

简要介绍防洪标准和排洪方式,列出洪水计算和调洪演算结果。

简要介绍建设完成的防洪排水构筑物布置线路及其地基处理情况。

简要介绍建设完成的防洪排水构筑物主要尺寸,主要包括:排水井的进水口标高、井筒高度、直径和壁厚;排水斜槽的进水口标高、断面尺寸、长度、壁厚、坡度、出口标高;隧洞的断面尺寸、长度、衬砌厚度、坡度、出口标高;溢流堰的堰顶标高及其断面尺寸。采用多级排水井或排水斜槽时,简要介绍上级进水口标高与下级井筒或斜槽顶高的重叠高度。

3.5.4.6 安全监测

简要介绍已建设完成的位移、浸润线、渗流、干滩、库水位、降水量、视频监控及地质灾害等监测点的布置、监测设备设施,以及监测频率、日常监测的管理及数据分析等情况。

简要介绍在线监测系统已建设完成的监测内容、监测点布置、监测方法、数据传输方式以及监测中心位置等。

3.5.4.7 干式尾矿运输

汽车运输方式简要介绍已装备汽车的型号、运载量、数量、汽车避让道、卸料平台的安全挡车设施等。

皮带运输方式简要介绍已经建设完成的皮带起始点和终点、长度、宽度、支架结构、安全护栏、安全护罩、防冻措施、皮带的末端仰角和高度、防火措施等。

3.5.4.8 库内船只

简要介绍库内配置的回水浮船或运输船的数量,以及安全护栏、救生器材、浮船固定设施、电气设备接地措施等情况。

3.5.4.9 辅助设施

简要介绍尾矿库管理站(库区值班房)的位置及其与尾矿坝之间的位置关系,尾矿库的库区巡查道路宽度及其走向布置情况;通信设施设置(采用的是固定电话、移动电话还是无线对讲系统以及是否有通讯录等情况),照明设施的设置情况(共设置多少照明设施及其所处位置、标高),报警系统(包括报警方式、报警设备数量和位置),安全防护栏的设置情况。

3.5.4.10 个人安全防护

简要介绍与尾矿库相关人员的劳动防护用品种类、发放及配备情况。

3.5.4.11 安全标志

简要介绍尾矿库库区及周边设置的警告、交通、电气安全等安全标志的位置和数量。

3.5.4.12 企业安全管理

简要介绍企业安全组织机构设置、特种作业操作人员、注册安全工程师、人员教育培训及取证情况;列表说明企业制定的安全生产制度、操作规程和应急救援预案;简要介绍救护队人员和设备配备、现场管理(包括外包施工单位的安全管理)、安全检查等安全管理情况。

3.5.4.13 安全设施投入

简要介绍项目实际发生的总投资、基本安全设施总投资，以表格形式列出专用安全设施投资明细等安全投入（表3.2）。

表3.2 尾矿库建设项目专用安全设施投资明细示例

序号	专用安全设施类别	专用安全设施明细	投资（万元）	备注
1	尾矿库地质灾害与雪崩防护设施	尾矿库泥石流防护设施		没有的内容可以不列出
2		库区滑坡治理设施		
3		库区岩溶治理设施		
4		高寒地区的雪崩防护设施		
5	尾矿库安全监测设施	①库区气象监测设施 ②地质灾害监测设施 ③库水位监测设施 ④干滩监测设施 ⑤坝体表面位移监测设施 ⑥坝体内部位移监测设施 ⑦坝体渗流监测设施 ⑧视频监控设施 ⑨在线监测中心		可以分开列出，没有的内容可以不列出
6	尾矿坝坝体排渗设施	以下其中一种 ①贴坡排渗 ②自流式排渗管 ③管井排渗 ④垂直—水平联合自流排渗 ⑤虹吸排渗 ⑥辐射井 ⑦排渗褥垫 ⑧排渗盲沟（管）		没有的内容可以不列出
7	干式尾矿汽车运输	①运输线路的安全护栏、挡车设施 ②汽车避让道 ③卸料平台的安全挡车设施		可以分开列出，没有的内容可以不列出
8	干式尾矿带式输送机运输	①输送机系统的各种闭锁和电气保护装置 ②设备的安全护罩 ③安全护栏 ④梯子、扶手		可以分开列出，没有的内容可以不列出
9	库内回水浮船、运输船防护设施	①安全护栏 ②救生器材 ③浮船固定设施 ④电气设备接地措施		可以分开列出，没有的内容可以不列出
10	辅助设施	①尾矿库管理站 ②报警系统 ③库区安全护栏		可以分开列出，没有的内容可以不列出

续表

序号	专用安全设施类别	专用安全设施明细	投资(万元)	备注
11	安全标志	包括禁止标志、警告标志、指令标志、路标、名牌、提示标志等		可以分开列出
12	应急救援器材及设备	包括救险器材、救护设备、辅助救护设备及其附件、救护通信设备和救护交通设备等		可以分开列出
13	个人安全防护用品	包括防护服、防护靴子、手套、头盔、防护耳机等		可以分开列出
14	合计			

3.5.4.14 设计变更

设计变更后的内容是安全设施设计的一部分。设计变更分为重大设计变更及一般设计变更两种，重大设计变更应列出时间、原审查部门审查情况等详细内容，一般设计变更分类(分系统)简要介绍。

重大设计变更的内容以《国家安全监管总局关于印发金属非金属矿山建设项目安全设施设计重大变更范围的通知》(安监总管一〔2016〕18号)中的《金属非金属矿山建设项目安全设施设计重大变更范围》为准。尾矿库重大设计变更的内容主要包括：

(1)库址、总库容和总坝高

①尾矿库库址发生变化。

②总库容或总坝高发生变化。

(2)堆存工艺

①湿堆、膏体堆存、干堆等三类堆存方式之间发生改变。

②上游法、中线法、下游法、一次性筑坝等四类筑坝方式之间发生改变。

③坝前排放、周边排放、库尾排放等三类尾矿排放方式之间发生改变。

(3)尾矿物化特性

①湿堆尾矿的粒度变细或排放浓度变高，并引起尾矿沉积或物理力学特性发生改变。

②膏体堆存尾矿的入库尾矿浓度变化，并引起尾矿沉积或物理力学特性发生改变。

③干堆尾矿含水率变大，并引起尾矿物理力学特性发生改变。

(4)尾矿坝

①初期坝或一次建坝存在下列情况之一的：

(a)坝址发生改变；

(b)坝型发生改变；

(c)筑坝材料发生改变。

②坝体坡比变陡。

③尾矿堆积坝上升速率变大。

④坝体防渗或排渗型式发生改变。

(5)防洪排水系统

防洪排水系统存在下列情况之一，并导致防洪排水系统的泄洪能力或建(构)筑物强度降低的：

①防洪排水系统型式发生改变。
②防洪排水系统布置发生改变。
③防洪排水系统结构尺寸发生改变。
④防洪排水系统建筑材料发生改变。

(6)其他

工程地质条件或外部环境发生重大变化,并对尾矿库运行安全产生重大影响。

建设单位在建设期间对已经批准的尾矿库建设项目安全设施设计做出变更的,且列入《金属非金属矿山建设项目安全设施设计重大变更范围》的,应当编写尾矿库安全设施重大设计变更,并报原批准部门审查同意。

一般设计变更由原设计单位签字盖章即可。

评价时可以表格方式列出重大设计变更和一般设计变更的相关内容(示例见表 3.3 和表 3.4)。

表 3.3 重大设计变更

序号	变更事项	变更内容	是否由原批准部门审查同意	批准时间	附件编号
1					
2					
3					
4					

表 3.4 一般设计变更

序号	变更事项	变更内容	设计变更通知单	附件编号
1				
2				
3				
4				

注:表 3.3 和表 3.4 序号可根据需要增加。

3.5.4.15 其他

简要介绍建设项目其他需要说明的内容。

3.5.5 施工监理概况

(1)施工概况

简要介绍项目施工单位基本概况,建设项目开工、竣工日期及其工程进度控制情况,重点分项工程、隐蔽工程施工组织、质量控制和交工验收等基本情况。

介绍重点分项工程、隐蔽工程施工组织、质量控制和交工验收等基本情况时,应首先根据施工单位编制的《施工组织设计方案》对整个建设项目的单位、分部、分项、单元工程划分情况进行简要说明,应介绍尾矿坝的地基开挖、坝体填筑、排洪构筑物的地基开挖等隐蔽工程内容。

评价时,可以表格的方式列出施工情况(表 3.5)。

表 3.5 尾矿库施工情况

序号	分部工程名称	施工时段	验收时间	完成情况	附件编号
1					
2					
3					
4					

注：以上表格中分部工程名称主要包括初期坝工程、排水系统、集水系统以及其余系统中的各个分部工程。

(2) 监理概况

简要介绍监理单位基本情况(包括监理资质等)、监理报告出具日期等。

3.5.6 试运行概况

简要介绍建设项目试运行期间各生产系统运行状况(包括累计尾矿排放量、坝体最大沉降量、滩面平均坡度、安全超高、干滩长度等必要的运行参数)、安全设施运行效果、出现的问题及解决情况、日常安全管理、安全生产事故等情况。

3.5.7 安全设施目录

根据《金属非金属矿山建设项目安全设施目录(试行)》以及建设项目《安全设施设计》，对建设项目涉及的所有安全设施进行枚举，并分基本安全设施和专用安全设施进行列表说明(示例见表 3.6、表 3.7)。

表 3.6 基本安全设施目录示例

序号	基本安全设施大类	基本安全设施小类	建设的基本安全设施名称	备注
1		初期坝(含库尾排矿干式尾矿库的拦挡坝)		
2		堆积坝		
3	尾矿坝	副坝		
4		挡水坝		
5		一次性建坝的尾矿坝		
6		排水井		
7		排水斜槽		
8	尾矿库库内排水设施	排水隧洞		
9		排水管		
10		溢洪道		
11		消力池		
12		拦洪坝		
13		截洪沟		
14	尾矿库库周截排洪设施	排水井		
15		排洪隧洞		
16		溢洪道		
17		消力池		

续表

序号	基本安全设施大类	基本安全设施小类	建设的基本安全设施名称	备注
18	堆积坝坝面防护设施	堆积坝护坡		
19		坝面排水沟		
20		坝肩截水沟		
21	辅助设施	尾矿库交通道路		
22		尾矿库照明设施		
23		通信设施		

表 3.7 专用安全设施目录示例

序号	专用安全设施大类	专用安全设施小类	建设的专用安全设施名称	备注
1	尾矿库地质灾害与雪崩防护设施	尾矿库泥石流防护设施		
2		库区滑坡治理设施		
3		库区岩溶治理设施		
4		高寒地区的雪崩防护设施		
5	尾矿库安全监测设施	库区气象监测设施		
6		地质灾害监测设施		
7		库水位监测设施		
8		干滩监测设施		
9		坝体表面位移监测设施		
10		坝体内部位移监测设施		
11		坝体渗流监测设施		
12		视频监控设施		
13		在线监测中心		
14	尾矿坝坝体排渗设施	贴坡排渗		
15		自流式排渗管		
16		管井排渗		
17		垂直—水平联合自流排渗		
18		虹吸排渗		
19		辐射井		
20		排渗褥垫		
21		排渗盲沟(管)		
22	干式尾矿汽车运输	运输线路的安全护栏、挡车设施		
23		汽车避让道		
24		卸料平台的安全挡车设施		

续表

序号	专用安全设施大类	专用安全设施小类	建设的专用安全设施名称	备注
25	干式尾矿带式输送机运输	输送机系统的各种闭锁和电气保护装置		
26		设备的安全护罩		
27		安全护栏		
28		梯子、扶手		
29	库内回水浮船、运输船防护设施	安全护栏		
30		救生器材		
31		浮船固定设施		
32		电气设备接地措施		
33	辅助设施	尾矿库管理站		
34		报警系统		
35		库区安全护栏		
36		矿山、交通、电气安全标志		
37	应急救援器材及设备	/		
38	个人安全防护用品	/		

3.6 安全设施符合性评价

尾矿库验收评价单元一般划分为：安全设施"三同时"程序、尾矿坝、防排洪、地质灾害及雪崩防护、安全监测、干式尾矿运输、库内船只、辅助设施、个人安全防护、安全标志和安全管理等11个单元。评价项目可以根据项目的特点，选择适合本项目的评价单元。

对照建设项目的《安全设施设计》，结合现场实际检查、竣工验收资料、施工记录、监理记录、检测检验、监测数据等相关资料，采用安全检查表方法逐一检查基本安全设施、专用安全设施和安全管理等是否符合《安全设施设计》、相关法律法规和标准规范的要求，评价其符合性，验收的结果为"符合"与"不符合"两种。在评价检查时，如果某一个检查内容涉及很多部分，只要其中的一个部分不符合要求，则其验收结果为"不符合"。

对于每个符合性评价，应有相应的附件来证明。如果证明较多（如施工记录等），可以截取部分作为附件，但应在表中说明查阅的资料名称。

对于每项设施，《安全设施设计》中提出了具体的参数要求，以《安全设施设计》中相关参数作为检查依据评价其符合性；如果没有提出具体的参数要求，则应以相关的法律法规、标准规程作为检查依据来评价其符合性；对于项目的程序性和现场管理、安全设施的管理等方面，在《安全设施设计》中没有涉及的，应以相关法律法规、标准规范作为检查依据来评价其符合性。

《安全设施设计》中不涉及的内容不列入评价内容。

参照《金属非金属矿山尾矿库建设项目安全设施竣工验收表》，安全检查表的检查类别中，"■"表示该项为否决项，"△"表示该项为一般项。安全检查表评价的内容可能比《金属非金属矿山尾矿库建设项目安全设施竣工验收表》中检查的内容要多,对于增加的内容,按一般项进行分析评价,原则上不再增加否决项。但是,如果将原来否决项中的内容分为多项检查,则该检查部分也应为否决项。

检查表的检查项目可以参照但不限于《金属非金属矿山尾矿库建设项目安全设施竣工验收表》的内容。

对于改扩建项目,还需对本次建设项目利用的安全设施进行检查并分析其安全性,详细内容参见本书第 4 章。

3.6.1 安全设施"三同时"程序

根据《安全生产法》《尾矿库安全监督管理规定》《建设项目安全设施"三同时"监督管理办法》《安全设施设计》等,对项目安全设施"三同时"程序及实施情况的合法性进行评价。主要对安全预评价、工程地质勘查单位资质、安全设施设计、施工设计单位资质、监理单位资质、下游居民及建(构)筑物搬迁等方面进行检查,主要检查内容和检查方法示例见表 3.8。

表 3.8 安全设施"三同时"程序符合性检查示例

序号	检查项目	检查类别	检查内容	检查依据	检查方法	实际情况	附件编号	验收结果
1	安全预评价	△	是否进行了安全预评价	《尾矿库安全监督管理规定》	查阅《安全预评价报告》			
2	安全预评价报告备案	△	建设单位应当在评价工作完成后 30 日内,将安全评价报告报相应的安全生产监督管理部门备案	《建设项目安全设施"三同时"监督管理办法》	查阅《安全预评价报告》备案记录			
3	工程地质勘查单位资质	△	是否由具有相应资质地质勘查单位进行工程地质勘查	《尾矿库安全监督管理规定》第十条第一款	查阅地质勘查单位资质证书、工程地质勘查报告			
4	安全设施设计	■	安全设施设计是否经过相应的安全监管部门审批	《建设项目安全设施"三同时"监督管理办法》第十二条	查阅安全设施设计批复文件			
5	重大变更	■	存在重大变更的,是否经原审查部门审查同意	《建设项目安全设施"三同时"监督管理办法》第十五条	查阅重大设计变更批复文件			
6	安全设施设计单位资质	△	建设项目安全设施设计,应当由具有相应资质的设计单位承担	《尾矿库安全监督管理规定》第十条第一款、第十一条	查阅设计单位资质			
7	施工单位资质	■	安全设施是否由具有相应资质的施工单位施工	《尾矿库安全监督管理规定》第十条第二款	查阅施工单位资质证书			
8	施工报告	△	施工单位是否编制了施工总结报告	《尾矿库安全监督管理规定》	查阅施工报告			

续表

序号	检查项目	检查类别	检查内容	检查依据	检查方法	实际情况	附件编号	验收结果
9	监理单位资质	△	施工过程是否由具有相应资质的监理单位进行监理	《尾矿库安全监督管理规定》第十条	查阅监理单位资质证书			
10	监理报告	△	工程监理单位应编制监理工作总结报告	《尾矿库安全监督管理规定》	查阅监理报告			
11	建筑材料质量保证资料	△	建筑材料有无具有出厂合格证，检测检验是否符合国家有关规定	《尾矿库安全监督管理规定》	查阅建筑材料出厂合格证及其他由检测部门出具的检测合格报告			
12	项目完工及试运行	■	建设项目竣工验收前，是否按照批准的《安全设施设计》完成全部的安全设施设计，单项工程验收合格，按规定进行试运行，具备安全生产条件，并提交自查报告	《尾矿库安全监督管理规定》	查阅单项工程验收资料、试运行资料、自查报告			
13	下游居民及建构（筑）物搬迁	■	按照《安全设施设计》的要求，检查需要搬迁的下游居民及建(构)筑物是否进行了搬迁	《安全设施设计》	检查现场以及相关的搬迁材料			

注：①表中"检查内容"指按照法律法规或者设计的具体要求；"实际情况"是指现场的实际情况或者查看资料后的具体情况。"附件编号"是指支持检查情况的相关附件材料的编号，可以有多个；

②尾矿库安全评价范围已经在安全单位资质中取消，故不再作为检查内容；

③以上资质确定时，以最终设计的尾矿库等级为标准。如最终设计的尾矿库等级为三等，目前验收时只达到四等，则在进行资质要求时，以三等尾矿库的标准要求进行检查；

④在填写实际情况时，情况要翔实，简要说明，参数要以数据进行说明。

3.6.2 尾矿坝

3.6.2.1 初期坝

依据《安全设施设计》《尾矿设施施工及验收规程》等，对初期坝（或干式堆存尾矿库的拦挡坝、一次性筑坝的一期坝）的位置、型式、结构参数、坝基处理、筑坝材料及筑坝要求等方面是否符合设计要求进行符合性评价。

尾矿库初期坝应主要对以下内容进行评价：

（1）坝型及结构。评价坝体型式、坝顶标高、坝顶宽度、内外坡坡比、马道宽度及位置与《安全设施设计》的符合性。

（2）坝体材料及填筑。查阅施工记录、监理记录，评价坝体填筑材料参数（包括抗压强度、软化系数、泥砂粒含量）与安全设施设计的符合性；评价筑坝前是否进行了碾压实验，以及是否按照碾压实验确定的最优含水量、最佳铺土厚度和碾压遍数等压实参数进行施工；评价坝体填筑质量与安全设施设计的符合性，如土坝的压实干容重和压实度，堆石坝的孔隙率、干容重，重力坝的强度指标是否满足要求，以及是否按要求由有资质的第三方检测检验并出具报告。

(3)坝基(含岸坡)开挖及处理。查阅施工记录、监理记录,评价树木、草皮、树根、乱石、坟墓,以及表层的粉土、细砂、淤泥、腐殖土、泥炭等是否按安全设施设计的要求和有关规定清除;评价水井、泉眼、地道和洞穴,以及强风化岩石、坡积物、残积物、滑坡体等是否按安全设施设计的要求和有关规定处理;评价工程地质钻孔、试坑等是否按工程地质布孔图逐一检查和处理。

(4)隐蔽工程。槽基开挖后,应按隐蔽工程进行认真检查和验收,验收合格后方可浇筑槽基。

(5)反滤层。评价砂砾料的粒径、级配、不均匀系数、含泥量及土工布材料,以及反滤层敷设方法、搭接宽度和反滤层厚度与《安全设施设计》的符合性。

(6)护坡砌筑。评价护坡所采用石料的抗水性、抗冻性、抗压强度、几何尺寸,以及砌筑方法、砌筑质量和护坡厚度等与《安全设施设计》的符合性。

(7)尾矿排放。评价排尾是否按照《安全设施设计》及技术规范要求进行放矿,放矿干管、放矿支管的规格型号和布置是否符合《安全设施设计》。

评价时,每一个初期坝都应进行符合性评价,主要检查内容示例详见表3.9。在进行检查时,可以将相应的检查内容再进行细分,细分后的检查类别为原来的检查类别。

表3.9 初期坝符合性检查示例

序号	检查项目	检查类别	检查内容	检查依据	检查方法	实际情况	附件编号	验收结果
1	坝址	■	坝的位置	《安全设施设计》	现场检查、测量,查阅施工记录、监理记录、竣工资料			
2	坝体型式	■	坝体是透水坝还是非透水坝	《安全设施设计》	现场检查			
3	结构尺寸	■	坝底宽度、高度、外坡比、内坡比、坝顶的宽度、马道宽度及位置	《安全设施设计》	现场测量,查阅施工记录、监理记录、竣工资料			
4	坝体的填筑指标	■	①坝体填筑材料参数(抗压强度、软化系数、泥沙粒含量);②查看碾压实验,是否按照碾压实验确定的最优含水量、最佳铺土厚度和碾压遍数等压实参数进行施工;③土坝的压实干容重和压实度,堆石坝的孔隙率、干容重,重力坝的强度指标;④是否按要求由有资质的第三方检测检验并出具报告	《安全设施设计》	现场检查,查阅施工记录、监理记录、竣工资料、第三方检测报告			
5	坝基(含岸坡)开挖及处理	■	①树木、草皮、树根、乱石、坟墓,以及表层的粉土、细砂、淤泥、腐殖土、泥炭等的清除;②水井、泉眼、地道和洞穴,以及强风化岩石、坡积物、残积物、滑坡体等的处理;③工程地质钻孔、试坑等是否逐一处理	《安全设施设计》	现场检查,查阅施工记录、监理记录、竣工资料			

续表

序号	检查项目	检查类别	检查内容	检查依据	检查方法	实际情况	附件编号	验收结果
6	隐蔽工程	△	槽基开挖后,应按隐蔽工程进行认真检查和验收,验收合格后方可浇筑槽基	《尾矿设施施工及验收规程》第3.4.1条	查阅施工记录、监理记录、竣工资料			
7	反滤层	△	砂砾料的粒径、级配、不均匀系数、含泥量及土工布材料,以及反滤层敷设方法、搭接宽度和反滤层厚度	《安全设施设计》	现场检查,查阅施工记录、监理记录、竣工资料			
8	护坡砌筑	△	采用石料的抗水性、抗冻性、抗压强度、几何尺寸,以及砌筑方法、砌筑质量和护坡厚度	《安全设施设计》	查阅施工记录、监理记录、竣工资料、相关检测资料			
9	尾矿排放	△	放矿方法,放矿干管、放矿支管的规格型号和布置	《安全设施设计》	现场检查、查阅放矿记录和相关材料记录			

3.6.2.2 副坝(挡水坝)

对项目中已经建设完成的副坝(挡水坝),可以参照初期坝符合性检查的内容,逐一对每个已经建设完成的副坝(挡水坝)的坝址、型式、结构参数、坝基处理、筑坝材料及筑坝方式等进行符合性评价。

3.6.2.3 堆积坝

对于改建或扩建工程,依据《安全设施设计》《尾矿库安全技术规程》等,对堆积坝筑坝所采用的筑坝设备、材料、坝体型式、堆筑要求、坝面防护设施(堆积坝护坡、坝面排水沟、坝肩截水沟)、堆积坝平均坡比、放矿、子坝上升速度、浸润线等进行符合性评价,主要检查内容示例见表3.10。

表3.10 堆积坝符合性检查示例

序号	检查项目	检查类别	检查内容	检查依据	检查方法	实际情况	附件编号	验收结果
1	筑坝设备	△	筑坝设备的型号和数量	《安全设施设计》	现场检查、查阅设备合格证			
2	材料	△	筑坝材料相关参数,如粒度等	《安全设施设计》	现场检查、查阅记录			
3	坝体型式	△	坝体型式	《安全设施设计》	现场检查			
4	堆筑要求	△	堆筑的相关要求	《安全设施设计》	现场检查、查阅记录			
5	堆积坝护坡	△	坝面护坡的型式、结构尺寸等	《安全设施设计》	现场检查、测量			
6	坝面排水沟型式、结构	△	坝面排水沟的型式、结构尺寸	《安全设施设计》	现场检查、测量			

续表

序号	检查项目	检查类别	检查内容	检查依据	检查方法	实际情况	附件编号	验收结果
7	坝面排水沟完好性	△	坝坡排水沟是否出现断裂、淤堵等	《尾矿库安全技术规程》第7.2.9条	现场检查			
8	坝肩截水沟型式、结构尺寸	△	设计的坝肩截水沟的型式、结构尺寸	《安全设施设计》	现场检查、测量			
9	坝肩截水沟完好性	△	坝肩截水沟是否出现断裂、淤堵等	《尾矿库安全技术规程》第7.2.9条	现场检查			
10	安全超高和最小干滩长度	△	安全超高和最小干滩长度	《安全设施设计》	现场检查、测量			
11	坡比要求	△	子坝总坡比	《安全设施设计》	现场检查、测量			
12	子坝上升速度	△	子坝上升速度	《安全设施设计》	现场检查、查阅记录			
13	浸润线	△	浸润线控制埋深	《安全设施设计》	现场检查、测量,查阅记录			
14	尾矿排放	△	上游式筑坝法,不是均匀放矿,在库后或一侧岸放矿	《尾矿库安全技术规程》第6.3.4条	现场检查、查阅放矿记录和相关材料记录			
15	放矿管理人员	△	放矿时有无专人管理或有离岗现象	《尾矿库安全技术规程》第6.3.4条	现场检查、查阅放矿记录			
16	放矿管理	△	放矿口的间距、位置、同时开放数量、放矿时间以及水力旋流器的使用台数、移动周期距离不符合设计要求	《安全设施设计》	现场检查、查阅放矿记录和相关材料记录			
17	沉积滩	△	沉积滩坡比	《安全设施设计》	现场检查			
18	冬季放矿	△	寒冷地区冬季冰下放矿情况	《尾矿库安全技术规程》第6.3.2条	现场检查			
19	矿浆排放	△	矿浆排放冲刷初期坝和子坝,矿浆沿子坝内坡趾流动冲刷坝体	《尾矿库安全技术规程》第6.3.4条	现场检查			
20	坝坡完好性	△	坝坡是否出现冲沟、裂缝、塌坑,和滑坡等现象	《尾矿库安全技术规程》第6.3.13条	现场检查			
21	渗流现象	△	坝面或坝肩是否出现集中渗流、流土、管涌、大面积沼泽化、渗水量增大或渗水变浑等异常	《尾矿库安全技术规程》第6.5.4条	现场检查			

3.6.3 防排洪系统

3.6.3.1 库内排水设施

依据《安全设施设计》等，对防排洪方式（排水井、排水斜槽、排水隧洞、排水管、溢洪道、消力池）、尾矿库防排洪系统的布置、防排洪构筑物的断面型式及主要结构尺寸等方面是否符合设计要求进行符合性评价，主要检查内容示例见表3.11。如果有多个排水设施，则每一个排水设施都应进行符合性检查。

表3.11 库内排水设施安全符合性检查示例

序号	检查项目	检查类别	检查内容	检查依据	检查方法	实际情况	附件编号	验收结果
1	排水井	■	排水井的平面位置、标高、数量、型式、结构尺寸，各部位的钢筋、混凝土的强度，混凝土抗渗、抗冻、抗侵蚀性，基坑处理情况	《安全设施设计》	现场检查、测量，查阅施工记录、监理记录、材料证明和竣工材料			
2	排水斜槽	■	排水斜槽的平面位置、标高、长度、坡度、型式、结构尺寸，各部位的钢筋、混凝土的强度，混凝土抗渗、抗冻、抗侵蚀性，基坑处理情况	《安全设施设计》	现场检查、测量，查阅施工记录、监理记录、材料证明和竣工材料			
3	排水隧洞	■	排水隧洞的布置、标高、长度、坡度、衬砌型式、结构尺寸，衬砌的钢筋、混凝土的强度，混凝土抗渗、抗冻、抗侵蚀性，支护材料及类型、直径、布置情况	《安全设施设计》	现场检查、测量，查阅施工记录、监理记录、材料证明和竣工材料			
4	排水管	■	排水管的平面位置、标高、长度、坡度、型式、结构尺寸，各部位的钢筋、混凝土的强度，混凝土抗渗、抗冻、抗侵蚀性，基坑处理情况	《安全设施设计》	现场检查、测量，查阅施工记录、监理记录、材料证明和竣工材料			
5	溢洪道	■	溢洪道的平面位置、标高、型式、结构尺寸、坡度，衬砌用块石、混凝土和钢筋的强度，混凝土的抗渗、抗冻、抗侵蚀性，基槽处理情况	《安全设施设计》	现场检查、测量，查阅施工记录、监理记录、材料证明和竣工材料			
6	消力池	△	消力池的平面位置、标高、结构尺寸，衬砌用块石、混凝土和钢筋的强度，混凝土的抗渗、抗冻、抗侵蚀性，基槽处理情况	《安全设施设计》	现场检查、测量，查阅施工记录、监理记录、材料证明和竣工材料			

3.6.3.2 库周截排洪设施

依据《安全设施设计》等,对尾矿库库周截排洪设施的方式、构筑物的位置、地基处理、建筑材料、结构参数、施工质量、隐蔽工程验收情况等进行符合性评价,主要检查内容示例见表3.12。如果有多个截排洪设施,则每一个截排洪设施都应进行符合性检查。

表3.12 库周截排洪设施安全符合性检查示例

序号	检查项目	检查类别	检查内容	检查依据	检查方法	实际情况	附件编号	验收结果
1	拦洪坝	■	拦洪坝的坝址、型式、结构尺寸、坝底宽度、高度、外坡比、内坡比、坝顶的宽度,填筑指标和地基处理情况	《安全设施设计》	现场检查、测量,查阅施工记录、监理记录、材料证明和竣工材料			
2	截洪沟	△	截洪沟的平面位置、标高、衬砌型式、结构尺寸、基础处理	《安全设施设计》	现场检查、测量,查阅施工记录、监理记录、材料证明和竣工材料			
3	排水井	■	排水井的平面位置、标高、数量、型式、结构尺寸,各部位的钢筋、混凝土的强度,混凝土抗渗、抗冻、抗侵蚀性,基坑处理情况	《安全设施设计》	现场检查、测量,查阅施工记录、监理记录、材料证明和竣工材料			
4	排洪隧洞	■	排水隧洞的布置、标高、长度、衬砌型式、结构尺寸,衬砌的钢筋、混凝土的强度,混凝土抗渗、抗冻、抗侵蚀性,支护材料及类型、直径、布置情况	《安全设施设计》	现场检查、测量,查阅施工记录、监理记录、材料证明和竣工材料			
5	溢洪道	■	溢洪道的平面位置、标高、型式、结构尺寸,衬砌用块石、混凝土和钢筋的强度,混凝土的抗渗、抗冻、抗侵蚀性,基槽处理情况	《安全设施设计》	现场检查、测量,查阅施工记录、监理记录、材料证明和竣工材料			
6	消力池	△	消力池的平面位置、标高、型式、结构尺寸,衬砌用块石、混凝土和钢筋的强度,混凝土的抗渗、抗冻、抗侵蚀性,基槽处理情况	《安全设施设计》	现场检查、测量,查阅施工记录、监理记录、材料证明和竣工材料			

3.6.4 地质灾害与雪崩防护

依据《安全设施设计》等,对尾矿库泥石流防护设施、库区滑坡治理设施、库区岩溶治理设施、高寒地区的雪崩防护设施的布置、型式、结构参数、基础处理等进行符合性评价,主要检查内容示例见表3.13。如果有多项地质灾害与雪崩防护设施,则每一个地质灾害与雪崩防护设施都应进行符合性检查。

表 3.13 地质灾害与雪崩防护设施安全符合性检查示例

序号	检查项目	检查类别	检查内容	检查依据	检查方法	实际情况	附件编号	验收结果
1	泥石流防护设施	△	泥石流防护设施的布置、型式、结构参数、基础处理	《安全设施设计》	现场检查、测量，查阅施工记录、监理记录、竣工资料			
2	库区滑坡治理设施	△	滑坡治理设施布置、型式、结构参数、基础处理	《安全设施设计》	现场检查、测量，查阅施工记录、监理记录、竣工资料			
3	库区岩溶治理设施	△	岩溶治理设施布置、型式、结构参数、基础处理	《安全设施设计》	现场检查、测量，查阅施工记录、监理记录、竣工资料			
4	高寒地区雪崩防护设施	△	雪崩防护设施布置、型式、结构参数、基础处理	《安全设施设计》	现场检查、测量，查阅施工记录、监理记录、竣工资料			

3.6.5 安全监测

依据《安全设施设计》《尾矿库安全监督管理规定》《安全生产法》《尾矿库安全监测技术规范》《尾矿库在线安全监测系统工程技术规范》等，对库区气象监测、库水位监测、干滩监测、坝体位移监测、坝体渗流监测和视频监控设施以及在线监测系统（三等及以上尾矿库）等进行符合性评价，主要检查内容示例见表 3.14。

表 3.14 安全监测设施安全符合性检查示例

序号	检查项目	检查类别	检查内容	检查依据	检查方法	实际情况	附件编号	验收结果
1	库区气象监测设施	△	库区气象监测设施型号、设置地点和数量	《安全设施设计》	现场检查、查阅监测记录			
2	库水位监测设施	△	库水位监测点的布置、监测设备型号、监测方法	《安全设施设计》	现场检查、查阅监测记录			
3	干滩监测设施	△	干滩监测点的布置、监测方法、监测记录	《安全设施设计》	现场检查、查阅监测记录			
4	坝体表面位移监测设施	△	坝体表面位移监测点的布置、监测设备	《安全设施设计》	现场检查、查阅监测记录			
5	坝体内部位移监测设施	△	坝体内部位移监测点的布置、监测设备	《安全设施设计》	现场检查、查阅监测记录			
6	坝体渗流监测设施	△	坝体渗流监测点的布置、监测设备	《安全设施设计》	现场检查、查阅监测记录			

序号	检查项目	检查类别	检查内容	检查依据	检查方法	实际情况	附件编号	验收结果
7	视频监控设施	△	尾矿库视频监控设施的布置、监测设备	《安全设施设计》	现场检查、查阅监测记录			
8	在线监测系统	△	是否建了在线监测系统,且建设的内容是否符合安全设施设计要求	《安全设施设计》	查技术资料结合现场检查			
9	在线监测中心	△	尾矿库在线监测中心的设备、功能	《安全设施设计》《尾矿库安全监测技术规范》《尾矿库在线安全监测系统工程技术规范》	现场检查、查阅监测记录			
10	在线监测系统运行	△	在线监测系统运行是否正常或长期存在故障	《安全生产法》第三十八条第一款	现场检查			

3.6.6 排渗

依据《安全设施设计》等,对尾矿库库底及尾矿坝坝体排渗设施的布置,排渗设施的型式(贴坡排渗、自流式排渗管、管井排渗、垂直-水平联合自流排渗、虹吸排渗、辐射井、排渗褥垫、排渗盲沟(管))、排渗设施的建设时期、布置、型式、尺寸等进行符合性评价,主要检查内容示例见表3.15。如果有多个排渗设施,则每一个排渗设施都应进行符合性检查。

表3.15 排渗设施符合性检查示例

序号	检查项目	检查类别	检查内容	检查依据	检查方法	实际情况	附件编号	验收结果
1	贴坡排渗	△	贴坡排渗的范围、厚度,贴坡施工及反滤料的指标	《安全设施设计》	现场检查、测量,查阅施工记录、监理记录、竣工资料			
2	自流式排渗管	△	自流式排渗管的平面位置、数量、管材型式、结构尺寸	《安全设施设计》	现场检查、测量,查阅施工记录、监理记录、竣工资料			
3	管井排渗	△	管井排渗的平面位置、数量、管材型式、结构尺寸	《安全设施设计》	现场检查、测量,查阅施工记录、监理记录、竣工资料			
4	垂直-水平联合自流排渗	△	垂直-水平联合自流排渗的型式、平面位置,管材的型式、数量、结构尺寸	《安全设施设计》	现场检查、测量,查阅施工记录、监理记录、竣工资料			
5	虹吸排渗	△	虹吸排渗的平面位置、数量、管材型式、结构尺寸	《安全设施设计》	现场检查、测量,查阅施工记录、监理记录、竣工资料			

续表

序号	检查项目	检查类别	检查内容	检查依据	检查方法	实际情况	附件编号	验收结果
6	辐射井	△	辐射井的平面位置、数量、型式、结构尺寸,各部位的钢筋、混凝土的强度,混凝土的抗渗、抗冻、抗侵蚀性要求	《安全设施设计》	现场检查、测量,查阅施工记录、监理记录、竣工资料			
7	排渗褥垫	△	排渗褥垫的平面位置、厚度、型式、结构尺寸等,褥垫施工及反滤料的指标	《安全设施设计》	现场检查、测量,查阅施工记录、监理记录、竣工资料			
8	排渗盲沟（管）	△	排渗盲沟(管)的平面位置、数量、型式、结构尺寸,盲沟施工及反滤料的指标等	《安全设施设计》	现场检查、测量,查阅施工记录、监理记录、竣工资料			

3.6.7 干式尾矿运输

依据《安全设施设计》等,对干式尾矿运输的安全设施设置等进行符合性评价。采用汽车运输时,对运输线路的布置、设备的型号和规格、安全护栏、挡车设施、汽车避让道、卸料平台的安全挡车设施等进行符合性评价,主要检查内容示例见表3.16。

表3.16 汽车运输符合性检查示例

序号	检查项目	检查类别	检查内容	检查依据	检查方法	实际情况	附件编号	验收结果
1	道路参数	△	运输道路等级、道路参数(包括宽度、坡度、最小转弯半径、缓和坡段等)	《安全设施设计》	现场检查、测量,查阅施工记录、监理记录、竣工资料			
2	警示标志	△	道路的急弯、陡坡、危险地段的警示标志	《安全设施设计》	现场检查			
3	运输线路的安全护栏及挡车设施	△	山坡填方的弯道、坡度较大的填方地段以及高堤路基路段,外侧护栏、挡车墙(堆)等	《安全设施设计》	现场检查、测量,查阅施工记录、监理记录、竣工资料			
4	汽车避让道	△	主要运输道路及联络道的长坡道,汽车避让道	《安全设施设计》	现场检查、测量,查阅施工记录、监理记录、竣工资料			
5	紧急避险车道	△	连续长陡下坡路段,危及运行安全处紧急避险车道	《安全设施设计》	现场检查、测量,查阅施工记录、监理记录、竣工资料			
6	卸料平台的安全挡车设施	△	卸料平台的调车宽度、卸料地点挡车设施及其高度	《安全设施设计》	现场检查、测量,查阅施工记录、监理记录、竣工资料			

采用皮带运输时,对运输线路的布置、设备的型号和规格、系统的各种闭锁和电气保护装置、设备的安全护罩、安全护栏、梯子、扶手等进行符合性评价,主要检查内容示例见表3.17。

表3.17 皮带运输符合性检查示例

序号	检查项目	检查类别	检查内容	检查依据	检查方法	实际情况	附件编号	验收结果
1	胶带输送机系统的各种闭锁和电气保护装置	△	装料点和卸料点的空仓、满仓等保护装置,声光报警信号装置及带式输送机连锁装置;带式输送机防胶带撕裂、断带、防跑偏、防止过速、防止过载、防止打滑、防止大块冲击等保护装置,制动装置、胶带清扫装置、线路上的信号、电气联锁和停车装置,烟雾报警装置、软启动装置;上行的带式输送机的防逆转装置。带式输送机驱动系统供配电主回路的断路、短路、漏电、欠压、过流、缺相、接地等保护装置	《安全设施设计》	现场检查			
2	设备的安全护罩	△	设备的安全护罩设置	《安全设施设计》	现场检查			
3	安全护栏	△	安全护栏的位置、数量、规格	《安全设施设计》	现场检查、测量			
4	梯子、扶手	△	梯子、扶手的位置、数量、规格	《安全设施设计》	现场检查、测量			

3.6.8 库内船只

依据《安全设施设计》《安全生产法》等,对回水浮船、运输船设施及其保护设施,包括安全护栏、救生器材、固定设施、电气设备接地措施等进行符合性评价,主要检查内容示例见表3.18。

表3.18 库内船只符合性检查示例

序号	检查项目	检查类别	检查内容	检查依据	检查方法	实际情况	附件编号	验收结果
1	回水浮船	△	回水浮船的型号、数量、位置	《安全设施设计》	现场检查			
2	运输船	△	运输船的型号、数量、位置	《安全设施设计》	现场检查			
3	回水浮船和运输船	△	使用不合格或超期报废的船只	《安全生产法》第三十三条第一款	查验证书			
4	回水浮船和运输船的定期维保及检测检验记录	△	回水浮船和运输船未按规定定期维修保养与检测检验	《安全生产法》第三十三条第二款	查阅记录结合询问相关人员			

序号	检查项目	检查类别	检查内容	检查依据	检查方法	实际情况	附件编号	验收结果
5	安全护栏	△	回水浮船、运输船安全护栏的设置	《安全设施设计》	现场检查			
6	救生器材	△	回水浮船、运输船救生器材的型号、数量	《安全设施设计》	现场检查			
7	固定设施	△	回水浮船、运输船固定设施的设置	《安全设施设计》	现场检查			
8	电气设备接地措施	△	回水浮船、运输船电气设备接地措施	《安全设施设计》	现场检查			

3.6.9 辅助设施

依据《安全设施设计》等,对交通道路布置情况(包括库区巡查道路,尾矿坝、排洪系统与值班室及外部道路的连通道路和尾矿坝应急上坝道路)、尾矿库照明设施设置、尾矿库通信设施设置(包括尾矿库生产作业人员、巡视人员与安全生产管理机构通信配备情况)、尾矿库管理站设置、报警系统设置、库区安全护栏设置等进行符合性评价,主要检查内容示例见表3.19。

表3.19 辅助设施符合性检查示例

序号	检查项目	检查类别	检查内容	检查依据	检查方法	实际情况	附件编号	验收结果
1	尾矿库交通道路	△	库区巡查道路,尾矿坝、排洪系统与值班室及外部道路的连通道路(包括隧道等)和尾矿坝应急上坝道路的位置、参数等	《安全设施设计》	现场检查、测量			
2	尾矿库照明设施	△	尾矿库照明设施的设置地点、功率、高度、数量	《安全设施设计》	现场检查			
3	尾矿库通信设施	△	尾矿库通信设施的方式、位置、数量	《安全设施设计》	现场检查			
4	尾矿库管理站	△	安全管理机构中尾矿库管理站的设置位置	安全设施设计	现场检查			
5	报警系统	△	尾矿库报警方式、设施设置位置	《安全设施设计》	现场检查			
6	库区安全护栏	△	尾矿库库区安全护栏的设置位置、高度	安全设施设计	现场检查			

3.6.10 个人安全防护

依据《安全生产法》等,对尾矿库工作人员配备的个人安全防护用品(包括防护用品的发放、防护用品的佩戴、使用)等进行符合性评价,主要检查内容示例见表3.20。

表 3.20 个人安全防护用品符合性检查示例

序号	检查项目	检查类别	检查内容	检查依据	检查方法	实际情况	附件编号	验收结果
1	个人安全防护用品发放	△	是否配备劳动防护用品或配备的劳动防护用品不符合国标或行标的规定	《安全生产法》第四十二条	查阅发放记录等资料及查验证书			
2	个人安全防护用品佩戴、使用	△	工作人员是否佩戴、使用个人安全防护用品	《安全生产法》第五十四条	现场检查			

3.6.11 安全标志

依据《安全生产法》《安全设施设计》《矿山安全标志》等,对尾矿库库区及周边应设置的安全标志(包括警告、交通、电气安全标志)的位置和数量等进行符合性评价,主要检查内容示例见表 3.21。

表 3.21 安全标志符合性检查示例

序号	检查项目	检查类别	检查内容	检查依据	检查方法	实际情况	附件编号	验收结果
1	警告	△	警告标志的位置、数量	《安全设施设计》	现场检查			
2	交通	△	交通标志的位置、数量	《安全设施设计》	现场检查			
3	电气安全	△	电气安全标志的位置、数量	《安全设施设计》	现场检查			

3.6.12 安全管理

3.6.12.1 组织与制度

依据《安全生产法》《尾矿库安全监督管理规定》《选矿安全规程》《生产经营单位安全培训规定》《企业安全生产费用提取和使用管理办法》等,对安全组织机构及人员配备、安全教育及培训、特种作业人员持证情况、规章制度、安全投入、尾矿库安全教育和培训(场地、费用)等进行符合性评价,主要检查内容示例见表 3.22。

表 3.22 组织与制度符合性检查示例

序号	检查项目	检查类别	检查内容	检查依据	检查方法	实际情况	附件编号	验收结果
1	安全生产管理机构	△	配备相应的安全管理机构或者安全管理人员(不少于12人),并配备与工作需要相适应的专业技术人员或者具有相应工作能力的人员	《尾矿库安全监督管理规定》第五条	查阅任命文件			
2	安全管理人员	△	车间应设置专职或兼职安全员;班组应设置兼职安全员	《选矿安全规程》第4.2条	查阅任命文件			

续表

序号	检查项目	检查类别	检查内容	检查依据	检查方法	实际情况	附件编号	验收结果
3	注册安全工程师	△	企业是否配备了注册安全工程师	《安全生产法》	查阅证书			
4	特种作业人员	△	从事尾矿放矿、筑坝、排洪和排渗设施的专职作业人员应取得特种作业人员资格证	《尾矿库安全监督管理规定》第六条	查阅证书			
5	安全生产责任制	△	建立、健全尾矿库安全生产责任制	《尾矿库安全监督管理规定》第四条,《非煤矿矿山企业安全生产许可证实施办法》第六条	查阅资料			
6	规章制度	△	制定完备的安全生产规章制度	《尾矿库安全监督管理规定》第四条	查阅资料			
7	操作规程	△	制定作业安全规程和各岗位、工种操作规程	《尾矿库安全监督管理规定》第四条	查阅资料			
8	安全标准化	△	是否制定尾矿库安全生产标准化创建方案	《尾矿库安全监督管理规定》第四条	查阅资料			
9	员工教育和培训	△	每年对员工进行一次20小时的安全教育和培训	《生产经营单位安全培训规定》第十三条	查阅安全生产教育培训计划、记录			
10	新员工的三级教育	△	新员工上岗前经72小时三级教育,考试合格后方可上岗	《生产经营单位安全培训规定》第十三条	查阅安全生产教育培训计划、记录			
11	新技术教育	△	进行新技术、新工艺、新设备、新材料的安全生产教育	《安全生产法》第二十二条	查阅安全生产教育培训计划、记录			
12	安全生产费用	△	安全生产费用投入符合安全生产要求,按照有关规定提取安全技术措施专项经费	《企业安全生产费用提取和使用管理办法》第六条	查阅资料			
13	工伤保险	△	生产经营单位是否为从业人员办理工伤保险或安全生产责任保险、雇主责任保险	《安全生产法》第四十八条	查阅保险缴纳证明			

尾矿库需建立的规章制度主要包括:

(1)安全生产责任制(包括主要负责人、分管负责人、安全管理人员、职能部门、岗位等的责任);

(2)安全检查制度;
(3)安全教育培训制度;
(4)生产安全事故管理制度;
(5)重大隐患整改制度;
(6)设备安全管理制度;
(7)安全生产档案管理制度;
(8)安全生产奖惩制度;
(9)巡坝护坝制度;
(10)作业安全规程和各工种操作规程。

3.6.12.2 安全运行管理

依据《尾矿库安全技术规程》等,对排放矿计划、现场管理及生产安全检查等进行符合性评价,主要检查内容示例见表3.23。

表 3.23 安全运行管理符合性检查示例

序号	检查项目	检查类别	检查内容	检查依据	检查方法	实际情况	附件编号	验收结果
1	放矿计划	△	企业是否制定了年度放矿计划和月度放矿计划	《尾矿库安全技术规程》第6条	查阅资料			
2	滩面	△	是否均匀放矿	《尾矿库安全技术规程》第6条	查看现场			
3	安全检查	△	是否定期对尾矿坝、库区、防排洪系统进行了安全检查	《尾矿库安全技术规程》第7条	查阅资料			

3.6.12.3 应急救援

依据《尾矿库安全监督管理规定》《生产安全事故应急预案管理办法》《安全生产事故应急管理条例》等,对矿山救护队或兼职救护队的人员组成及技术装备、应急预案等进行符合性评价,主要检查内容见表3.24。

表 3.24 应急救援符合性检查

序号	检查项目	检查类别	检查内容	检查依据	检查方法	实际情况	附件编号	验收结果
1	应急救援组织	△	企业是否建立由专职或兼职人员组成的事故应急救援组织,配备必要的应急救援器材和设备;生产规模较小不必建立事故应急救援组织的,是否指定兼职的应急救援人员,并与临近的事故救援组织签订救援协议	《尾矿库安全监督管理规定》第二十一条、《安全设施设计》《安全生产事故应急管理条例》	查看现场或救援协议			

序号	检查项目	检查类别	检查内容	检查依据	检查方法	实际情况	附件编号	验收结果
2	应急预案	△	企业是否制定了专项应急预案,应急预案是否按照规定报相应的安全生产监督管理部门备案	《生产安全事故应急预案管理办法》第二十六条	查阅资料			
3	应急演习	△	每年至少进行一次演练,并将演练情况报送所在地县级以上地方人民政府负有安全生产监督管理职责的部门	《生产安全事故应急预案管理办法》第二十六条、《安全生产事故应急管理条例》	查阅资料			
4	应急值班	△	是否建立应急值班制度,配备应急值班人员	《安全生产事故应急管理条例》	查阅资料			
5	尾矿库险情记录及处理记录	△	尾矿库出现重大险情是否及时报告抢险	《尾矿库安全监督管理规定》第二十一条	查阅资料结合询问相关人员			

3.7 安全对策措施建议

根据上面对安全设施验收评价中不符合的项,结合在验收评价过程中发现的问题与不足,或者由于现场揭示的情况与原设计的情况有所改变而引起新的风险,依据国家相关安全法律、法规、标准和规范的要求,借鉴类似尾矿库的安全生产经验,利用最新科学技术,提出具有针对性、实用性和可操作性的安全对策措施建议。主要包括:尾矿坝对策措施、防排洪系统对策措施、地质灾害与雪崩防护对策措施、安全监测对策措施、排渗对策措施、干式尾矿运输对策措施、库内船只对策措施、辅助设施对策措施、安全标志对策措施、安全管理对策措施。

3.8 评价结论

统计安全设施符合性评价章节中安全检查表的所有检查项数量(必须包含《金属非金属地下矿山建设项目安全设施竣工验收表》中与《安全设施设计》相关的检查项)、符合项数量、不符合项数量,计算不符合项的百分比,得出是否具备安全验收条件。

应明确说明评价对象是否符合安全验收的条件,评价结论分为"符合"和"不符合"两种。

以下情况评价结论为"符合":《国家安全监管总局关于规范金属非金属矿山建设项目安全设施竣工验收工作的指导意见》附表《尾矿库安全设施竣工验收表》中没有否决项的检查结论为"不符合"且验收检查项总数中检查结论为"不符合"的项少于5%。

符合以下情况之一的,评价结论为"不符合":一是《国家安全监管总局关于规范金属非金属矿山建设项目安全设施竣工验收工作的指导意见》附表《尾矿库安全设施竣工验收表》中有否决项检查的结论为"不符合";二是检查结论为"不符合"的项超过检查总数的5%(含5%)。

3.9 附件

附件为安全设施验收评价报告的重要支撑。附件应有序排列编号，并能与检查表对应，要齐全、简洁(如：安全管理制度附目录、记录等抽取一次等)；附件可以单独成册。

附件主要包括：建设项目合法证明材料，包括(但不限于)建设项目立项审批、核准或备案文件、建设项目《安全设施设计》批复文件和其他企业生产合法证件等；各评价单元的主要证明材料，包括(但不限于)设计变更通知书、质量检验评定表、验收记录、检测检验证书、各类资格证书、安全检查记录、培训记录、现场图片等。

3.10 附图

尾矿库没有竣工图不能组织验收。尾矿库安全验收评价报告应附以下竣工图纸，可根据实际情况进行调整。

(1)总平面布置竣工图；
(2)尾矿坝(断面)竣工图；
(3)防排洪系统竣工图；
(4)安全监测设施竣工图。

验收评价所附的图纸应符合以下要求：

(1)主要为竣工图和现状图(改建、扩建工程)，竣工图纸应与现场实际相符；
(2)如果项目竣工与原施工图少于三处修改(包括增加、修改和删除)的地方，可以在原有施工图修改的地方手工标识、签字盖章后，原施工图纸上加盖竣工章可以作为竣工图纸，其余施工图不能作为竣工图；
(3)竣工图应由施工单位按照实际的施工情况出图，且应有施工单位、监理单位的有关人员签字确认，并加盖相应单位公章；
(4)竣工图中的字体、线条和各种标记应清晰可读，签字齐全，有彩色内容的图纸宜采用彩图；
(5)附图应有编号，并能与检查表对应；
(6)附图可以单独成册。

3.11 安全验收评价所需的资料

安全设施验收时，企业应提前准备安全验收评价的相关资料，这些资料也是企业在尾矿库建设过程中需要注意收集和保存的材料。

尾矿库建设项目安全设施验收评价需要建设单位提供的主要资料目录如下：

(1)生产经营单位概况
①企业法人营业执照；
②立项批准文件(或核准、备案文件)。
(2)安全设施"三同时"程序文件
①安全预评价报告；
②项目《安全设施设计》评审意见和批复文件；

③项目《安全设施设计》重大变更的评审意见和批复文件。

(3)项目技术文件

①项目初步设计；

②项目《安全设施设计》；

③《安全设施设计》的设计变更通知单；

④地质勘探报告、工程勘察报告、地质灾害危险性评估报告；

⑤其他的一些专题性研究报告。

(4)项目建设情况

①施工单位资质；

②监理单位资质；

③单项工程、单位工程验收资料，评级情况，工程质量认证资料；

④隐蔽工程的检查验收记录；

⑤施工总结和监理总结报告；

⑥反映安全设施实际情况的竣工图纸，包括总平面布置竣工图，尾矿坝（断面）竣工图，防排洪系统竣工图，安全监测设施竣工图等。

(5)安全设施说明(以具体的安全设施设计为准)

①原材料的质量证明（各部位用的钢筋、水泥、混凝土试块、砂石料、土石料、土工合成材料等的质量证明；符合设计规定的强度要求试验资料等）；

②完备的隐蔽工程验收资料及其施工记录。重点是排洪隧洞、排洪井基础、排渗棱体、坝体清基及清基标高、岩溶处理、排水隧道或管道、隧洞衬砌进行现场强度检验、喷射混凝土喷射厚度、锚杆材料及类型、直径、布置情况、排渗井、防排渗设施的地基处理、坝基（含坝肩）开挖及处理、坝体填筑、排水管截水环等；

③各单项工程施工验收资料及汇签记录。特别是初期坝结构参数、坝体碾压密实度、堆石坝孔隙率、压实干容重、防洪系统参数、排渗系统、监测系统的施工验收；

④监测设施。尾矿库的浸润线、库水位、坝体位移等安全监测设施竣工验收汇签资料、监测报告和整编资料。

(6)安全管理资料

①安全生产管理机构、专职安全生产人员聘任文件；

②安全生产责任制；

③安全生产管理规章制度；

④事故应急救援预案、应急预案的备案表、应急预案的演练记录、总结；

⑤事故事件处理记录；

⑥特殊工种培训、考核记录及其操作资格证书；

⑦安全检查记录、安全不符合项整改情况及其反馈、复查记录资料；

⑧为职工缴纳工伤保险的证明；

⑨安全教育、培训台账等资料；

⑩项目投资决算总额及安全设施投资表；

⑪个人安全防护用品发放记录；

⑫放矿计划；

⑬试运行期间安全生产事故情况；
⑭其他安全管理和安全技术措施。
(7)安全设施验收评价所需的其他资料和数据。

第4章 尾矿库现状评价

4.1 现状评价的定位

尾矿库安全现状评价是在尾矿库运行过程中,通过对尾矿库的安全设施、管理状况、周围环境等的调查分析,确定其与设计、安全生产法律法规和标准规范要求的符合性,定性定量地分析尾矿库的安全性,对存在的问题提出合理的安全对策措施及建议。

尾矿库的现状评价主要包括以下几个方面:

(1)对尾矿库的安全状况进行检查,分析其有效性和可靠性;

(2)对于验收之后或者上次现状评价之后新建设的安全设施采用安全设施验收评价的方法对安全设施的主要参数进行符合性检查;

(3)在安全检查的基础上,分析安全设施可能失效的原因,并采用定性定量的方法评价其风险。

4.2 现状评价报告结构

尾矿库安全现状评价的主要内容包括:前言、安全评价对象与依据、尾矿库概述、定性定量评价、安全对策措施建议和评价结论等,尾矿库安全现状评价报告的结构示例见表4.1。

表4.1 尾矿库安全现状评价报告结构示例

一级标题	二级标题	三级标题
前言		
1 评价对象与依据	1.1 评价对象及范围	
	1.2 评价依据	1.2.1 法律法规
		1.2.2 标准规范
		1.2.3 项目技术资料
		1.2.4 其他评价依据
2 尾矿库概述	2.1 单位概况	
	2.2 自然环境概况	
	2.3 地质概况	
	2.4 尾矿库概况	2.4.1 尾矿库库址
		2.4.2 库容、等别及建设标准
		2.4.3 初期坝
		2.4.4 堆积坝

续表

一级标题	二级标题	三级标题
2 尾矿库概述	2.4 尾矿库概况	2.4.5 防排洪系统
		2.4.6 安全监测
		2.4.7 干式尾矿运输
		2.4.8 库内船只
		2.4.9 辅助设施
		2.4.10 个人安全防护
		2.4.11 安全标志
		2.4.12 企业安全管理
		2.4.13 其他
3 定性定量评价	3.1 周边环境	3.3.1 周边环境检查
		3.3.2 周边环境主要危险、有害因素辨识与分析
	3.2 尾矿坝	3.2.1 初期坝检查
		3.2.2 副坝(挡水坝)检查
		3.2.3 堆积坝检查
		3.2.4 尾矿坝主要危险、有害因素辨识与分析
		3.2.5 坝体稳定性分析
	3.3 防排洪系统	3.3.1 库内排水设施检查
		3.3.2 库周截排洪设施检查
		3.3.3 防排洪系统主要危险、有害因素辨识与分析
		3.3.4 调洪演算
	3.4 地质灾害与雪崩防护设施	3.4.1 地质灾害与雪崩防护设施检查
		3.4.2 地质灾害与雪崩防护设施主要危险、有害因素辨识与分析
	3.5 安全监测	3.5.1 安全设施检查
		3.5.2 监测数据分析
	3.6 排渗	3.6.1 排渗检查
		3.6.2 排渗主要危险、有害因素辨识与分析
	3.7 干式尾矿运输	3.7.1 干式尾矿运输检查
		3.7.2 干式尾矿库运输主要危险、有害因素辨识与分析
	3.8 库内船只	3.8.1 库内船只检查
		3.8.2 库内船只主要危险、有害因素辨识与分析
	3.9 辅助设施	3.9.1 辅助设施检查
		3.9.2 辅助设施主要危险、有害因素辨识与分析
	3.10 个人安全防护	
	3.11 安全标志	

续表

一级标题	二级标题	三级标题
3 定性定量评价	3.12 企业安全管理	3.12.1 组织与制度
		3.12.2 安全运行管理
		3.12.3 应急救援
	3.13 重大危险源辨识	
	3.14 安全度	
	3.15 重大安全事故隐患辨识	
4 安全对策措施建议		
5 评价结论		
6 附图		
7 附件		

4.3 现状评价报告前言

该部分主要简述尾矿库基本情况、评价委托方及评价要求、评价工作过程等。

(1)尾矿库基本情况简述尾矿库坝高、库容、排洪方式、初期坝形式与堆积坝筑坝方式等;

(2)评价委托方介绍项目的委托单位名称、单位性质、所在位置、上级主管单位;

(3)评价要求介绍有关安全生产法律法规和标准规范对尾矿库安全现状评价及报告编制的相关要求;

(4)评价工作过程包括接受委托、资料收集、现场考察、报告编制和内部审核过程等情况。

前言不宜太多,最好不要超过1页纸,说明应简练精要。

4.4 评价范围与依据

4.4.1 评价对象和范围

评价对象是尾矿库项目,安全现状评价范围是评价对象及其所在的库区、安全管理。

4.4.2 评价依据

4.4.2.1 法律法规

该部分按照现行国家有关安全生产法律、行政法规、部门规章、地方性法规、地方政府规章和有关规范性文件的顺序列出现状评价法律法规依据。

法律法规按发布时间顺序列出(一般发布时间最新的放在最前面),列出的法律法规应为最新版本,并标注其文号及实施日期。引用的法律法规应具有针对性和完整性,报告中引用到的应全部列出,没有引用到的不应列出;法律法规引用要书写完整、规范,不得使用简略方式,应完整标注法律法规名称、发布机构、发布时间、编号;要根据评价项目的需要优先选择最适用的法律法规。

4.4.2.2 标准规范

该部分按照现行标准(包括强制性国标(GB)、推荐性国标(GB/T)、国家标准指导性技文件(GB/Z)、行业标准、地方标准)、规程、规范的顺序列出现状评价标准规范依据。

标准规范按照发布时间的先后顺序列出(一般发布时间最新的放在最前面)。列出的标准规范应为最新版本,并为现行有效。所列标准规范应与本建设项目的安全生产相关,在报告中没有引用到的标准规范不列入。标准规范引用要书写完整、规范、统一,应标注标准规范编号;在进行评价时,当只有地方标准时应执行地方标准,当有国家标准、行业标准、地方标准时,执行标准应从严。

4.4.2.3 技术资料

列出评价对象安全现状评价所依据的有关技术资料,技术资料应列出名称、编制单位和日期等相关内容,要真实可靠、完整;技术资料上应有相关人员签字,否则不能作为有效的评价依据。

技术资料主要包括以下方面:
(1)《安全设施设计》;
(2)《安全设施设计》变更;
(3)地质勘查报告、地质灾害危险性评估报告;
(4)相关专题研究(试验)报告;
(5)《安全验收评价报告》(含附件和附图);
(6)尾矿库验收后所建设的安全设施施工记录(含隐蔽工程施工记录及中间验收记录)、竣工报告及竣工图;
(7)尾矿库验收后所建设的安全设施施工监理记录和施工监理报告;
(8)第三方检测报告。

4.4.2.4 其他评价依据

其他评价依据是指安全现状评价委托书(任务书、合同书),不能列入法律法规、标准规范和技术资料的其他材料。

尾矿库现状评价所依据的其他有关资料要真实可靠、完整,应有相关单位公章。

4.5 尾矿库概述

4.5.1 单位概况

简要介绍尾矿库所属单位历史沿革、经济类型、隶属关系等基本情况。简要介绍安全预评价、安全设施设计(含重大设计变更,应说明相应编制单位及编制时间)及批复、安全验收评价、曾经进行过安全现状评价的单位及时间、安全生产许可证取得等情况。

简要介绍建设项目行政区划、地理位置及交通等。

4.5.2 自然环境概况

简要介绍区域地形地貌、气候(包括降雨量、风向、主导风向、气温、冻土深度)、地震烈度等。

(1)气候应说明气候类型,并结合地域情况,突出尾矿库所在地的特殊自然环境特征,如沿海区域的台风、北部区域的低温和冰冻、南部区域的降雨等;
(2)降雨量应说明最大降雨量及平均降雨量;

(3)应画出风向玫瑰图,说明全年主导风向、不同季节主导风向和最小风频;

(4)气温应说明最高气温、最低气温和平均气温。

4.5.3 地质概况

根据工程地质勘查报告和实际揭露的地质情况,简要介绍区域地质情况,库区地层、地质构造和岩石等库区地质情况(包括各层岩土渗透性及物理力学性质指标),库区自然地质现象,水文地质条件、类型和特征(包括库区地表水和地下水的成因、类型、水量大小),库区工程地质岩组、岩体结构特征、工程地质特征(包括第四系、地质构造等工程地质条件)等工程地质情况。

地质概况应重点说明存在哪些不良地质条件。特别是影响初期坝、尾矿库周围边坡稳定性、排洪系统的不良地质条件要重点说明,如岩石风化、岩溶、采空区、滑坡、雪崩和泥石流等。

4.5.4 尾矿库概况

该部分主要简要介绍尾矿库的各个系统主要内容,包括但不限于以下内容:尾矿库库址,库容、等别及建设标准、初期坝、堆积坝、防排洪系统、安全监测、干式尾矿运输、库内船只、辅助设施、个人安全防护、安全标志、企业安全管理等。

在验收评价之后或者上次现状评价之后新建设的安全设施应在介绍中明确。

4.5.4.1 尾矿库库址

该部分简要介绍尾矿库位置、地形地貌、库区周边环境、上游同一沟谷内情况、下游居民及重要设施情况等。

尾矿库位置主要介绍尾矿库所在的地方以及库区的地理坐标。

地形侧重于根据地面的形态来分类,主要介绍库区地形的总特征(分别是高原、山地、丘陵、盆地、平原);地貌侧重于从成因上来划分,主要介绍地表大致的状况。

库区周边环境主要介绍可能影响建设项目安全的地质构造、岩溶、采空区、滑坡、泥石流等地质环境,库区水系、汇流条件、汇水面积等水利条件,以及周边土地开发、矿床开采、树木砍伐、放牧等人类活动、是否存在有开采价值的矿床等情况。

上游同一沟谷内情况主要介绍同一沟谷内是否建设有尾矿库。如果建设有,则简要介绍上下游尾矿库的基本情况(主要包括尾矿库总库容、总坝高、筑坝方式、堆积坝外坡比、排洪系统)与建设项目的距离等。

下游居民及重要设施情况主要介绍下游工矿企业、地表水体、大型水源地、水产基地、居民区、风景区、全国和省重点保护名胜古迹、公路、铁路等对象的基本情况及其与尾矿库的水平距离、高差。

4.5.4.2 库容、等别及建设标准

简要介绍选厂规模、尾矿产率、年尾矿量、总尾矿量、入库量、颗粒密度、堆积干密度、粒度分级、排放浓度等,其中粒度应说明-200目所占比例。

简要介绍尾矿库总库容、尾矿坝总坝高、初期坝坝高、堆积坝坝高、尾矿库等别、主要构筑物级别、最小安全超高、最小干滩长度、防洪标准、尾矿坝抗滑稳定安全系数、最小浸润线埋深等设计参数。

简要介绍尾矿库现库容、尾矿坝现坝高、初期坝现坝高、堆积坝现坝高、库水位、干滩长度、浸润线埋深等现状参数。

4.5.4.3 初期坝

分别简要介绍初期坝、拦洪坝、隔离坝、副坝的实际位置、类型、坝体结构参数、筑坝材料等。

4.5.4.4 堆积坝

简要介绍尾矿堆积坝的筑坝方法、子坝结构参数、坝肩截水沟、坝面排水沟及护坡等。

简要介绍尾矿库排渗设施和防渗措施。

4.5.4.5 防排洪系统

简要介绍防洪标准和排洪方式、防洪排水构筑物布置线路。

简要介绍防洪排水构筑物的主要尺寸,主要包括排水井的进水口标高、井筒高度、直径和壁厚;排水斜槽的进水口标高、断面尺寸、长度、壁厚、坡度、出口标高;排洪隧道的断面尺寸、长度、衬砌厚度、坡度、出口标高;溢流堰的堰顶标高及其断面尺寸。采用多级排水井或排水斜槽时,简要介绍上级进水口标高与下级井筒或斜槽顶高的重叠高度。

4.5.4.6 安全监测

简要介绍位移、浸润线、渗流、干滩、库水位、降水量、视频监控及地质灾害等监测点的布置、监测设备设施,以及监测频率、日常监测的管理及数据分析等情况。

在线监测系统简要介绍监测内容、监测点布置、监测方法、数据传输方法、监测中心位置以及监测数据分析情况等。

4.5.4.7 干式尾矿运输

汽车运输方式简要介绍汽车的型号、运载量、数量、汽车避让道、卸料平台的安全挡车设施等。

皮带运输方式简要介绍皮带的起始点和终点、长度、宽度、支架结构、安全护栏、安全护罩、防冻措施、皮带的末端仰角和高度等。

4.5.4.8 库内船只

简要介绍库内回水浮船或运输船的数量,配置的安全护栏、救生器材、浮船固定设施、电气设备接地措施等情况。

4.5.4.9 辅助设施

简要介绍尾矿库管理站(库区值班房)的位置及其与尾矿坝之间的位置关系,尾矿库的库区巡查道路宽度及其走向布置情况,通信设施设置(采用的是固定电话、移动电话还是无线对讲系统以及是否有通讯录等情况),照明设施的设置情况(共设置多少照明设施及其所处位置),报警系统(包括报警方式、报警设备数量和位置)的设置情况,安全防护栏的设置情况。

4.5.4.10 个人安全防护

简要介绍与尾矿库相关人员的劳动防护用品种类、发放及配备情况。

4.5.4.11 安全标志

简要介绍尾矿库库区及周边设置的警告、交通、电气安全等安全标志的位置和数量。

4.5.4.12 企业安全管理

简要介绍企业安全组织机构设置、特种作业人员、注册安全工程师、人员教育培训及取证情况;列表说明企业制定的安全生产制度、操作规程和应急救援预案;简要介绍救护队人员和设备配备、现场管理(包括外包施工单位的安全管理)、安全检查等安全管理情况。

4.5.4.13 其他

简要介绍尾矿库其他需要说明的内容。

4.6 定性定量评价

尾矿库现状评价单元一般划分为:周边环境、尾矿坝、防排洪、地质灾害及雪崩防护、安全监测、排渗、干式尾矿运输、库内船只、辅助设施、个人安全防护、安全标志、安全管理、重大危险源和重大事故隐患等。评价项目可以根据项目的特点,选择适合本项目的评价单元。

对照建设项目的《安全设施设计》和相关的法律法规,结合现场实际检查、检测检验、监测数据等相关资料,评价尾矿库与相关安全生产法律法规、技术规范的符合性;采用定性定量的方法分析评价其安全性。

采用安全检查表进行定性评价时,评价的结果为"符合"与"不符合"两种。在检查时,如果某一个检查内容涉及很多部分,只要其中的一个部分不符合要求,则其评价结果为"不符合"。采用检查表进行评价时,应有相应的附件来证明。

4.6.1 周边环境

4.6.1.1 周边环境检查

根据《尾矿库安全技术规程》等有关法律、法规、部门规章、标准等,结合《安全设施设计》,对尾矿库周边环境进行检查,主要检查内容示例见表4.2。

表4.2 周边环境检查示例

序号	检查项目	检查内容	检查依据	检查方法	实际情况	附件编号	评价结果
1	库区周边违章行为	周边违章建筑、违章施工、违章采选活动	《尾矿库安全技术规程》第7.3.1条	查看现场			
2	库区违法作业	库区爆破、采砂、地下采矿作业活动	《尾矿库安全技术规程》第6.7.2条	查看现场			
3	外来废弃物排入	外来尾矿、废石、废水和废弃物排入,放牧和开垦	《尾矿库安全技术规程》第7.3.3条	查看现场、查阅《安全设施设计》			
4	下游居民及建构(筑)物搬迁	按照安全设施设计里的要求,检查需要搬迁的下游居民及建(构)筑物是否进行了搬迁	《安全设施设计》	检查现场以及搬迁材料			
5	周边山体稳定性	详细观察周边山体有无异常和急变,并根据工程地质勘查报告,分析周边山体发生滑坡可能性	《尾矿库安全技术规程》第7.3.1、7.3.2条	现场检查			

在检查时,如果发现周边山体出现了异常和急变,则应根据工程地质勘查报告,采用定量评价方法,计算山体滑坡的可能性,分析山体滑坡给尾矿库安全带来的影响,同时在对策措施建议中建议企业应采取的相关措施。

4.6.1.2 周边环境主要危险、有害因素辨识与分析

在周边环境检查的基础上,辨识出周边环境对尾矿库造成的危险、有害因素,分析造成这些危险、有害因素的原因,采用相应的评价方法(如 LEC 法、预先危险性分析法等)分析周边环境对尾矿库安全的影响程度。周边环境主要危险、有害因素辨识与分析请参考本书第 2 章相关内容。

如果尾矿库周边存在爆破作业,应采用定量的评价方法来分析爆破作业对尾矿库安全的影响。具体方法请见本书第 6 章。

如果周边山体有滑坡的可能性,计算分析山体滑坡对尾矿库的影响,并提出进行专项研究的建议。

4.6.2 尾矿坝

4.6.2.1 初期坝检查

根据《尾矿库安全技术规程》等有关法律、法规、部门规章、标准等,对初期坝进行检查,主要检查内容示例见表 4.3。

表 4.3 初期坝检查示例

序号	检查项目	检查内容	检查依据	检查方法	实际情况	附件编号	评价结果
1	坝体渗流	坝体渗水量、水是否混浊	《尾矿库安全技术规程》6.5.4	查看现场			
2	坝体完好	坝体有无纵、横向裂缝。坝体出现裂缝时,应查明裂缝的长度、宽度、深度、走向、形态和成因,判定危害程度	《尾矿库安全技术规程》第 9.2.4 条	查看现场			

4.6.2.2 副坝(挡水坝)检查

已验收的副坝主要检查内容可以参考表 4.3 进行检查。

对于验收评价或者上次现状评价后建设的副坝(挡水坝)或者一次性筑坝的后期坝址、坝体型式、结构尺寸、坝体的填筑指标、坝基(含岸坡)开挖及处理等方面是否符合设计进行符合性评价,副坝(挡水坝)或者一次性筑坝的后期主要检查内容示例见表 4.4。

当副坝(挡水坝)的坡比、结构尺寸、坝体的填筑指标、坝基等与《安全设施设计》发生变化时,应进行稳定性复核。

表 4.4 副坝(挡水坝)符合性检查示例

序号	检查项目	检查内容	检查依据	检查方法	实际情况	附件编号	评价结果
1	坝址	坝的位置	《安全设施设计》	现场检查、测量			
2	坝体型式	坝体是透水坝还是非透水坝	《安全设施设计》	现场检查			
3	结构尺寸	坝底宽度及高度、外坡比、内坡比、坝顶的宽度、马道宽度及位置	《安全设施设计》	现场测量,查看施工记录、监理记录、竣工资料			

续表

序号	检查项目	检查内容	检查依据	检查方法	实际情况	附件编号	评价结果
4	坝体的填筑指标	①坝体填筑材料参数（抗压强度、软化系数、泥沙粒含量）； ②查看碾压实验，是否按照碾压实验确定的最优含水量、最佳铺土厚度和碾压遍数等压实参数进行施工； ③土坝的压实干容重和压实度，堆石坝的孔隙率、干容重，重力坝的强度指标； ④是否按要求由有资质的第三方检测检验并出具报告	《安全设施设计》	现场检查，查看施工记录、监理记录、竣工资料、第三方检测报告			
5	坝基（含岸坡）开挖及处理	①树木、草皮、树根、乱石、坟墓，以及表层的粉土、细砂、淤泥、腐殖土、泥炭等的清除； ②水井、泉眼、地道和洞穴，以及强风化岩石、坡积物、残积物、滑坡体等的处理； ③工程地质钻孔、试坑等是否逐一处理	《安全设施设计》	现场检查，查看施工记录、监理记录、竣工资料			
6	隐蔽工程	槽基开挖后，应按隐蔽工程进行认真检查和验收，验收合格后方可浇筑槽基础	《尾矿设施施工及验收规程》第3.4.1条	查看施工记录、监理记录、竣工资料			
7	反滤层	砂砾料的粒径、级配、不均匀系数、含泥量及土工布材料，以及反滤层敷设方法、搭接宽度和反滤层厚度	《安全设施设计》	现场检查，查看施工记录、监理记录、竣工资料			
8	护坡砌筑	采用石料的抗水性、抗冻性、抗压强度、几何尺寸，以及砌筑方法、砌筑质量和护坡厚度	《安全设施设计》	查看施工记录、监理记录、竣工资料、相关检测资料			

4.6.2.3 堆积坝检查

对岸坡处理、坝体排渗设施、坝面保护设施、放矿、坝体材料、堆积坝护坡、坝面排水沟、坝肩截水沟、子坝上升速度、浸润线等是否符合《尾矿库安全技术规程》《安全设施设计》和相关的要求进行符合性评价，主要检查内容示例见表4.5。

表 4.5　堆积坝符合性检查示例

序号	检查项目	检查内容	检查依据	检查方法	实际情况	附件编号	评价结果
1	岸坡处理	①每期子坝堆筑前必须进行岸坡处理,将树木、树根、草皮、废石、坟墓及其他有害构筑物全部清除; ②若遇有泉眼、水井、地道或洞穴等,应作妥善处理; ③清除杂物不得就地堆积,应运到库外; ④岸坡清理应作隐蔽工程记录,经主管技术人员检查合格后方可充填筑坝	《尾矿库安全技术规程》第 6.3.3 条	查阅施工记录、竣工材料			
2	外坡坡比	尾矿坝实际坡比陡于设计坡比时,应进行稳定性复核,若稳定性不足,则应采取措施	《安全设施设计》《尾矿库安全技术规程》第 7.2.2 条	现场测量、查阅施工记录			
3	坝体有无纵、横向裂缝	坝体出现裂缝时,查明裂缝的长度、宽度、深度、走向、形态和成因,判定危害程度,妥善处理	《尾矿库安全技术规程》第 7.2.4 条	现场检查			
4	坝体滑坡	坝体出现滑坡时,查明滑坡位置、范围和形态以及滑坡的动态趋势	《尾矿库安全技术规程》第 7.2.5 条	现场检查			
5	坝体排渗设施	查明排渗设施是否完好、排渗效果及排水水质	《尾矿库安全技术规程》第 7.2.7 条	现场检查			
6	坝体渗漏	查明有无渗漏出逸点、出逸点的位置、形态、流量及含沙量等	《尾矿库安全技术规程》第 7.2.8 条	现场检查、测量			
7	坝面保护设施	①检查坝肩截水沟和坝坡排水沟断面尺寸,沿线山坡稳定性,护砌变形、破损、断裂和磨蚀,沟内淤堵等; ②检查坝坡土石覆盖保护层实施情况	《尾矿库安全技术规程》第 7.2.9 条	现场检查			
8	排放计划	是否制定年度、季度尾矿排放计划	《安全设施设计》	查阅资料			
9	尾矿排放	放矿方法,放矿干管、放矿支管的规格型号和布置	《安全设施设计》	现场检查,查看放矿记录和相关记录			
10	放矿人员	放矿时有无专人管理或有离岗现象	《尾矿库安全技术规程》第 6.3.4 条	现场检查、查看记录			
11	放矿	放矿口的间距、位置、同时开放数量、放矿时间以及水力旋流器的使用台数、移动周期距离等	《安全设施设计》	现场检查、查阅放矿记录			

续表

序号	检查项目	检查内容	检查依据	检查方法	实际情况	附件编号	评价结果
12	是否均匀放矿	上游式筑坝法,应于坝前均匀放矿,维持坝体均匀上升,不得任意在库后或一侧岸坡放矿	《尾矿库安全技术规程》第6.3.4条	现场检查、查阅放矿记录			
13	是否冲刷子坝	矿浆排放不得冲刷初期坝和子坝,严禁矿浆沿子坝内坡趾流动冲刷坝体	《尾矿库安全技术规程》第6.3.4条	现场检查			
14	筑坝材料	筑坝材料相关参数,如粒度等	《安全设施设计》	现场查看、查阅记录			
15	坝体型式	坝体型式	《安全设施设计》	现场查看			
16	堆筑要求	堆筑的相关要求	《安全设施设计》	现场查看、查阅记录			
17	堆积坝护坡	坝面护坡的型式、结构尺寸等	《安全设施设计》	现场查看、测量			
18	坝面排水沟	坝面排水沟的型式、结构尺寸	《安全设施设计》	现场查看、测量			
19	坝肩截水沟	坝肩截水沟的型式、结构尺寸	《安全设施设计》	现场查看、测量			
20	安全超高和最小干滩长度	安全超高和最小干滩长度	《安全设施设计》《尾矿库安全技术规程》第9.1.8条	现场查看、测量			
21	坡比要求	子坝总坡比	《安全设施设计》	现场查看、测量			
22	子坝上升速度	子坝上升速度	《安全设施设计》	查阅记录			
23	浸润线	浸润线控制埋深	《安全设施设计》《尾矿库安全技术规程》第9.2.6条	现场查看、测量,查阅记录			
24	沉积滩	沉积滩坡比	《安全设施设计》	查阅材料、计算			

在检查中发现隐患,应分析造成隐患的原因,并在对策措施建议中提出有针对性的措施,如发现坝体渗流量异常、水混浊时,则应分析造成异常的原因,并分析可能给尾矿库安全带来的影响;在检查中发现尾矿坝实际坡比陡于设计坡比时,则在评价报告中应进行稳定性复核;在现场检查发现坝体出现裂缝时,应该查明裂缝的长度、宽度、深度、走向、形态,分析裂缝产生的成因及其危害程度;发现坝体出现滑坡时,查明滑坡位置、范围和形态以及滑坡的动态趋势,分析滑坡出现的原因;发现渗漏,则需要找到出逸点的位置、形态、流量及含沙量等,分析发生渗漏的原因,在可能的情况下进行数值模拟。

4.6.2.4 尾矿坝主要危险、有害因素辨识与分析

在对初期坝、副坝(挡水坝)和堆积坝检查的基础上,辨识出尾矿坝存在的危险、有害因素,分析造成这些危险、有害因素的原因,采用相应的评价方法分析存在的危险、有害因素危险程度,尾矿坝主要危险、有害因素辨识与分析请见本书第2章第2.6节。

4.6.2.5 坝体稳定性分析

在现有施工记录、竣工资料和现场检查的基础上,通过对尾矿库沉积规律的分析,采用现场实际的数据,计算尾矿坝的抗滑稳定安全系数。坝体稳定性计算详见本书第6章。

4.6.3 防排洪系统

4.6.3.1 库内排水设施检查

对尾矿库已建设的排水设施进行符合性评价,主要检查内容示例见表4.6。

表4.6 排水设施的安全检查示例

序号	检查项目	检查内容	检查依据	检查方法	实际情况	附件编号	评价结果
1	排水构筑物	构筑物有无变形、位移、损毁、淤堵,排水能力是否满足要求等	《尾矿库安全技术规程》第7.1.7条	现场检查			
2	排水井	井壁剥蚀、脱落、渗漏、最大裂缝开展宽度,井身倾斜度和变位,井、管联结部位,进水口水面漂浮物,停用井封盖方法等	《尾矿库安全技术规程》第7.1.8条	现场检查、测量			
3	排水斜槽	断面尺寸,槽身变形、损坏或坍塌,盖板放置、断裂,最大裂缝开展宽度,盖板之间以及盖板与槽壁之间的防漏充填物,漏砂,斜槽内淤堵等	《尾矿库安全技术规程》第7.1.9条	现场检查、测量			
4	排水涵管	断面尺寸,变形、破损、断裂和腐蚀,最大裂缝开展宽度,管间止水及充填物,涵管内淤堵等;对于无法入内检查的小断面排水管和排水斜槽可根据施工记录和过水畅通情况判定	《尾矿库安全技术规程》第7.1.10、7.1.11条	现场检查、测量			
5	排水隧洞	断面尺寸,洞内塌方,衬砌变形、破损、断裂、剥落和磨蚀,最大裂缝开展宽度,伸缩缝、止水及充填物,洞内淤堵及排水孔工况等	《尾矿库安全技术规程》第7.1.12条	现场检查、测量			
6	溢洪道	断面尺寸,沿线山坡滑坡、塌方,护砌变形、破损、断裂和磨蚀,沟内淤堵等、溢流堰顶高程等	《尾矿库安全技术规程》第7.1.13条	现场检查、测量			
7	消力池	变形、破损、断裂和磨蚀	《尾矿库安全技术规程》第7.1.13条	现场检查、测量			

由于部分库内部分排水设施可能分期建设,在验收评价后或者上一次现状评价后新建设的防排洪方式(排水井、排水斜槽、排水涵管、排水隧洞、溢洪道、消力池)、尾矿库防排洪系统的布置、防排洪构筑物的断面型式及主要结构尺寸等方面是否符合设计要进行符合性评价。新建库内排水设施符合性评价请参考本书第三章第3.6节。

在检查中如果发现隐患,应分析其原因,并在对策措施建议中提出解决方案。如排水隧洞洞内塌方,则应分析造成塌方的原因,并分析给尾矿库安全带来的影响。

4.6.3.2 库周截排洪设施检查

对尾矿库已建设完成的库周截排洪设施进行符合性评价,主要检查内容示例见表4.7。

表4.7 库周截排洪设施的安全检查示例

序号	检查项目	检查内容	检查依据	检查方法	实际情况	附件编号	评价结果
1	拦洪坝	有无变形、位移、损毁、淤堵,最大裂缝开展宽度	《尾矿库安全技术规程》第7.1.7条	现场检查、测量			
2	截洪沟	有无变形、位移、损毁、淤堵	《尾矿库安全技术规程》第7.1.7条	现场检查、测量			
3	排水井	井壁剥蚀、脱落、渗漏、最大裂缝开展宽度,井身倾斜度和变位,井、管联结部位,进水口水面漂浮物,停用井封盖方法等	《尾矿库安全技术规程》第7.1.8条	现场检查、测量			
4	排水隧洞	断面尺寸,洞内塌方,衬砌变形、破损、断裂、剥落和磨蚀,最大裂缝开展宽度,伸缩缝、止水及充填物,洞内淤堵及排水孔工况等	《尾矿库安全技术规程》第7.1.12条	现场检查、测量			
5	溢洪道	断面尺寸,沿线山坡滑坡、塌方,护砌变形、破损、断裂和磨蚀,沟内淤堵等、溢流坎顶高程等	《尾矿库安全技术规程》第7.1.13条	现场检查、测量			
6	消力池	变形、破损、断裂和磨蚀	《尾矿库安全技术规程》第7.1.13条	现场检查、测量			

对在验收评价后或者上一次现状评价后新建设的库周截排洪设施的方式、构筑物的位置、地基处理、建筑材料、结构参数、施工质量、隐蔽工程验收情况等进行符合性评价。库周截排洪设施安全符合性评价请参考本书第3章表3.12。

4.6.3.3 防排洪系统主要危险有害因素辨识与分析

在对防排洪系统安全设施检查的基础上,辨识出尾矿坝存在的危险、有害因素,分析造成这些危险、有害因素的原因,并用定性定量分析方法分析存在的危险、有害因素危险程度。防排洪系统主要危险、有害因素辨识与分析请见本书第二章相关内容。

4.6.3.4 调洪演算

在现状数据的基础上,采用水量平衡法进行调洪演算,并附典型坝高时(初期坝高、最终坝高及尾矿库等别变化时的坝高)洪峰流量、洪水总量、最小安全超高、最小干滩长度、调洪库容、最大泄流量等参数,以及对应坝高时的洪水过程线、调洪库容曲线、泄水能力曲线。调洪演算请参考本书第 6 章。

4.6.4 地质灾害与雪崩防护设施

4.6.4.1 地质灾害与雪崩防护设施检查

该部分对尾矿库泥石流防护设施、库区滑坡治理设施、库区岩溶治理设施、高寒地区的雪崩防护设施的完好性等进行检查,并主要检查内容示例见表 4.8。

表 4.8 地质灾害与雪崩防护设施安全检查示例

序号	检查项目	检查内容	检查依据	检查方法	实际情况	附件编号	评价结果
1	泥石流防护设施	泥石流防护设施的完好性	《安全设施设计》	现场检查			
2	库区滑坡治理设施	滑坡治理设施的完好性	《安全设施设计》	现场检查			
3	库区岩溶治理设施	岩溶治理设施的完好性	《安全设施设计》	现场检查			
4	高寒地区雪崩防护设施	雪崩防护设施的完好性	《安全设施设计》	现场检查			

如果在检查中发现这些设施的完好性受到损坏,则需分析由于这些设施不可靠性带来的风险。

对在验收评价后或者上一次现状评价后新建设的地质灾害与雪崩防护设施等进行符合性评价。地质灾害与雪崩防护设施符合性评价请参考本书第 3 章表 3.13。

4.6.4.2 地质灾害与雪崩防护设施主要危险、有害因素辨识与分析

在对地质灾害与雪崩防护设施检查的基础上,辨识出地质灾害与雪崩防护设施存在的危险、有害因素,分析造成这些危险、有害因素的原因,采用相应的评价方法分析存在的危险、有害因素危险程度。

4.6.5 安全监测设施

4.6.5.1 安全监测设施检查

安全监测包括人工监测和在线监测,根据《尾矿库安全技术规程》《尾矿库安全监测技术规范》《尾矿库在线安全监测系统工程技术规范》《安全设施设计》等,对库区气象监测、库水位监测、干滩监测、坝体位移监测、坝体渗流监测和视频监控设施以及在线监测系统等的建设以及完好性等进行符合性评价,主要检查内容示例见表 4.9。

表4.9 安全监测设施安全检查示例

序号	检查项目	检查内容	检查依据	检查方法	实际情况	附件编号	评价结果
1	设计、施工资质	尾矿库安全监测设计、施工应由具备与其相应的专业技术的单位进行	《尾矿库安全监测技术规范》第4.1条	查阅设计单位和施工单位资质			
2	是否一次性设计	实施监测的尾矿库等别根据尾矿库设计等别确定,监测系统的总体设计应根据总坝高进行一次性设计,分步实施	《尾矿库安全监测技术规范》第4.2.6条	查阅设计文件			
3	监测内容	一等、二等、三等、四等尾矿库应监测位移、浸润线、干滩、库水位、降水量,必要时还应监测孔隙水压力、渗透水量、混浊度	《尾矿库安全监测技术规范》第4.4.1条	查阅设计文件和现场检查			
4	人工位移监测	位移监测测次,人工监测方式在监测设施安装初期每半月进行一次,当坝体的变形趋于稳定时,可逐步减为每月一次	《尾矿库安全监测技术规范》第5.1.3条	查阅监测记录			
5	库区气象监测设施	库区气象监测设施、设备的完好性	《安全设施设计》	现场检查、查阅监测记录			
6	库水位监测设施	库水位监测点的布置、监测设备型号、监测方法、设备的完好性	《安全设施设计》	现场检查、查阅监测记录			
7	库水位和浸润线监测频次	尾矿坝的水位监测包括库水位监测和浸润线监测;水位监测每月不少于1次,暴雨期间和水位异常波动时应增加监测次数	《尾矿库安全技术规程》第7.2.1条	查阅记录			
8	浸润线出逸点	查明坝面浸润线出逸点位置、范围和形态	《尾矿库安全技术规程》第7.2.6条	现场检查、查检查记录			
9	干滩监测设施	干滩监测点的布置、监测方法、监测记录	《安全设施设计》	现场检查、查阅监测记录			
10	坝体表面位移监测设施	坝体表面位移监测点的布置、监测设备的完好性	《安全设施设计》	现场检查、查阅监测记录			
11	坝体内部位移监测设施	坝体内部位移监测点的布置、监测设备的完好性	《安全设施设计》	现场检查、查阅监测记录			

续表

序号	检查项目	检查内容	检查依据	检查方法	实际情况	附件编号	评价结果
12	位移点的设置	坝面位移测点初期坝顶和后期坝顶各布设一排,每30~60 m高差布设一排,一般不少于3排。坝面位移测点的间距,一般坝长小于300 m时,宜取20~100 m;坝长大于300 m时,宜取50~200 m;坝长大于1000 m时,宜取100~300 m	《尾矿库安全监测技术规范》第5.2.2条	查看现场			
13	滑坡体监测	对于危及尾矿坝、排水构筑物及附属设施安全和运行的新老滑坡体或潜在滑坡体应进行监测	《尾矿库安全监测技术规范》第5.4.1条	查阅设计文件			
14	检查坝体位移	要求坝的位移量变化应均衡,无突变现象,且应逐年减小。当位移量变化出现突变或有增大趋势时,应查明原因,妥善处理	《尾矿库安全技术规程》第7.2.3条	查看现场、查阅监测资料			
15	坝体渗流监测设施	坝体渗流监测点的布置、监测设备的完好性	《安全设施设计》	现场检查、查阅监测记录			
16	视频监控设施	尾矿库视频监控设施的布置、监测设备的完好性	《安全设施设计》	现场检查、查阅监测记录			
17	在线监测中心	尾矿库在线监测中心的设备、功能	《安全设施设计》	现场检查、查阅监测记录			
18	日常巡视检查	在尾矿库生产运行期,宜每天或每两天一次;但每周不少于两次;尾矿库闭库后,一般宜每周一次,或每月不少于两次,但汛期应增加次数	《尾矿库安全监测技术规范》第8.4.2条	查阅检查记录			
19	年度巡视检查	在每年的汛前汛后、冰冻较重的地区的冰冻期和融冰期、有蚁害地区的白蚁活动显著期等,由管理单位负责人组织领导,对尾矿库进行比较全面或专门的巡视检查。视地区不同而异,一般每年不少于2~3次	《尾矿库安全监测技术规范》第8.4.2条	查阅检查记录			
20	资料分析	每次仪器监测或安全检查后应对监测记录进行整理,及时做出初步分析。每年应至少进行一次监测资料整编。在整理和整编的基础上,应定期进行资料分析	《尾矿库安全监测技术规范》第11.1.1条	查阅分析资料			
21	安全监测预警	尾矿库安全监测预警应由低级到高级分为黄色预警、橙色预警、红色预警三个等级	《尾矿库在线安全监测系统工程技术规范》第8.1.3条	查阅系统和人工分析记录			

4.6.5.2 监测数据分析

(1)位移监测数据分析。对每一个位移观测点画出位移监测数据变化图,分析坝体位移的绝对值、速度和加速度。坝的位移量变化应均衡,无突变现象,且应逐年减小。当位移量变化出现突变或有增大趋势时,应分析原因,并在安全对策措施中提出相应的对策措施。

(2)浸润线监测数据分析。在浸润线监测数据的基础上,画出相应剖面的浸润线,并与设计的控制浸润线进行对比分析,如果浸润线埋深在控制浸润线埋深以上,需分析浸润线较高的原因,并在安全对策措施中提出相应的对策措施。

(3)干滩长度分析。如果干滩长度比设计和标准要求的干滩长度短,应分析造成这种情况的原因,并在安全对策措施中提出相应的对策措施。

(4)沉积滩坡比分析。如果沉积滩坡比小于设计的沉积坡比,应分析造成这种情况的原因,并在安全对策措施中提出相应的对策措施。

4.6.6 排渗

4.6.6.1 排渗检查

根据《尾矿库安全技术规程》等,对排渗设施是否完好、排渗效果及排水水质,是否有渗漏等进行符合性评价,主要检查内容示例见表4.10。

表4.10 排渗设施安全检查示例

序号	检查项目	检查内容	检查依据	检查方法	实际情况	附件编号	评价结果
1	自流式排渗管	自流式排渗管的破损、堵塞	《尾矿库安全技术规程》第7.2.7条	现场检查			
2	管井排渗	管井的破损、裂缝、完好性	《尾矿库安全技术规程》第7.2.7条	现场检查			
3	垂直一水平联合自流排渗	管材的破损、堵塞	《尾矿库安全技术规程》第7.2.7条	现场检查			
4	虹吸排渗	管材的破损、堵塞	《尾矿库安全技术规程》第7.2.7条	现场检查			
5	辐射井	辐射井的破损、裂缝	《尾矿库安全技术规程》第7.2.7条	现场检查			
6	排水水质	排渗效果及排水水质	《尾矿库安全技术规程》第7.2.7条	现场检查			
7	坝体渗漏	查明有无渗漏出逸点及出逸点的位置、形态、流量、含沙量等	《尾矿库安全技术规程》第7.2.8条	现场检查			

对在验收评价后或者上一次现状评价后新建设的排渗设施等进行符合性评价请参考本书第3章表3.15。

4.6.6.2 排渗主要危险、有害因素辨识与分析

在对排渗安全检查的基础上,定性分析由于排渗设施失效后可能造成的危险、有害因素,分析造成这些危险、有害因素的原因,采用相应的评价方法分析存在的危险、有害因素危险程度。排渗主要危险、有害因素辨识与分析请参考本书第 2 章相关内容。

4.6.6.3 渗流分析

采用渗流分析说明排渗设施是否满足尾矿坝坝体控制渗流稳定的要求,主要分析两个方面:一是尾矿库的浸润线是否能达到尾矿库浸润线控制线的要求;二是结合尾矿库的现状浸润线、设计的控制浸润线以及渗流情况,分析渗流对尾矿库坝坝体稳定的影响。具体的分析方法请见本书第 6 章。

4.6.7 干式尾矿运输

4.6.7.1 干式尾矿运输安全检查

(1)汽车运输安全检查

采用汽车运输时,根据《安全设施设计》等,对汽车运输安全设施的参数、完好性等进行符合性评价,主要检查内容示例见表 4.11。

表 4.11 汽车运输安全检查示例

序号	检查项目	检查内容	检查依据	检查方法	实际情况	附件编号	评价结果
1	道路参数	运输道路等级、道路参数(包括宽度、坡度、最小转弯半径、缓和坡段等)	《安全设施设计》	现场检查、测量			
2	警示标志	道路的急弯、陡坡、危险地段的警示标志	《安全设施设计》	现场检查			
3	运输线路的安全护栏及挡车设施	山坡填方的弯道、坡度较大的填方地段以及高堤路基路段,外侧护栏、挡车墙(堆)等	《安全设施设计》	现场检查			
4	避让道	主要运输道路及联络道的长坡道,汽车避让道	《安全设施设计》	现场检查			
5	紧急避险车道	连续长陡下坡路段,危及运行安全处紧急避险车道	《安全设施设计》	现场检查			
6	卸料平台的安全挡车设施	卸料平台的调车宽度、卸料地点挡车设施及其高度	《安全设施设计》	现场检查			

在对汽车运输安全检查的基础上,定性分析由于安全设施的缺失或者不完善可能造成的风险。

(2)皮带运输安全检查

采用皮带运输时,根据《安全设施设计》等,对系统的各种闭锁和电气保护装置、设备的安全护罩、安全护栏、梯子、扶手等进行安全检查,主要检查内容示例见表 4.12。

表 4.12 皮带运输安全检查示例

序号	检查项目	检查内容	检查依据	检查方法	实际情况	附件编号	评价结果
1	胶带输送机系统的各种闭锁和电气保护装置	检查以下各种装置是否缺失及有效：装料点和卸料点的空仓、满仓等保护装置,声光报警信号装置及带式输送机连锁装置是否有效；带式输送机防胶带撕裂、断带、防跑偏、防止过速、防止过载、防止打滑、防止大块冲击等保护装置,制动装置、胶带清扫装置、线路上的信号、电气联锁和停车装置、烟雾报警装置、软启动装置；上行的带式输送机的防逆转装置；带式输送机驱动系统供配电主回路的断路、短路、漏电、欠压、过流、缺相、接地等保护装置	《安全设施设计》	现场检查			
2	设备的安全护罩	设备的安全护罩是否缺失、有效	《安全设施设计》	现场检查			
3	安全护栏	安全护栏是否缺失、有效	《安全设施设计》	现场检查			
4	梯子、扶手	梯子、扶手是否缺失、有效	《安全设施设计》	现场检查			

在对皮带运输安全检查的基础上,定性分析由于安全设施的缺失或者不完善可能造成的风险。

4.6.7.2 干式尾矿运输危险、有害因素辨识与分析

在对干式尾矿运输安全检查的基础上,分析干式尾矿库运输存在的危险、有害因素,分析造成这些危险、有害因素的原因,采用相应的评价方法分析存在的危险、有害因素危险程度。干式尾矿运输危险、有害因素辨识与分析请参考本书第 2 章相关内容。

4.6.8 库内船只

4.6.8.1 库内船只检查

对于有回水浮船、运输船设施的尾矿库,根据《安全设施设计》等,对保护船只及船只上工作人员安全的设施,包括安全护栏、救生器材、浮船固定设施、电气设备接地措施等进行安全检查,主要检查内容示例见表 4.13。

表 4.13 库内船只安全检查示例

序号	检查项目	检查内容	检查依据	检查方法	实际情况	附件编号	评价结果
1	回水浮船	回水浮船的型号、位置	《安全设施设计》	现场检查			
2	运输船	运输船的型号、位置	《安全设施设计》	现场检查			
3	安全护栏	回水浮船、运输船安全护栏是否设置、有效	《安全设施设计》	现场检查			

续表

序号	检查项目	检查内容	检查依据	检查方法	实际情况	附件编号	评价结果
4	救生器材	回水浮船、运输船救生器材是否设置、有效	《安全设施设计》	现场检查			
5	固定设施	回水浮船、运输船固定设施是否设置、有效	《安全设施设计》	现场检查			
6	电气设备接地措施	回水浮船、运输船电气设备接地措施是否设置、有效	《安全设施设计》	现场检查			

在安全检查的基础上,定性分析库内船只安全设施的缺失或者不完善可能造成的风险。

4.6.8.2 库内船只危险、有害因素辨识与分析

在对库内船只安全检查的基础上,分析库内船只存在的危险、有害因素,分析造成这些危险、有害因素的原因,采用相应的评价方法分析存在的危险、有害因素的危险程度。库内船只危险、有害因素辨识与分析请参考本书第2章相关内容。

4.6.9 辅助设施

4.6.9.1 辅助设施检查

根据《安全设施设计》等,对交通道路布置情况(包括库区巡查道路,尾矿坝、排洪系统与值班室及外部道路的连通道路和尾矿坝应急上坝道路)、尾矿库照明设施设置、尾矿库通信设施设置(包括尾矿库生产作业人员、巡视人员与安全生产管理机构通信配备情况)、报警系统设置、库区安全护栏设置等进行符合性评价,主要检查内容示例见表4.14。

表 4.14 辅助设施检查示例

序号	检查项目	检查内容	检查依据	检查方法	实际情况	附件编号	评价结果
1	尾矿库交通道路	库区巡查道路,尾矿坝、排洪系统与值班室及外部道路的连通道路和尾矿坝应急上坝道路等位置、参数	《安全设施设计》	现场检查、测量			
2	尾矿库照明设施	尾矿库照明设施的设置地点、有效性	《安全设施设计》	现场检查			
3	通信设施	尾矿库通信设施的设置方式、有效性	《安全设施设计》	现场检查			
4	报警系统	尾矿库报警设施有效性	《安全设施设计》	现场检查			
5	库区安全护栏	尾矿库库区安全护栏的设置位置、有效性	《安全设施设计》	现场检查			

4.6.9.2 辅助设施危险、有害因素辨识与分析

在对辅助设施检查的基础上,分析存在的危险、有害因素,分析造成这些危险、有害因素的原因,采用相应的评价方法分析存在的危险、有害因素的危险程度。辅助设施危险、有害因素辨识与分析请参考本书第2章相关内容。

4.6.10 个人安全防护

根据《安全生产法》等,对尾矿库工作人员配备的个人安全防护用品(包括防护用品的发放、佩戴、使用)等进行符合性评价,主要检查内容示例见表 4.15。

表 4.15 个人安全防护用品检查示例

序号	检查项目	检查内容	检查依据	检查方法	实际情况	附件编号	评价结果
1	个人安全防护用品发放	是否配备劳动防护用品或配备的劳动防护用品是否符合国标或行标的规定	《安全生产法》第四十二条	查阅发放记录等资料及查验证书			
2	个人安全防护用品佩戴、使用	工作人员是否佩戴、使用个人安全防护用品	《安全生产法》第五十四条	现场检查			

4.6.11 安全标志

根据《安全设施设计》等,对尾矿库库区及周边应设置的安全标志(包括警告、交通、电气安全标志)进行符合性评价,主要检查内容示例见表 4.16。

表 4.16 安全标志检查示例

序号	检查项目	检查内容	检查依据	检查方法	实际情况	附件编号	评价结果
1	警告	警告标志的位置、内容	《安全设施设计》	现场检查			
2	交通	交通标志的位置、内容	《安全设施设计》	现场检查			
3	电气安全	电气安全标志的位置、内容	《安全设施设计》	现场检查			

4.6.12 安全管理

4.6.12.1 组织与制度

依据《安全生产法》《尾矿库安全监督管理规定》《选矿安全规程》《安全生产许可证条例》《生产经营单位安全培训规定》《企业安全生产费用提取和使用管理办法》等,对安全生产许可证、安全组织机构及人员配备、安全教育及培训、特种作业人员持证情况、规章制度、安全投入、尾矿库安全教育和培训(场地、费用)等进行符合性评价,主要检查内容示例见表 4.17。

表 4.17 组织与制度检查示例

序号	检查项目	检查内容	检查依据	检查方法	实际情况	附件编号	评价结果
1	安全生产许可证	有无安全生产许可证及其有效性	《安全生产许可证条例》第二条、第九条第一款	查看证件、检查有效期			

续表

序号	检查项目	检查内容	检查依据	检查方法	实际情况	附件编号	评价结果
2	安全生产管理机构	配备相应的安全管理机构或者安全管理人员(不少于12人),并配备与工作需要相适应的专业技术人员或者具有相应工作能力的人员	《尾矿库安全监督管理规定》第五条	查阅任命文件			
3	安全管理人员	车间应设置专职或兼职安全员;班组应设置兼职安全员	《选矿安全规程》第4.2条	查阅任命文件			
4	特种作业人员	从事尾矿放矿、筑坝、排洪和排渗设施的专职作业人员应取得特种作业人员资格证	《尾矿库安全监督管理规定》第六条	查阅证书			
5	安全生产责任制	建立、健全尾矿库安全生产责任制	《尾矿库安全监督管理规定》第四条	查阅资料			
6	规章制度	制定完备的安全生产规章制度	《尾矿库安全监督管理规定》第四条	查阅资料			
7	操作规程	制定作业安全规程和各岗位、工种操作规程	《尾矿库安全监督管理规定》第四条	查阅资料			
8	安全标准化	尾矿库安全生产标准化创建情况	《尾矿库安全监督管理规定》第四条	查阅资料			
9	员工教育和培训	每年对员工进行一次20小时的安全教育和培训	《生产经营单位安全培训规定》第十三条	查阅安全生产教育培训计划、记录			
10	新员工的三级教育	新员工上岗前经72小时三级教育,考试合格后方可上岗	《生产经营单位安全培训规定》第十三条	查阅安全生产教育培训计划、记录			
11	新技术教育	进行新技术、新工艺、新设备、新材料的安全生产教育	《安全生产法》第二十二条	查阅安全生产教育培训计划、记录			
12	安全生产费用	安全生产费用投入符合安全生产要求,按照有关规定提取安全技术措施专项经费	《企业安全生产费用提取和使用管理办法》第六条	查阅资料			
13	工伤保险	生产经营单位是否为从业人员办理工伤保险或安全生产责任保险、雇主责任保险	《安全生产法》第四十八条	查阅保险缴纳证明			

4.6.12.2 安全运行管理

依据《尾矿库安全技术规程》《安全设施设计》等,对放矿计划、排矿方式、现场管理及生产安全检查等进行符合性评价,主要检查内容示例见表4.18。

表 4.18 安全运行管理检查示例

序号	检查项目	检查内容	检查依据	检查方法	实际情况	附件编号	评价结果
1	放矿计划	企业是否制定了年度放矿计划和月度放矿计划	《尾矿库安全技术规程》第6.1.2条	查阅资料			
2	排矿方式	排矿的方式	《安全设施设计》	查看现场			
3	放矿作业	放矿口的间距、位置、同时开放数量、放矿时间以及水力旋流器的使用台数、移动周期距离	《安全设施设计》	查看现场、查阅资料			
4	滩面	是否均匀放矿	《尾矿库安全技术规程》第6.3.4条	查看现场			
5	安全检查	是否定期对尾矿坝、库区、防排洪系统进行了安全检查	《尾矿库安全技术规程》第6.1.5条	查阅资料			

4.6.12.3 应急救援

依据《尾矿库安全监督管理规定》《生产安全事故应急预案管理办法》《安全生产事故应急管理条例》等,对矿山救护队或兼职救护队的人员组成及技术装备、应急预案等进行符合性评价,主要检查内容示例见表 4.19。

表 4.19 应急救援符合性检查示例

序号	检查项目	检查内容	检查依据	检查方法	实际情况	附件编号	评价结果
1	应急救援组织	企业是否建立由专职或兼职人员组成的事故应急救援组织;生产规模较小不必建立事故应急救援组织的,是否指定兼职的应急救援人员,并与临近的事故救援组织签订救援协议	《尾矿库安全监督管理规定》第二十一条,《安全设施设计》	查看现场或救援协议			
2	应急救援器材	配备必要的应急救援器材和设备	《尾矿库安全监督管理规定》第二十一条,《安全设施设计》	查看器材			
3	应急预案	企业是否制定了专项应急预案,应急预案应当按照规定报相应的安全生产监督管理部门备案	《生产安全事故应急预案管理办法》第二十六条。	查阅资料			
4	应急演习	每年至少进行一次演练	《生产安全事故应急预案管理办法》第二十六条	查阅资料			
5	应急值班	是否建立应急值班制度,配备应急值班人员	《安全生产事故应急管理条例》	查阅资料			

4.6.13 重大危险源辨识单元

重大危险源是指长期地或临时地生产、使用或储存危险化学品,且危险化学品的数量等于或超过临界量的单元。重大危险源如控制不当,则可能导致重大事故的发生,产生严重的社会影响。

重大危险源的辨识一般应从是否存在一旦发生泄漏可能导致火灾、爆炸、中毒等的重大危险物质出发进行辨识与分析。矿山企业是否存在危险化学品重大危险源,一般可根据《危险化学品重大危险源辨识》(GB 18218)进行辨识。

危险化学品重大危险源辨识的依据是危险化学品的危险特性及其数量,在《危险化学品重大危险源辨识》(GB 18218)中,列出了"爆炸品、易燃气体、毒性气体、易燃液体、易于自燃的物质、遇水放出易燃气体的物质、氧化性物质、有机过氧化物、毒性物质"九大类共 78 种危险化学品名称及其临界量。

4.6.14 安全度

根据《尾矿库安全技术规程》,依据危库、险库、病库、正常库的判定条件,在上面定性定量评价的基础上,通过检查表的方式确定评价的尾矿库的安全度,分别如表 4.20、表 4.21、表 4.22、表 4.23 所示。

如果尾矿库存在表 4.20 所列某一工况,则为危库。

表 4.20 危库的确定检查

序号	检查项目	检查内容	是否存在该状况	存在该状况的具体情况
1	调洪库容、安全超高、最小干滩长度	尾矿库调洪库容严重不足,在设计洪水位时,安全超高和最小干滩长度都不满足设计要求,将可能出现洪水漫顶		
2	排洪系统	排洪系统严重堵塞或坍塌,不能排水或排水能力急剧降低		
3	排水井	排水井显著倾斜,有倒塌的迹象		
4	坝体	坝体出现贯穿性横向裂缝,且出现较大范围管涌、流土变形,坝体出现深层滑动迹象		
5	安全系数	坝体抗滑稳定最小安全系数小于规定值的 0.95		
6	其他	其他严重危及尾矿库安全运行的情况		

如果尾矿库存在表 4.21 所列某一工况,则为险库。

表 4.21 险库的确定检查

序号	检查项目	检查内容	是否存在该状况	存在该状况的具体情况
1	调洪库容、安全超高、最小干滩长度	尾矿库调洪库容不足,在设计洪水位时安全超高和最小干滩长度均不能满足设计要求		
2	排洪系统	排洪系统部分堵塞或坍塌,排水能力有所降低,达不到设计要求		
3	排水井	排水井有所倾斜		

序号	检查项目	检查内容	是否存在该状况	存在该状况的具体情况
4	浅层滑动	坝体出现浅层滑动迹象		
5	安全系数	坝体抗滑稳定最小安全系数小于规定值的 0.98		
6	坝体	坝体出现大面积纵向裂缝,且出现较大范围渗透水高位出逸,出现大面积沼泽化		
7	其他	其他危及尾矿库安全运行的情况		

如果尾矿库存在表 4.22 所列某一工况,则为病库。

表 4.22 病库的确定检查

序号	检查项目	检查内容	是否存在该状况	存在该状况的具体情况
1	调洪库容、安全超高、最小干滩长度	尾矿库调洪库容不足,在设计洪水位时不能同时满足设计规定的安全超高和最小干滩长度的要求		
2	排洪系统	排洪设施出现不影响安全使用的裂缝、腐蚀或磨损		
3	安全系数	坝体抗滑稳定最小安全系数满足规定值,但部分高程上堆积边坡过陡,可能出现局部失稳		
4	浸润线	浸润线位置局部过高,有渗透水出逸,坝面局部出现沼泽化		
5	坝面横向裂缝	坝面局部出现纵向或横向裂缝		
6	坝面排水沟	坝面未按设计设置排水沟,冲蚀严重,形成较多或较大的冲沟		
7	截水沟	坝端无截水沟,山坡雨水冲刷坝肩		
8	外坡覆土、植被	堆积坝外坡未按设计覆土、植被		
9	其他	其他不影响尾矿库基本安全生产条例的非正常情况		

尾矿库同时满足表 4.23 所列工况,则为正常库。

表 4.23 正常库的确定检查

序号	检查项目	检查内容	是否存在该状况	存在该状况的具体情况
1	调洪库容、安全超高、最小干滩长度	尾矿库在设计洪水位时能同时满足设计规定的安全超高和最小干滩长度的要求		
2	排洪系统	排水系统各构筑物符合设计要求,工况正常		
3	安全系数	尾矿坝的轮廓尺寸符合设计要求,稳定安全系数满足设计要求		
4	排渗	坝体渗漏控制满足要求,运行工况正常		

目前,《尾矿库安全技术规程(征求意见稿)》没有尾矿库安全度的判定标准,在此规程正式颁布实施后可以不再进行安全度的判断。

4.6.15 重大安全事故隐患辨识

在进行现状评价时，需要对尾矿库是否存在重大安全事故隐患进行判断。根据《国家安全监管总局关于印发金属非金属矿山重大生产安全事故隐患判定标准（试行）的通知》（安监总管一〔2017〕98号），尾矿库重大安全事故隐患主要指有以下12种情形：

(1) 库区和尾矿坝上存在未按批准的设计方案进行开采、挖掘、爆破等活动。

在库区乱采、滥挖、非法爆破有可能造成周边山体滑坡、坍塌，滑坡体进入尾矿库，致使库内水位上升，还有可能冲击坝体，从而造成尾矿库溃坝；或者由于山体滑坡，原有山体承受力降低，造成尾矿库溃坝。在尾矿坝上未按批准的设计方案进行开采、挖掘、爆破等活动不仅会直接损坏坝体导致溃坝，还可能会引起坝体液化而导致溃坝。

《尾矿库安全技术规程》（AQ 2006—2005）第6.7.2条规定："严禁在库区和尾矿坝上进行乱采、滥挖、非法爆破等。"《尾矿库安全监督管理规定》第二十六条要求："未经生产经营单位进行技术论证并同意，以及尾矿库建设项目安全设施设计原审批部门批准，任何单位和个人不得在库区从事爆破、采砂、地下采矿等危害尾矿库安全的作业。"

库区和尾矿坝上存在未按批准的设计方案进行开采、挖掘、爆破等活动的，即为重大生产安全事故隐患。

(2) 坝体出现贯穿性横向裂缝，且出现较大范围管涌、流土变形，坝体出现深层滑动迹象。

横向裂缝是指裂缝的走向与坝轴线垂直或斜交。管涌是指尾砂细颗粒在粗颗粒形成的空隙中流动以至流失，逐渐形成管形通道；流土变形是在渗透作用下，当向上的渗透力大于尾砂的有效重度时，尾砂处于悬浮状态，局部坝体隆起、浮动或尾砂粒群同时发生移动而流失的现象。坝体深层滑动是指尾矿库坝体内部发生剧烈变形，可能引发整个坝体移动、坍塌、失稳。

《尾矿库安全技术规程》（AQ 2006—2005）第8.2条明确规定"坝体出现贯穿性横向裂缝，且出现较大范围管涌、流土变形，坝体出现深层滑动迹象"是判断尾矿库属于危库的工况之一。

坝体出现贯穿性横向裂缝，且出现较大范围管涌、流土变形，坝体出现深层滑动迹象的，即为重大生产安全事故隐患。

(3) 坝外坡坡比陡于设计坡比。

坝外坡坡比指的是尾矿坝的垂直高度与水平宽度的比值。坝外坡坡比是根据尾砂力学参数计算坝体渗流稳定和抗滑稳定获得的，由设计确定。坝外坡坡比一旦变小，坝体渗流和抗滑稳定就会降低，可能导致渗流破坏而溃坝。

《尾矿库安全技术规程》（AQ 2006—2005）第6.3.2条规定："尾矿坝堆积坡比不得陡于设计规定。"

坝外坡坡比陡于设计坡比，即为重大生产安全事故隐患。

(4) 坝体超过设计坝高，或者超设计库容储存尾矿。

尾矿库坝体超过设计坝高或超设计库容储存尾矿极易造成尾矿坝失稳，从而导致溃坝事故。

《尾矿库安全监督管理规定》第二十八条规定："尾矿库运行到设计最终标高或者不再进行排尾作业的，应当在一年内完成闭库。特殊情况不能按期完成闭库的，应当报经相应的安全生产监督管理部门同意后方可延期，但延长期限不得超过6个月。"第二十九条规定："尾矿库运行到设计最终标高的前12个月内，生产经营单位应当进行闭库前的安全现状评价和闭库设计，闭库设计应当包括安全设施设计，并编制安全专篇。"

若需要加高扩容,属于扩建建设项目,按照《建设项目安全设施"三同时"监督管理办法》第七条、第十条、第十二条、第十四条和第二十三条规定:建设项目在进行可行性研究时,生产经营单位应当按照国家规定,进行安全预评价;在建设项目初步设计时,应当委托有相应资质的初步设计单位对建设项目安全设施同时进行设计,编制安全设施设计;安全设施设计应按照规定报经安全生产监督管理部门审查同意,未经审查同意的,不得开工建设;建设项目竣工投入生产或者使用前,生产经营单位应当组织对安全设施进行竣工验收,并形成书面报告备查。

坝体超过设计坝高的,或者超设计库容储存尾矿的,即为重大生产安全事故隐患。

(5)尾矿堆积坝上升速率大于设计堆积上升速率。

坝体上升速度过快,堆积坝体内的水无法排出,造成坝体无法充分固结,渗流破坏的概率增大,降低了坝体稳定性,严重的导致溃坝。

尾矿堆积坝上升速率大于设计堆积上升速率的,即为重大生产安全事故隐患。

(6)未按法规、国家标准或者行业标准对坝体稳定性进行评估。

《尾矿库安全监督管理规定》第十九条规定:"尾矿库应当每三年至少进行一次安全现状评价。安全现状评价应当符合国家标准或者行业标准的要求。尾矿库安全现状评价工作应当有能够进行尾矿坝稳定性验算、尾矿库水文计算、构筑物计算的专业技术人员参加。上游式尾矿坝堆积至二分之一至三分之二最终设计坝高时,应当对坝体进行一次全面勘察,并进行稳定性专项评价。"

《尾矿设施设计规范》(GB 50863—2013)第 4.4.1 条规定:"三等及三等以下的尾矿库在尾矿坝堆至 1/2~2/3 最终设计总坝高时,一等及二等尾矿库在尾矿坝堆至 1/3~1/2 最终设计总坝高时,应对坝体进行全面的工程地质和水文地质勘察;"并规定:"根据勘察结果,由设计单位对尾矿坝作全面论证,以验证最终坝体的稳定性和确定后期的处理措施。"

未按照上述规定,对坝体稳定性进行评估的,即为重大生产安全事故隐患。

(7)浸润线埋深小于控制浸润线埋深。

尾矿库的浸润线为尾矿库的生命线,浸润线的埋深与尾矿库的稳定性有着密切的关系。当浸润线埋深小于控制浸润线埋深时,尾矿库的渗流稳定性和抗滑安全系数均小于设计值,易发生渗流破坏造成坝体失稳,从而导致溃坝。

《尾矿设施设计规范》(GB 50863—2013)第 4.3.5 条规定:"尾矿坝的渗流控制措施必须确保浸润线低于控制浸润线。"

浸润线埋深小于控制浸润线埋深,即为重大生产安全事故隐患。

(8)安全超高和干滩长度小于设计规定。

设计给定的安全超高和干滩长度,是为确保坝体稳定和尾矿库安全,经调洪演算后确定的,当尾矿库的安全超高和干滩长度小于设计时,可能造成渗流破坏导致溃坝,也有可能导致子坝直接挡水、引发洪水漫顶而溃坝。

《尾矿库安全技术规程》(AQ 2006—2005)第 8.2 条明确规定"尾矿库调洪库容严重不足,在设计洪水位时,安全超高和最小干滩长度都不满足设计要求,将可能出现洪水漫顶",这是判断尾矿库属于危库的工况之一。

安全超高和干滩长度小于设计规定的,即为重大生产安全事故隐患。

(9)排洪系统构筑物严重堵塞或者坍塌,导致排水能力急剧下降。

排洪系统通常由进水构筑物和输水构筑物两部分组成。进水构筑物主要有排水井、排水斜槽等,输水构筑物主要有排水管、隧洞、排水斜槽等。排洪系统构筑物严重堵塞、坍塌包括进水构筑物和输水构筑物两个方面。

《尾矿库安全技术规程》(AQ 2006—2005)明确"排洪系统严重堵塞或坍塌,不能排水或排水能力急剧降低""排水井显著倾斜,有倒塌的迹象"是判断尾矿库属于危库的工况。

排洪系统构筑物严重堵塞、坍塌,导致排水能力急剧下降,是指具有下列情形之一的,即为重大生产安全事故隐患:

①排水井、排水斜槽等进水口严重堵塞;
②排水井显著倾斜,有倒塌的迹象;
③排水斜槽、排水管出现塌陷导致严重堵塞,或者基础沉陷错位致使漏沙严重;
④隧洞出现塌方导致严重堵塞,或者断裂致使漏沙严重。

(10)设计以外的尾矿、废料或者废水进库。

不同的尾矿物理性质不一样,设计以外的尾矿、废料和废水进库后,不但造成尾矿沉积规律发生变化,渗透系数也随之而改变,同时,易存在软弱夹层,坝体渗流稳定无法得到保障,坝体易因渗流破坏而溃坝,同时由于超量排放也可能造成堆积坝上升速率大于设计速率。

《尾矿库安全监督管理规定》第十八条规定:对生产运行的尾矿库,未经技术论证和安全生产监督管理部门的批准,任何单位和个人不得对"设计以外的尾矿、废料或者废水进库等"进行变更。

设计以外的尾矿、废料或者废水进库的,即为重大生产安全事故隐患。

(11)多种矿石性质不同的尾砂混合排放时,未按设计要求进行排放。

多种矿石性质不同的尾砂混合排放时,设计会给定混合比例、不同矿石尾砂的排放方式(坝前排放、周边排放、库尾排放)、排放浓度、支管排放流量。未按设计排放,造成尾矿沉积规律发生变化,渗透系数也随之而改变,同时,易存在软弱夹层,坝体渗流稳定无法得到保障,坝体易因渗流破坏而溃坝。

多种矿石性质不同的尾砂混合排放时,未按设计要求进行排放的,即为重大生产安全事故隐患。

(12)冬季未按照设计要求采用冰下放矿作业。

冰下放矿作业是指将放矿管直接插入水面区冰盖以下集中放矿。本条主要是针对在我国东北、华北、西北及青藏高原等严寒地区的上游式筑坝尾矿库。冬季未在冰下放矿作业,易引起浸润线抬升或逸出、坝体突然出现融陷、尾砂强度参数迅速降低,进而导致尾矿库溃坝。

冬季未按照设计要求采用冰下放矿作业的,即为重大生产安全事故隐患。

4.7 安全对策措施建议

针对在现状评价时中发现的问题与不足,根据定量定性评价,依据国家相关安全法律、法规、标准和规范的要求,借鉴类似尾矿库的安全生产经验,利用最新科学技术,提出具有针对性、实用性和可操作性的安全对策措施建议。主要包括:周边环境对策措施、尾矿坝对策措施、防排洪系统对策措施、地质灾害与雪崩对策措施、安全监测对策措施、排渗对策措施、干式尾矿运输对策措施、库内船只对策措施、辅助设施对策措施、安全标志对策措施、安全管理对策措施、重大危险源对策措施。

在尾矿库的生产运行过程中,难免会出现一些异常、事故,对这些现象,必要时首先采取应急措施,然后分析其原因,确定处理措施。部分异常迹象的处理对策措施参见表4.24。

表 4.24 异常迹象处理对策措施

序号	迹象	原因	处理对策措施
1	坡脚隆起	坡脚基础变形	先降库水位,再坡脚压重
2	坝坡渗水及沼泽化	浸润线过高	先降库水位,加长沉积滩,采取降低浸润线措施
		不透水初期坝导致浸润线高	在略高于初期坝顶部位设排渗设施
		矿泥夹层引起悬挂水的逸出	打砂井穿透矿泥夹层
3	坝坡或坝基冒砂	渗流失稳	先降库水位,铺反滤布,压上碎石或块石,设导流沟,必要时加排渗设施
4	坝坡隆起	边坡太陡	先降库水位,再放缓边坡或加固边坡
		矿泥集中,饱和强度太低	先降库水位,加排渗设施或加固边坡
5	坝坡向下游位移或沿坝轴向裂缝	基础强度不够	先降库水位,坝坡脚压重加固基础
		边坡剪切失稳	先降库水位,再降低浸润线或加固边坡
6	堆积坝塌陷	排水管破坏或漏矿	先降库水位,加固或新建排水管,再填平塌坑
		排渗设施破坏	先降库水位,抛少量小石块,再抛碎石、砂,或开挖处理
		岩溶溶洞塌陷	先降库水位,抛树枝、块石、碎石、砂,再以黏土分层夯实填平
7	洪水位过高	调洪库容小或泄水能力小	先降低控制水位,改造排洪设施,增大泄水能力或利用后期排洪设施截洪

4.8 评价结论

根据前面分析,说明尾矿坝稳定性是否满足要求,尾矿库防洪能力是否满足要求,尾矿库的安全监测设施是否满足要求,尾矿库下个评价周期间的坝体稳定性和防洪能力是否满足要求,主要安全对策,并且明确该尾矿库是否具备安全生产条件。

4.9 附图

尾矿库现状评价报告应附以下图纸,可根据实际情况进行调整。
(1)总平面布置图;
(2)尾矿坝(断面)图;
(3)防洪系统现状图;
(4)安全监测设施现状图。
现状评价所附的图纸应符合以下要求:
(1)现状图应与现场实际相符;
(2)现状图应有相关人员签字确认;
(3)现状图中的字体、线条和各种标记应清晰可读,签字齐全,有彩色内容的图纸宜采用彩图;

(4)附图应有编号,并能与检查表对应;
(5)附图可以单独成册。

4.10 附件

附件是安全现状评价报告的重要支撑。附件应有序排列编号,并能与检查表对应,要齐全、简洁(如:安全管理制度附目录、记录等抽取一次等);附件可以单独成册。

4.11 现状评价所需的资料

尾矿库安全现状评价需要建设单位提供资料目录如下:
(1)生产经营单位概况
①企业法人营业执照;
②安全生产许可证。
(2)项目技术文件
①项目《安全设施设计》;
②项目《安全设施设计》重大变更的评审意见和批复文件;
③《安全设施设计》的设计变更通知单;
④地质勘探报告、工程勘察报告、地质灾害危险性评估报告;
⑤其他的一些专题性研究报告。
(3)自然环境资料
①尾矿库地理位置及交通情况;
②当地水文及气象地震资料(尾矿库周围的河流、地表汇水、年平均降雨量、年平均蒸发量、年最大降雨量、日最大降雨量和最大月平均降雨量、雨季集中期、尾矿库所处区域的地震烈度)、当地最高气温和最低气温;
③尾矿库上下游居民、工农业经济、运输干线及地下坑道或建筑物调查资料。
(4)现状图纸
①总平面布置图;
②尾矿坝(断面)图;
③防排洪系统图;
④安全监测设施图。
(5)尾矿库现状
①累计排放尾矿量,服务年限、设计排放尾矿总量;
②子坝上各级子坝马道宽度、每级子坝坡比、堆积坝的整体坡比、子坝堆积高度、子坝坝顶最低标高;
③子坝堆积材料。尾矿颗粒组成、尾矿物理力学性质、中值粒径、不均匀系数、砂土相对密度、土的结构性等;
④整个坝体的构造情况(含坝体勘察图、坝体纵横剖面图);
⑤坝前放矿。放矿支管间距、同时放矿支管数等;
⑥渗水量、渗水水质、排渗设施;

⑦库区汇水面积、沉积干滩最小长度、沉积滩平均坡比、最小安全超高;

⑧当年防洪水位标高、调洪库容;

⑨排洪构筑物的设计结构尺寸及实际施工尺寸。井、隧道、溢洪道、涵管、管道、截洪沟、消力池等的结构尺寸。

(6)安全管理资料

①安全生产管理机构、专职安全生产人员聘任文件;

②安全生产责任制;

③安全生产管理规章制度;

④事故应急救援预案、应急预案的备案表、应急预案的演练记录、总结;

⑤事故事件处理记录;

⑥特殊工种培训、考核记录及其操作资格证书;

⑦安全检查记录、安全不符合项整改情况及其反馈、复查记录资料;

⑧为职工缴纳工伤保险的证明;

⑨安全教育、培训台账等资料;

⑩安全生产费用提取及使用表;

⑪个人安全防护用品发放记录;

⑫放矿计划;

⑬安全生产事故情况;

⑭其他安全管理和安全技术措施。

(7)安全现状评价所需的其他资料和数据。

第 5 章　尾矿库中期稳定性评价

坝体稳定性是尾矿库安全生产的重要方面,做好坝体的稳定性评价工作有非常重要的意义。中期稳定性评价是在查明尾矿堆积体的组成、密实程度及尾矿的沉积规律的基础上,对坝体进行稳定性分析。《尾矿库安全监督管理规定》第十九条规定:"上游式尾矿坝堆积至二分之一至三分之二最终设计坝高时,应当对坝体进行一次全面勘察,并进行稳定性专项评价。"《尾矿库设施设计规范》(GB 50863—2013)第 4.4.1 条规定:"三等及三等以下的尾矿库在尾矿坝堆至 1/2～2/3 最终设计总坝高时,一等及二等尾矿库在尾矿坝堆至 1/3～1/2 最终设计总坝高时,应对坝体进行全面的工程地质和水文地质勘察。"《尾矿库安全技术规程》(AQ 2006—2005)第 5.3.22 条规定:"上游式尾矿坝堆积至 1/2～2/3 最终设计坝高时,应对坝体进行一次全面的勘察,并进行稳定性专项评价,以验证现状及设计最终坝体的稳定性,确定后期处理措施。"

5.1　稳定性评价报告结构

尾矿库稳定性评价报告主要内容包括:前言、安全评价对象与依据、尾矿库概述、勘察情况概述、稳定性分析、场地地震效应、对策措施建议、评价结论等。尾矿库中期稳定性评价报告的结构示例见表 5.1。

表 5.1　尾矿库中期稳定性评价报告结构示例

一级标题	二级标题	三级标题
前言		
1 评价对象与依据	1.1 评价对象	
	1.2 评价依据	1.2.1 法律法规
		1.2.2 标准规范
		1.2.3 项目技术资料
		1.2.4 其他评价依据
2 尾矿库概述	2.1 单位概况	
	2.2 自然环境概况	
	2.3 尾矿库概况	2.3.1 库址
		2.3.2 库容、等别
		2.3.3 初期坝
		2.3.4 堆积坝

续表

一级标题	二级标题	三级标题
3 勘察情况概述	3.1 勘察的目的和要求	
	3.2 勘察方法	
	3.3 勘探工程地质条件	
	3.4 各土层的物理力学性质	
	3.5 各层尾矿堆积物的渗透性	
4 稳定性分析	4.1 尾矿坝渗流分析	
	4.2 尾矿坝稳定性评价	
5 场地地震效应	5.1 场地抗震设防烈度	
	5.2 地震动参数	
	5.3 地震液化和震陷	
6 对策措施建议		
7 评价结论		
8 附件		

5.2 中期稳定性评价报告前言

该部分主要简述尾矿库基本情况、评价委托方及评价要求等。

(1)尾矿库基本情况简述尾矿库地理交通位置、坝高、库容、初期坝形式与堆积坝筑坝方式等。

(2)评价委托方介绍委托单位名称、单位性质、所在位置、上级主管单位。

(3)评价要求介绍有关安全生产法律、法规、规章、规范性文件和标准对尾矿库中期稳定性评价及报告编制的相关要求。

前言不要太多,最好不要超过1页纸,要简练精要地说明。

5.3 评价对象与依据

5.3.1 评价对象

评价对象是尾矿库的坝体(包括初期坝和堆积坝以及副坝等)。

5.3.2 评价依据

5.3.2.1 法律法规

该部分按照现行国家有关安全生产法律、行政法规、部门规章、地方性法规、地方政府规章和有关规范性文件的顺序列出中期稳定性评价法律法规依据。

法律法规按发布时间顺序列出(一般发布时间最新的放在最前面),列出的法律法规应为最新版本,并标注其文号及实施日期。引用的法律法规应具有针对性和完整性,报告中引用到的应全部列出,没有引用到的不应列出;法律法规引用要书写完整、规范,不得使用简略方式,应完整标注法律法规名称、发布机构、发布时间、编号;要根据评价项目的需要优先选择最适用的法律法规。

5.3.2.2 标准规范

标准规范按照发布时间的先后顺序列出(一般发布时间最新的放在最前面)。列出的标准规范应为最新版本,并为现行有效。所列标准规范应与评价对象的安全生产相关,在报告中没有引用到的标准规范不列入。标准规范引用要书写完整、规范、统一,应标注标准规范编号;在进行评价时,当只有地方标准时应执行地方标准,当有国家标准、行业标准、地方标准时,执行标准应从严。

尾矿库中期稳定性评价法律法规、标准规范一般包括以下内容:
(1)《尾矿堆积坝岩土工程技术规范》(GB 50547—2010)
(2)《岩土工程勘察规范》(GB 50021—2001)
(3)《岩土工程勘察技术规范》(GB 50749—2012)
(4)《尾矿设施设计规范》(GB 50863—2013)
(5)《尾矿库安全技术规程》(AQ 2006—2005)
(6)《碾压式土石坝设计规范》(SL 274—2001)
(7)《建筑抗震设计规范》(GB 50011—2010)
(8)《构筑物抗震设计规范》(GB 50191—2012)
(9)《水工建筑物抗震设计规范》(DL 5073—2000)
(10)《上游法尾矿堆积坝工程地质勘察规程》(YBJ11—86)
(11)《建筑工程地质勘探与取样技术规程》(JGJ/T 87—2012)
(12)《土工试验方法标准》(GB/T 50123—1999)
(13)《岩土工程勘察报告编制标准》(CECS99:98)

5.3.2.3 技术资料

列出中期评价对象稳定性分析所依据的有关技术资料,技术资料应列出名称、编制单位和日期等相关内容,要真实可靠、完整;技术资料上应有相关人员签字,否则不能作为有效的评价依据。

技术资料主要包括以下方面:
(1)《尾矿库现状勘察报告》;
(2)相关力学实验报告;
(3)固结试验报告。

5.3.2.4 其他评估依据

其他评估依据是指稳定性分析委托书(任务书、合同书),不能列入法律法规、标准规范和技术资料的其他材料。

尾矿库稳定性评价所依据的其他有关资料要真实可靠、完整,应有相关单位公章。

5.4 尾矿库概述

5.4.1 单位概况

简要介绍尾矿库所属单位历史沿革、经济类型、隶属关系等基本情况。简要介绍安全生产许可证取得等情况。

简要介绍建设项目行政区划、地理位置及交通等。

5.4.2 自然环境概况

简要介绍区域地形地貌、气温、冻土深度、地震烈度等。

5.4.3 尾矿库概况

简要介绍尾矿库的主要内容,包括:尾矿库库址、库容、等别及建设标准、初期坝、堆积坝等。

5.4.3.1 尾矿库库址

简要介绍尾矿库位置、地形地貌等。

尾矿库位置主要介绍尾矿库所在的地方以及库区的地理坐标。

地形侧重于根据地面的形态来分类,主要介绍库区地形的总特征(分别是高原、山地、丘陵、盆地、平原);地貌侧重于从成因上来划分,主要介绍地表大致的状况。

5.4.3.2 库容、等别及建设标准

简要介绍尾矿库总库容、尾矿坝总坝高、初期坝坝高、堆积坝坝高、尾矿库等别、主要构筑物级别、最小安全超高、最小干滩长度、防洪标准、尾矿坝抗滑稳定安全系数、最小浸润线埋深等设计参数。

简要介绍尾矿库现库容、尾矿坝现坝高、初期坝现坝高、堆积坝现坝高等现状参数。

5.4.3.3 初期坝

分别简要介绍初期坝、拦洪坝、隔离坝、副坝的实际位置、类型、坝体结构参数、筑坝材料等。

5.4.3.4 堆积坝

简要介绍尾矿堆积坝的筑坝方法、子坝结构参数等。

简要介绍尾矿库排渗设施和防渗措施。

5.5 勘探情况概述

5.5.1 勘察的目的和要求

尾矿库中期稳定性评价中,勘察的目的是为了已建尾矿坝的稳定性分析提供基础地质资料依据。同时,可为同类型新建尾矿库提供可借鉴的工程地质资料。具体的勘察要求包括:

(1)查明尾矿堆积体的组成、密实程度及其沉积条件;

(2)查明尾矿堆积体的力学性质,包括动力性质及高应力状况下的强度与变形性质;

(3)查明勘察期间浸润线的位置,当渗漏较严重或因渗漏而污染自然环境时,尚应查明渗漏途径。

(4)研究尾矿坝基的稳定性,查明各种不稳定因素,提出相应的工程措施方案。

尾矿堆积坝工程地质勘察应依据委托单位提供的勘察任务书进行。针对尾矿堆积坝岩土工程勘察任务书的内容应符合《尾矿堆积坝岩土工程技术规范》(GB 50547—2010)附录 A 的要求,如表 5.2。

表 5.2 尾矿堆积坝岩土工程勘察任务书

建设单位				工程名称			
已建初期坝	坝型		坝体结构			坝体材料	
	高度: m	坝宽: m		底宽: m		坝基埋深:	m
	坝顶高程: m	坝基底面高程: m			坝坡比:上游 下游		
设计堆积坝	设计最终坝高: m		设计全库容: m³			堆坝材料:	
	堆坝方法:上游式/下游式/中线式			每级子坝高度: m		马道宽度: m	
	中线式						
	子坝坡比:			堆积速率:			m/a
已建堆积坝	已有堆积高度: m		子坝级数:	每级子坝高度: m		马道宽度: m	
	子坝坡比:			堆积速率:			m/a
排水构筑物	初期坝排渗设施: 尾矿库排水构筑物:						
随任务书提供资料	1						
	2						
勘察要求	①查明堆积坝及其上游一定范围内已有堆积物的成分、颗粒组成、密实度、沉积规律; ②查明堆积物的岩土工程特性; ③查明坝体浸润线及变化规律; ④对堆积坝的运行、管理、监测提出建议,对堆积坝存在的病患提出防治建议。						
委托勘察日期: 年 月 日				要求提交成果日期: 年 月 日			
				要求提交成果份数: 份			

委托单位(盖章): 设计单位(盖章):
委托人: 任务被委托人:
电话: 电话:

5.5.2 勘察方法

尾矿坝中期稳定性报告应说明岩土工程勘察的方法、完成的工作量及结论。堆积坝勘察手段应以工程地质调查和测绘、钻探、原位测试和室内试验为主,必要时应采用适宜的物探、井探和槽探等方法。具体勘察工作布置如下:

(1)工程地质测绘

简要介绍测绘的方法和测绘的比例等情况,以及最后形成的测绘图。

工程地质测绘是通过工程地质理论对尾矿库建设的各种地质现象所做的观察描述查清尾矿库及其周边的工程地质条件。根据勘察的结果将各种地质条件要素进行不同颜色和符号的标注,然后按照精度要求结合工程勘测资料绘制形成测绘图。具体的工作包括测绘准备、测绘方法的确定、测绘比例的确定、地质观测点的布置。各项工作具体内容如下:

①测绘准备

工程地质测绘前全面搜集、整理和分析堆积坝的相关基础资料。搜集资料包括以下内容：

(a)尾矿的原矿类别,选矿方法与工艺,尾矿的矿物成分和化学成分,尾矿的颗粒组成等;

(b)初期坝的结构形式,反滤和排渗设施的设置及其运行情况;

(c)尾矿库的设计参数及使用后尾矿排放堆积方式、逐年堆积高度和运行情况,沉积滩的分布及其变化情况;

(d)堆积坝及其附近其他构筑物分布情况;

(e)堆积坝所在地区的区域地质、水文地质和地震地质资料,水文气象资料,前期勘察资料;

(f)堆积坝的变形、浸润线、排渗及溢流等方面的监测设施设置情况及观测数据,堆积坝渗漏情况及邻近区域的环境质量;

(g)类似堆积坝的工程经验资料。

②测绘方法

工程地质测绘有相片成图法和实地测绘法。相片成图法是利用地面摄影或航空(卫星)摄影的相片,根据判释标志,把判明的地质现象调绘在单张相片上,并在相片上选择需要调查的地点和线路,然后据此做实地调查,进行核对、修正、补充。当该地区没有航测等相片时,工程地质测绘主要依靠野外工作的实地测绘法,常用的实地测绘法有路线法、布点法和追索法。

③测绘比例

尾矿库工程地质测绘和调查的范围包括堆积坝及其有关的外围。测绘的比例尺和精度需满足下列规定：

(a)坝区及复杂地段工程地质测绘比例尺宜采用1∶500～1∶2000,有关的外围地段的比例尺宜为1∶2000～1∶5000;

(b)对堆积坝有重大影响的变形、裂缝、渗漏、流土、管涌等现象及滑坡、断层、软弱夹层、洞穴等地质单元体,可扩大比例尺表示;

(c)地质界线和地质观测点测绘精度在相应比例尺图上的误差不应超过3 mm。

④地质观测点的布置

(a)对堆积坝有重大影响的地质单元体的点和边界设为地质观测点,观测点以网状布置;

(b)观测点的密度应根据场地工程地质条件复杂程度确定,在图上的间距一般设置为20～50 mm;

(c)采用测量仪器定位观测点。

(2)勘探

简要介绍勘探方法、勘探设备、勘探线的布置、勘探孔的布置以及每个钻孔的情况。

勘探手段应以钻探、标准贯入试验和静力触探试验为主,每个勘探点均应布置钻孔,钻探工作应符合《尾矿堆积坝岩土工程技术规范》(GB 50547—2010)附录B的要求。当工程需要时,可布置适量的探井和探槽。当需要查明隐伏断层的位置、破碎带的宽度、岩溶发育情况及水文地质条件等时,可以采用工程物探的方法。

①勘探线的布置

勘探线应在工程地质调查和测绘的基础上,布置在对坝体稳定性评价有代表性的地段,勘探线方向宜垂直坝轴线。主坝的勘探线数量不应少于3条,且每个堆积坝应在预估稳定性较差的地段布置不少于1条的主要勘探线,其下游端宜达到初期坝趾下游约30 m,其上游端宜达到自坝顶起相当于拟评价坝高2～3倍的距离。其他勘探线的长度可按实际条件控制。尾矿库堆积坝勘察在主坝的勘探线数量不应少于3条。

拦截谷口建库的堆积坝的勘探线、勘探点间距宜符合表5.3的规定。

围地筑坝建库的堆积坝勘探线应布置在需评价的各坝段,主坝勘探线数量不应少于3条,其他坝段不得少于2条。勘探点间距宜符合表5.3的规定。

表5.3 勘探线、勘探点间距

尾矿坝级别	勘探线间距(m)		勘探点间距(m)	每条勘探线上勘探点数量
	坝体以粉性、黏性尾矿为主	坝体以砂型尾矿为主		
一～三	≤200	≤250	30～60	不宜少于6个
四、五	≤100	≤150	20～50	不宜少于5个

注:①勘探点间距在主要勘探线上宜取小值,一般勘探线上的坝体地段宜取小值;
②当存在软弱夹层,特别是可能产生滑动的夹层时,应增加勘探点;
③当需查明初期坝的工程地质和水文地质条件时,在初期坝地段应符合初期坝勘察的要求;
④当有适用的前期堆积坝勘察资料时,勘探点数量可适当减少。

②勘探孔的布置

控制性勘探孔不应少于勘探孔总数的1/2,且每条勘探线上不应少于3个。所有勘探孔深度设置在原天然地面以下1～2 m,其中控制性勘探孔深度满足表5.4的规定。

表5.4 控制性勘探孔深度(进入原天然地面以下)

尾矿坝级别	下游坝坡(m)	沉积滩(m)
一～三	15～20	5～8
四、五	10～15	3～5

注:①若表中所列勘探孔深度以下存在软弱地层时,勘探孔深度应穿过软弱地层;
②在勘探深度内遇见稳定基岩时,孔深可减小;
③场地内存在岩溶等不良地质作用时,勘探点深度应另行确定;
④当坝体和堆场内设有加筋或防渗层时,勘探孔深度可根据情况进行调整。

所有勘探点均应测定地下水位,地下水位的量测应符合下列规定:
①遇地下水时应量测水位;
②稳定水位应在初见水位后经一定的稳定时间再量测。

(3)钻探

尾矿堆积坝工程地质钻探应对钻进的尾矿和地层的岩芯进行鉴别和描述,确定各尾矿和地层埋藏深度与厚度,采取符合质量要求的试样或进行原位测试,查明钻进深度范围内地下水的赋存情况。钻探分为以下两个步骤:

①施工准备

钻探负责人搜集工作区有关地层岩性资料,通过现场勘探,了解现场施工条件。根据钻探技术要求、场地地层岩性分布情况和现场施工条件等编制钻探施工方案。钻探开工之前,所有钻探人员了解钻探技术方案,并且按设计要求核实钻孔点位上标志桩的桩号和位置。点位平面允许偏差±0.25 m,高程允许偏差±5 cm。

②钻探流程

钻探时,在浅部尾矿层中可采用套管护壁。在地下水位以下饱和尾矿和土层中可采取泥浆护壁。在碎石土和破碎岩体中可根据需要采用优质泥浆、水泥浆或化学浆护壁。冲洗液漏失严重时,需采取充填、封闭等堵漏措施。提拔钻具或取土器的初始速度应稍慢,保持向孔底通气通水,并及时向孔内补充泥浆,以确保泥浆护壁效果。

钻探的回次进尺应根据选用的钻探方法和钻进地层及所用钻具综合确定,一般来说在尾矿和土层中回次进尺不宜超过1 m,在岩体中回次进尺不得超过1.5 m,在重点研究部位回次进尺不宜超过0.5 m。重点研究的坝体沉陷与变形部位、滑动面、渗漏带和破碎带应连续取芯。

(4)取土试样

简要介绍土试样的情况,包括取样工具或方法的选用和试样量等。

①质量等级划分标准

土试样质量应根据试验目的按表5.5分级。

表5.5 土试样质量等级

级别	扰动程度	试验内容
Ⅰ	未扰动	土类定名、含水量、密度、强度试验、固结试验
Ⅱ	轻微扰动	土类定名、含水量、密度
Ⅲ	显著扰动	土类定名、含水量
Ⅳ	完全扰动	土类定名

②取样工具和方法

试样采取的工具和方法按表5.6选择。

表5.6 不同等级土试样的取样工具和方法

土试样质量等级	取样工具和方法		适用土类									
			黏性土					粉土	砂土				砾砂碎石土、软岩
			流塑	软塑	可塑	硬塑	坚硬		粉砂	细砂	中砂	粗砂	
Ⅰ	薄壁取土器	固定活塞	++	++	+	−	−	+	+	−	−	−	−
		水压固定活塞	++	++	+	−	−	+	+	−	−	−	−
		自由活塞	−	+	++	+	−	+	+	−	−	−	−
		敞口	+	+	+	−	−	+	+	−	−	−	−
	回转取土器	单动三重管	−	+	++	++	+	++	++	++	−	−	−
		双动三重管	−	−	−	+	++	−	−	+	++	++	++
	探井(槽)中刻取块状土样		++	++	++	++	++	++	++	++	++	++	++

续表

土试样质量等级	取样工具和方法		适用土类										
			黏性土					粉土	砂土				砾砂碎石土、软岩
			流塑	软塑	可塑	硬塑	坚硬		粉砂	细砂	中砂	粗砂	
Ⅱ	薄壁取土器	水压固定活塞	++	++	+	-	-	+	+	-	-	-	-
		自由活塞	+	++	++	-	-	+	+	-	-	-	-
		敞口	++	++	++	-	-	+	+	-	-	-	-
	回转取土器	单动三重管	-	+	++	++	+	++	++	++	-	-	-
		双动三重管	-	-	-	+	++	-	-	-	++	++	++
	厚壁敞口取土器		+	++	++	++	+	+	+	+	+	+	-
Ⅲ	厚壁敞口取土器		++	++	++	++	++	++	++	++	++	++	-
	标准贯入器		++	++	++	++	++	++	++	++	++	++	+
	螺纹钻头		++	++	++	++	+	+	-	-	-	-	-
	岩芯钻管		++	++	++	++	++	+	+	+	+	+	+
Ⅳ	标准贯入器		++	++	++	++	++	++	++	++	++	++	+
	螺纹钻头		++	++	++	++	+	-	-	-	-	-	-
	岩芯钻管		++	++	++	++	++	++	++	++	++	++	++

注：①++为适用；+为部分适用；-为不适用；
②采取砂土试样应有防止试样失落的补充措施；
③有经验时，可用束节式取土器代替薄壁取土器。

③取样过程

在钻孔中采取Ⅰ、Ⅱ级尾矿和土试样时，可采用原状取砂器。在钻孔中采取Ⅰ、Ⅱ级尾矿和土试样时，需采用套管护壁，取样位置应低于套管底3倍孔径的距离。仔细清孔后缓慢匀速向下放置取土器，避免冲击孔底。取土器提出地面后，应用专业工具取出试样并立即密封和妥善存放。最后将试样贴上标签。标签上填写工程名称、勘探点及试样编号、取样深度、试样等级、试样目测定名、取样日期和取样人等内容。

④取样要求

(a)所有钻孔和探井均应取样。对以粉性和黏性为主的尾矿应采用薄壁取土器或回转取土器采取不扰动试样，对砂性为主的尾矿土应采用取砂器采取不扰动试样；取样的垂直间距为1～3 m；

(b)每一主要尾矿层和土层的不扰动试样数量应满足试验项目和统计分析的需要；

(c)对软弱夹层，特别是可能产生滑动的夹层，应采取试样；

(d)当尾矿层和岩土层不均匀时，应增加取样数量；

(e)所有标准贯入试验点均应采取扰动试样；

(f)堆积坝场地应采取水、土试样，并进行水、土对建筑材料腐蚀性的试验，水、土试样数量分别不宜少于3份。

(5)原位测试与试验

简要介绍原位测试与试验的仪器、方法、结果等。原位试验的方法包括静力触探试验、标准贯入试验、圆锥动力触探试验、十字板剪切试验、现场直接剪切试验等。各试验应满足以下要求：

①静力触探试验

静力触探试验一般在钻探和十字板剪切试验之前进行，适用于砂性、粉性、黏性尾矿。在主要勘探线上，应有不少于 1/2 勘探点进行静力触探试验。

现场试验前应先使场地平整，使主机尽可能水平，下地锚来固定主机。整个过程应符合下列要求：

(a)孔位应满足设计要求，同时应避开地下开管线和电缆等；

(b)根据勘探孔设计深度和上部土的性质来确定所需地锚个数和布置形式；

(c)如遇到地面不平整时，首先需要平整场地，使地面水平；

(d)地锚应确保与静力触探机紧密牢固连接在一起，以防贯入力大时触探机错位移动；

(e)液压缸底座必须保持水平，否则垂直贯入度将会不满足要求。

②标准贯入试验

标准贯入试验适用于砂性、粉性和黏性尾矿。标准贯入试验孔数量不应少于钻孔数量的 1/2，钻孔中各类土层均应进行标准贯入试验。

标准贯入试验过程应满足以下要求：

(a)钻进过程中尽可能地使用回转泥浆式钻进方法来最大化地保持孔壁稳定，孔径一般为 75～150 mm；

(b)钻至试验标高以上 15 cm 处，停止钻进，清除孔底残土再进行试验；

(c)标准贯入试验点的垂直间距宜为 1～1.5 m；

(d)贯入器、钻杆、锤垫、导向杆各部件的连接必须牢固，并保持连接后的垂直度；

(e)贯入器平稳放至孔底；

(f)保证探头、探杆以及导向杆的垂直度，防止锤击偏移和晃动。

③圆锥动力触探试验

圆锥动力触探试验适用于初期坝筑坝的碎石土、坝基和库底碎石土、极软岩的测试。每条勘探线的试验孔不宜少于 2 个。

圆锥动力触探试验过程应满足以下要求：

(a)冲击方式应采用自动脱钩落锤装置；

(b)触探杆最大偏斜度不应超过 2%，试验过程中应防止锤击偏心、探杆倾斜和侧向晃动；

(c)锤击贯入连续进行，锤击速率为每分钟 15～30 击；

(d)及时记录试验段深度和锤击数。轻型动力触探记录每贯入 30 cm 的锤击数，重型及超重型动力触探记录每贯入 10 cm 的锤击数；

(e)当重型动力触探连续三次锤击数大于 50 击时，可停止试验或改用超重型动力触探试验。

④十字板剪切试验

十字板剪切试验适用于对尾矿堆积层中厚度大于 0.5 m 的饱和软、流塑状态黏性尾矿或地基中软土的测试，测定其不排水抗剪强度及灵敏度。

十字板剪切试验过程应符合以下要求：

(a)对均质土竖向间距宜为 1~1.5 m;对非均质或夹薄层粉性、砂性尾矿,宜先做静力触探,结合土层变化,选择软黏土进行试验;

(b)同一层位测定总数不少于 3 个;

(c)当试验点的深度超过 10 m 时,应注意安装好导正系统及测试设备,拧紧接箍,消除人为与机械误差。

⑤现场直接剪切试验

现场直接剪切试验适用于尾矿层、尾矿软弱夹层的接触面、库岸基底地层的软弱结构面的剪切试验。

现场直接剪切试验过程应符合以下要求:

(a)现场直接剪切试验可在堆积坝下游坡面或干面滩上选择适宜的地点进行;

(b)试验的剪切方向应与岩土体可能发生的滑动方向一致;

(c)同类尾矿的试验数量不应少于 3 处,试体的高度不宜小于 20 cm,剪切面积不宜小于 0.25 m^2;

(d)最大正应力应大于该滑动面上最大法向压力。

⑥波速试验

波速测试适用于测定各类岩土体的压缩波、剪切波或瑞利波的波速,根据任务要求,采用单孔法、跨孔法或面波法。

单孔法波速测试在试验过程中应符合以下要求:

(a)在地震动峰值加速度等于或大于 0.10 g(g=9.81 m/s^2)的地区,应进行单孔波速测试;

(b)测试孔应垂直;

(c)将三分量检波器固定在孔内预定深度处,并紧贴孔壁;

(d)可采用地面激振或孔内激振;

(e)应结合土层布置测点,测点的垂直间距宜取 1~3 m。层位变化处加密,并宜自下而上逐点测试。

跨孔法波速测试在试验过程中应符合下列规定:

(a)振源孔和测试孔,应布置在一条直线上;

(b)测试孔的孔距在土层中宜取 2~5 m,在岩层中宜取 8~15 m,测点垂直间距宜取 1~2 m;近地表测点宜布置在 0.4 倍孔距的深度处,震源和检波器应置于同一地层的相同标高处;

(c)当测试深度大于 15 m 时,应进行激振孔和测试孔倾斜度和倾斜方位的量测,测点间距宜取 1 m。

面波法波速测试可采用瞬态法或稳态法,宜采用低频检波器,道间距可根据场地条件通过试验确定。

⑦抽水试验

抽水试验适用于砂性和粉性为主的尾矿。采用抽水试验可获得尾矿的综合渗透系数、涌水量、影响半径及下降漏斗的形态等水文地质参数。抽水试验基本原理是通过钻孔对含水层产生一个人工激发,获得实际出水量和水位下降与涌水量的变化关系,以求得含水层的渗透系数。

抽水试验过程应符合下列规定：

(a)抽水试验可根据场地条件，选择稳定流或非稳定流的试验方法，稳定流试验宜做三次降深；非稳定流试验，其出水量应保持常量；

(b)当水位较深、水量不大时，可选择用抽筒提水进行简易抽水试验；

(c)观测孔宜垂直和平行地下水流向各布一条观测线，每条观测线宜布置1~3个孔，观测孔与抽水孔的距离应根据含水层的厚度、透水性能等确定；

(d)试验期间，应对坝体上的钻孔水位及库内水位、库坡渗水点进行静水位、动水位、恢复水位的测量。

⑧注水试验

注水试验可在探井或钻孔中进行。试坑注水试验适用于测定尾矿层的垂直渗透系数，钻孔注水试验适用于测定尾矿土层的垂直渗透系数和水平渗透系数。注水试验的基本原理是通过钻孔向试段注水，保持固定水头高度量测岩土层的注入水量或量测水头高度与试验随时间的变化率，以确定岩土层的渗透系数。

注水试验过程应符合下列规定：

(a)当尾矿层位于地下水位以上，且地下水埋深大于5 m时，可采用试坑注水法；对砂性尾矿宜采用单环注水法；对黏性、粉性尾矿宜采用双环自流注水法；

(b)对地下水位以上或以下的渗透性较弱的粉性、黏性或砂性尾矿土宜采用钻孔降水头注水法，对地下水位以下渗透性较强的砂性尾矿、初期坝堆积层宜采用钻孔常水头注水法。

(6)室内试验

简要介绍室内物理力学性质试验和室内动力试验等方面的情况，并简要介绍实验结果。

①室内物理力学性质试验

室内试验应满足如下内容和要求：

当进行堆积坝抗滑稳定性分析时，应根据计算方法和土的类别进行三轴压缩试验；当需要进行坝的沉降变形计算时，应对坝体和坝基土层进行固结试验；各类尾矿应进行垂直和水平方向的渗透试验。

三轴压缩试验过程应符合下列要求：

(a)当按总应力法时，应采用固结不排水剪(CU)；当按有效应力法时，应采用固结不排水剪测孔压($\overline{CU}$)，对砂性尾矿应采用固结排水剪(CD)；

(b)试验应采用不少于3种小主应力σ^3，其中最大的小主应力应与拟分析的坝高的自重应力相当。

固结试验过程应符合下列要求：

(a)当采用压缩模量进行沉降计算时，应进行压缩试验，最大压力应与最终坝高相适应；

(b)当考虑土的应力历史进行沉降计算时，应进行先期固结压力试验，最大压力应满足e-$\lg p$曲线下段出现较长的直线段；

(c)当需要进行沉降历时分析时，应进行固结系数试验。

渗透试验过程应符合下列要求：

尾矿的垂直、水平渗透试验，应分别沿垂直、平行尾矿自然沉积层理的方向进行，测定尾矿的垂直渗透系数和水平渗透系数。

②室内动力试验

当场地处于地震动峰值加速度等于或大于 0.10 g 地区时,应对尾矿和坝基土进行动力性质试验。测定小应变范围内的动力特性参数宜采用共振柱试验,测定较大应变范围内的动力特性参数宜采用动三轴试验。

室内动力试验过程应符合下列要求:

(a) 动强度试验的固结比宜采用 1.0、1.5、2.0;最小主应力可采用 100 kPa、200 kPa、300 kPa,振动破坏周次可采用 10 周、20 周、30 周;

(b) 测定液化应力比时,采用的最小主应力宜与可能液化层位深度的应力相适应;

(c) 测定动弹性模量和阻尼比时,采用的最小主应力宜与坝高相适应;

(d) 共振柱试验的围压应根据工程实际确定,宜采用 50 kPa、100 kPa、200 kPa、400 kPa。

5.5.3 勘探工程地质条件

(1) 尾矿库各部分堆积物的组成及分布规律

受放矿方式的影响,尾矿沉积的规律有所不同。该部分主要根据勘探结果,介绍尾矿库各部分堆积物的组成及其分布规律。

(2) 初期坝、堆积坝、库区及其坝前场地的地层结构

根据勘探结果及相关测试报告,简要介绍初期坝、堆积坝、库区及其坝前场地的地层结构及每层结构的主要组成和工程特性。

5.5.4 各土层的物理力学性质

以原位测试和室内各种土工试验结果作为评价尾矿堆积材料物理力学性质的主要依据,并结合钻探和其他测试方法进行综合评价分析得到各个土层的物理力学性质参数,主要包括:天然含水量、质量密度、比重、饱和度、孔隙比、塑性指数、压缩系数、压缩模量、前期固结压力、直剪快剪黏聚力、直剪快剪内摩擦角、三轴剪切黏聚力、三轴剪切内摩擦角、相对密度、标贯击数等。

5.5.5 各层尾矿堆积物的渗透性

根据渗水试验结果,简要介绍各层尾矿堆积材料的水平向渗透系数和竖向渗透系数等相关参数。

渗水试验可以分为室内渗透试验和现场试验两大类。

(1) 室内渗透试验测定渗透系数

室内测定土的渗透系数的仪器和方法较多,但从试验原理上大体可以分为常水头法和变水头法两种。常水头法是在整个试验过程中,水头保持不变。变水头法是在整个试验过程中,水头随着时间而变化的。黏性土由于渗透系数很小,流经试样的水量很少,难以直接准确量测,多采用变水头法。

(2) 现场测定渗透系数

在现场进行渗透系数测定时,常用现场井孔抽水试验或井孔注水试验的方法。对于均质的粗粒土层,用现场抽水试验测出的渗透系数往往比室内试验更为可靠。现场渗透系数测定还可以通过其他原位测试方法如孔压静力触探试验等。

5.6 稳定性分析

5.6.1 尾矿坝渗流分析

尾矿库工程的最突出特点是,地下水渗流状态成为控制坝坡稳定性和污染物迁移的决定

因素。因此尾矿库地下水渗流状态的可靠性分析与评价是尾矿库工程研究的关键。

渗流分析的主要目的有两方面：一是为了估计孔隙压力，为稳定性分析提供输入数据，一般假设尾矿坝内渗流是在重力流动、稳态条件下发生的；二是为了确定尾矿库渗漏损失，以预测污染潜势，需要进行非稳态、瞬态或非饱和渗流评价，非饱和渗流是在毛细作用而不是在重力梯度下发生的。

尾矿坝渗流分析首先计算分析得到各计算剖面不同工况的坝体浸润线，然后采用渗流分析说明排渗设施是否满足尾矿坝坝体控制渗流稳定的要求，主要分析两个方面：一是尾矿库的浸润线是否能达到尾矿库浸润线控制线的要求；二是结合尾矿库的现状浸润线、设计的控制浸润线以及渗流情况，分析渗流对尾矿坝坝体稳定的影响。具体的分析方法请见本书第6章。

5.6.2 尾矿坝稳定性分析

(1) 静力稳定性分析

尾矿坝静力稳定分析请参考本书第2章和第6章。

(2) 总应力分析与有效应力分析的对比

在安全系数计算方法实际应用中，还必须进一步对总应力分析和有效应力分析方法进行选择。总应力分析是基于这样的假定，即水位降低后破坏面上的有效法向应力与水位降低前的有效法向应力相同，从而不考虑孔隙压力变化(由于荷载降低)对强度的影响。总应力分析比较简单。总应力分析使用不排水试验测定的抗剪强度参数，因为试验条件必须符合现场固结条件(各向异性或各向同性)，不排水强度远比排水强度对试样扰动敏感，故必须非常仔细地测定和选择抗剪强度参数。

有效应力分析更为合理，因为实际上是有效应力控制强度。有效应力分析使用排水试验(或有孔隙应力测定的不排水试验)的有效抗剪强度参数。有效应力分析是基于估计的孔隙应力，因此必须了解现场孔隙压力，而在施工之前估计现场孔隙压力参数，其精度难以保证。有效应力分析的一个优点是：在能够从现场安装的水压计中实测孔隙压力时，可用以检验分析结果。这两种分析方法应用于特定场合各有其优点，重要的是明确地识别出使用条件。表5.7列出总应力分析与有效应力分析的简要对比。

表5.7 总应力分析与有效应力分析对比

应用条件	应用对比
低渗透性饱和黏结土(相对于孔隙压力平衡所需时间短的场合)施工期条件	①采用不固结不排水试验的强度参数进行总应力分析一般可以得到满意结果；②有效应力分析在理论上更合理，但需要在施工前估计孔隙压力，然而可以在施工过程中测定实际孔隙压力，并可据此进行重新分析，以检验前面的分析结果
低渗透性部分饱和土(坝体施工期相对于固结所需时间短)施工期条件	①采用不固结不排水试验的强度参数进行总压力分析通常是令人满意的(使用参数C_u、φ_u)；②有效应力分析建立在估计的孔隙压力基础上，基于模拟现场荷载条件的实验室试验所测定的孔隙压力参数，在施工过程中监测孔隙压力的场合，可以检验分析结果
①土坡稳定渗流条件 ②天然或开挖边坡的长期条件	①应采用相当于最终库容的孔隙压力进行有效应力分析，适合的流网更便于孔隙压力确定；②应采用相当于平衡的地下水条件的孔隙压力进行有效应力分析，适用于流网确定孔隙压力

续表

应用条件	应用对比
地震荷载条件下 ①低渗透性材料 ②高渗透性材料	①对于地震过程中允许孔隙压力几乎无消散的边坡,采用各向异性固结、循环荷载不排水试验测定的强度参数进行总应力分析,在这种情况下,难以为有效应力分析估计孔隙压力; ②有效应力分析适于自由排水材料,采用各向异性固结,循环荷载试验测定的强度参数; ③对于这样的问题,除进行拟静力分析外,应采用地震响应(动力)分析

5.7 场地地震效应

5.7.1 场地抗震设防烈度

地震基本烈度的评定是通过历史地震的调查分析和近代地震的地震仪记录,用数理统计方法推断未来一定时期内可能发生地震的烈度;同时还要用地震地质方法查明发生地震构造背景及其活动性,确定危险点,并分析地震的活跃期与平静期及地震的迁移规律等,进而判断今后100年内部能发生的最大地震烈度。

首先根据尾矿库直接影响的城市和企业的范围及地震破坏的直接和间接经济损失划分其抗震设防类别。

①特殊设防类:指使用上有特殊设施,涉及国家公共安全的重大建筑工程和地震时可能发生严重次生灾害等特别重大灾害后果,需要进行特殊设防的建筑,简称甲类;

②重点设防类:指地震时使用功能不能中断或需尽快恢复的生命线相关建筑,以及地震时可能导致大量人员伤亡等重大灾害后果,需要提高设防标准的建筑,简称乙类;

③标准设防类:指大量的除甲类、乙类和丁类以外按标准要求进行设防的建筑,简称丙类;

④适度设防类:指使用上人员稀少且震损不致产生次生灾害,允许在一定条件下适度降低要求的建筑,简称丁类。

目前尾矿库抗震计算中无专门的规范要求,仍采用水工建筑物中的设计标准。我国《水工建筑物抗震设计规范》(SL 203—1997)规定:水工建筑物工程场地地震烈度应根据工程规模和区域地震地质条件确定,一般情况下采用基本烈度作为设计烈度。根据《中国地震烈度区划图》确定尾矿坝所在地区的基本烈度作为设计烈度。

工程抗震设防类别为甲类的尾矿坝,可根据其遭受强震影响的危害性,在基本烈度基础上提高1度作为分析烈度。

5.7.2 地震动参数

简要介绍地震动参数,主要包括地震动峰值加速度、地震基本烈度和地震反应谱特征周期。

(1)地震动峰值加速度

由于对同一场地,采用历史地震方法、概率方法和确定性方法进行地震风险评价将得到可能加速度的不同估算值。实际上,也不可能给出唯一的设计地震。因此,在为地震稳定性分析选取适当输入数据时,应当在给出各种方法产生的加速度的同时,给出相应的出现概率或超越概率。

基本烈度为6度及6度以上地区的坝高超过200 m或库容大于100亿m³的大型工程,以及基本烈度为7度及7度以上地区坝高超过150 m的大型工程,应根据专门的地震危险性分析提供的基岩峰值加速度超越概率成果取值:对壅水建筑物应取基准期100年内超越概率P_{100}为0.02,对非壅水建筑物应取基准期50年内超越概率P_{50}为0.05。

除由专门的地震危险性分析确定水平向设计地震加速度代表值外,其余应根据设计烈度按表5.8的规定取值。

表5.8 水平向设计地震加速度代表值 a_h

设计烈度	7	8	9
a_h	0.1 g	0.2 g	0.4 g

注:$g=9.81$ m/s²

竖向设计地震加速度的代表值 a_v 应取水平向设计地震加速度代表值的2/3。

(2)地震反应谱特征周期

各类水工建筑物的设计反应谱最大值的代表值 β_{max} 应按表5.9的规定取值。

表5.9 设计反应谱最大值的代表值 β_{max}

建筑物类型	重力坝	拱坝	水闸、进水塔及其他混凝土建筑物
β_{max}	2.00	2.50	2.25

设计反应谱下限值的代表值 β_{min} 应不小于设计反应谱最大值的代表值的20%。

不同类别场地的特征周期 T_g 应按表5.10的规定取值。

表5.10 特征周期 T_g

场地类别	I	II	III	IV
T_g	0.20	0.30	0.40	0.65

设计烈度不大于8度且基本自振周期大于1.0 s的结构,特征周期宜延长0.05 s。

根据场地土类型和覆盖层的厚度,按表5.11划分场地类别。

表5.11 建筑场地类别划分

场地土类型	场地覆盖层厚度 d_{ov}(m)				
	0	$0<d_{ov}\leqslant 3$	$3<d_{ov}\leqslant 9$	$9<d_{ov}\leqslant 80$	$d_{ov}>80$
坚硬场地土	I				
中硬场地土		I		II	
中软场地土		I	II		III
软弱场地土		I	II	III	IV

5.7.3 地震液化和震陷

根据相关的规范要求和砂土液化试验,判定尾矿坝是否会形成地震液化区域或者震陷。具体的液化判定分析方法请见本书第6章。

5.8 对策措施建议

针对坝体稳定性,从监测监控系统建设、降低浸润线、削坡、压坡等相关方面提出相应的对策措施建议,保证尾矿坝的稳定性。

5.9 评价结论

根据前面稳定性计算的结果,说明尾矿库主坝和各个坝的安全系数,明确尾矿库主坝和各个坝是否稳定。

5.10 附件

根据《尾矿堆积坝岩土工程技术规范》GB 50547—2010 第 7.0.3 条、第 7.0.4 条规定,尾矿库中期稳定性评价报告应附以下图纸和表,可根据实际情况进行调整。

(1)勘探点主要数据一览表;
(2)图例;
(3)勘探点平面位置图;
(4)工程地质剖面图;
(5)区域地质图;
(6)综合工程地质图;
(7)工程地质柱状图;
(8)与工程有关的照片;
(9)土工试验成果表;
(10)高压固结试验成果表;
(11)三轴试验成果图表;
(12)波速测试成果表;
(13)单环注水试验综合图;
(14)标准贯入试验成果表;
(15)用标贯判定饱和砂土液化试验成果表;
(16)重型动力触探试验成果表;
(17)其他稳定性分析计算图表;
(18)其他原位测试成果图表;
(19)其他室内试验成果图表;
(20)其他各种有关的物探测试成果图表;
(21)其他需要的图表。

中期稳定性评价所附的图纸和表格应符合以下要求:
(1)附图和附表的来源应说明;
(2)图中的字体、线条和各种标记应清晰可读,有彩色内容的图纸宜采用彩图;
(3)附图和附表应有编号。

根据《尾矿堆积坝岩土工程技术规范》(GB 50547—2010)第 7.0.5 条规定,尾矿库中期稳定性评价报告应附以下附件,可根据实际情况进行调整。
(1)工程任务委托书(或含勘察技术要求的勘察合同);
(2)与工程相关的重要函电;
(3)与工程相关的审查报告或审查会议纪要;
(4)专门性试验、专题研究报告或监测报告;
(5)其他需要的报告及资料。

第6章　尾矿库定量评价方法

6.1　坝体渗流计算

尾矿坝渗流计算的目的是确定坝体浸润线的位置、坝体和坝基的渗流量以及坝体出逸段的水力坡降,作为坝体稳定计算和分析排渗设施设置是否合理的依据。

尾矿堆积坝作为均质坝是近似的,实际上沿冲积坡向内渗透性逐渐减小,又因尾矿冲积过程中有水平矿泥夹层存在,垂直渗透性较水平方向渗透性小,故目前采用的平面渗流计算公式只能得出近似结果,更精确的结果需要通过三向渗流模拟试验解决。

坝体和河岸中的渗流均为无压渗流,有浸润面存在,大多数情况下可看作稳定渗流。坝体中渗流流速 v 和比降 J 的关系一般符合如下规律:

$$v = kJ^{1/\beta} \tag{6.1}$$

式中:k——渗透系数,量纲与流速相同;

β——参量,$\beta=1\sim1.1$ 时为层流,$\beta=2$ 时为紊流,$\beta=1.1\sim1.85$ 时为过渡流态。

注意,式(6.1)中的 v 指概化至全断面的流速,实际土体孔隙中的流速较此为高。

在渗流分析中,一般假定渗流流速和比降的关系符合达西定律,即 $\beta=1$。细粒料如黏土、砂等,基本满足这一条件。粗粒料如砂砾石、砾卵石等只有部分能满足这一条件,当渗透系数 k 达到 $1\sim10$ m/d 时,$\beta=1.05\sim1.72$,这时按达西定律计算的结果和实际有一定的出入。

根据达西定律和连续条件:

$$\begin{cases} v_x = -k_x \dfrac{\partial H}{\partial x} \\ v_y = -k_y \dfrac{\partial H}{\partial y} \end{cases} \tag{6.2}$$

$$\frac{\partial v_x}{\partial x} + \frac{\partial v_y}{\partial y} = 0 \tag{6.3}$$

可得二维渗流方程:

$$\frac{\partial}{\partial x}\left(k_x \frac{\partial H}{\partial x}\right) + \frac{\partial}{\partial y}\left(k_y \frac{\partial H}{\partial y}\right) = 0 \tag{6.4}$$

式中:v_x、v_y ——x 向和 y 向的渗流流速;

k_x、k_y ——x 向和 y 向的渗透系数,计算时,对于同一种土质通常假设 k_x 和 k_y 不随坐标而变化;

H——渗流场中某一点的渗压水头。

6.1.1 下游无水时渗流计算的基本公式

6.1.1.1 不透水地基上的均质坝

(1) 无排渗设施

无排渗设施的渗流计算如图6.1。

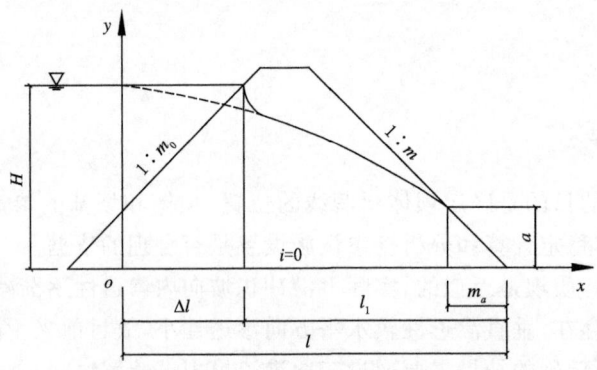

图 6.1 无排渗设施的渗流计算图

无排渗设施时,单宽渗流量为:

$$q = k\frac{H^2 - a^2}{2(l - ma)} \tag{6.5}$$

式中:q——单宽渗流量,$m^3/(s \cdot m)$;

k——尾矿或土的渗透系数,m/s;

H——上游水深,m;

a——下游坡处逸出高度,m;

l——化引渗透长度,m,$l = l_1 + \Delta l$,$\Delta l = \dfrac{m_0 H}{2m_0 + 1}$;

m——下游坡边坡系数;

m_0——上游坡边坡系数。

浸润线方程式为:

$$y = \sqrt{H^2 - \frac{H^2 - a^2}{l - ma}x} \tag{6.6}$$

式中:x——浸润线某点的横坐标;

y——浸润线某点的纵坐标。

下游坡逸出高度为:

$$a = \frac{l}{m} - \sqrt{\left(\frac{l}{m}\right)^2 - H^2} \tag{6.7}$$

坝坡逸出段最大坡降为:

$$I_{max} = \frac{1}{m} \tag{6.8}$$

(2) 棱体排渗

棱体排渗计算如图6.2。

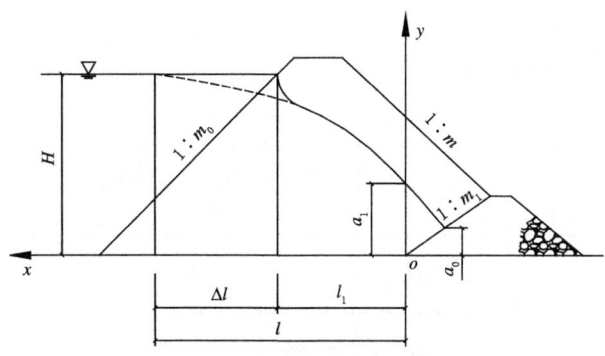

图 6.2 棱体排渗计算图

棱体排渗坝体单宽流量为：
$$q = k(\sqrt{l^2 + H^2} - l) \tag{6.9}$$

浸润线方程及浸润线在 y 轴上的截距 a_1 为：
$$\begin{cases} y = \sqrt{a_1^2 + 2a_1 x} \\ a_1 = \dfrac{q}{k} = \sqrt{l^2 + H^2} - l \end{cases} \tag{6.10}$$

浸润线在棱体处逸出高度为：
$$a = \dfrac{q}{2k\sqrt{1-m_1}} \tag{6.11}$$

式中：m_1——棱体内坡的边坡系数。

(3) 水平排渗

水平排渗计算如图 6.3。

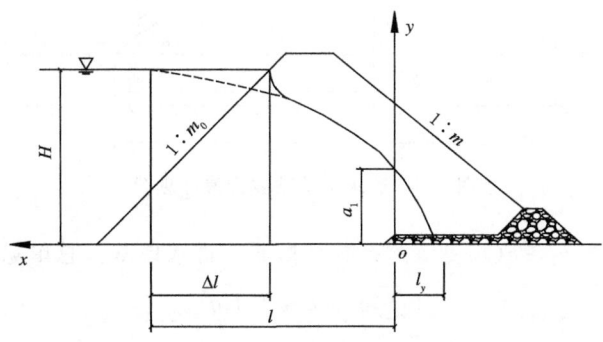

图 6.3 水平排渗计算图

坝体单宽渗流量、浸润线方程、浸润线在纵轴截距 a_1 与棱体排渗相同。

浸润线在排渗设施处的逸出长度为：
$$l_y = \dfrac{a_1}{2} \tag{6.12}$$

(4) 管式排渗

管式排渗计算如图 6.4。

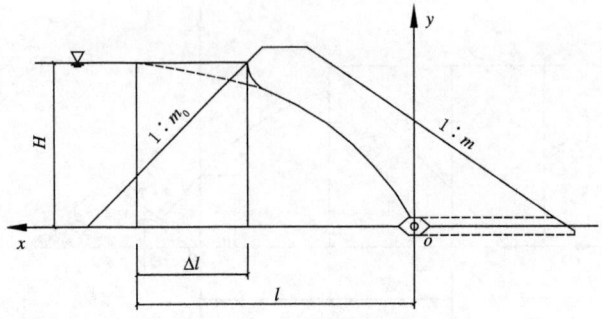

图 6.4　管式排渗计算图

管式排渗单宽渗流量为：

$$q = \frac{kH^2}{2l} \tag{6.13}$$

浸润线方程为：

$$y = H\sqrt{1 - \frac{x}{l}} \tag{6.14}$$

6.1.1.2　有限渗透水地基上的均质坝

(1)无排渗或仅有贴坡排渗

透水坝基贴坡排渗计算如图 6.5。

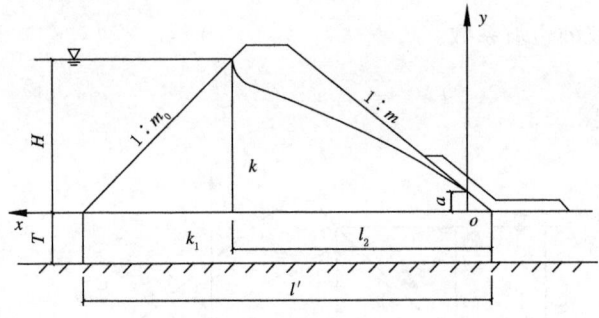

图 6.5　透水坝基贴坡排渗计算图

当坝基的渗透系数 $k_1 \geqslant k$（坝身渗透系数）时，属于透水地基。总单宽渗流量为：

$$\sum q = q + k_1 H q' \tag{6.15}$$

式中：$\sum q$——通过坝身和坝基的总单宽渗流量，$m^3/(s \cdot m)$；

q——按不透水地基计算的坝身单宽渗流量，m^3/s；

q'——通过坝基的单位化引渗流量（即当渗透系数及水头均等于 1 时的单宽渗流量），由 $\dfrac{l'}{T}$ 从图 6.6 中查得；

k_1——坝基渗透系数，m/s；

l'——坝基渗透长度（即坝底宽），m；

T——透水层深度，m。

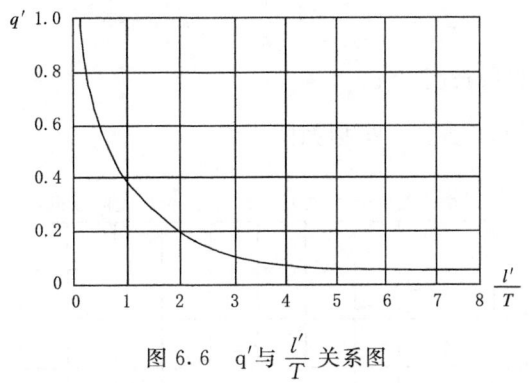

图 6.6 q' 与 $\dfrac{l'}{T}$ 关系图

浸润线方程式为：

$$y = \sqrt{\left(a + \dfrac{k_1}{k}T\right)^2 + 2\dfrac{q}{k}x} - \dfrac{k_1}{k}T \tag{6.16}$$

当 $\dfrac{l_1 + m_0 H}{T} > 1$ 时，总单宽流量 $\sum q$、下游坡逸中高度 a、地基出逸坡降 I_d 由公式 (6.17)～(6.19) 确定。

$$\sum q = q + \dfrac{k_1 HT}{l_1 + m_0 H + 0.88T} \tag{6.17}$$

$$\begin{cases} a = \sqrt{\left(\dfrac{B}{2}\right)^2 + 0.44T\dfrac{q}{k}} - \dfrac{B}{2} \\ B = \left(\dfrac{k_1}{k} + \dfrac{0.44}{m}\right)T - m\dfrac{q}{k} \end{cases} \tag{6.18}$$

$$I_d = \dfrac{H}{l_1 + m_0 H + 0.88T} \dfrac{1}{\sqrt{l'\dfrac{\pi x}{T} - 1}} \tag{6.19}$$

(2) 棱体排渗

透水坝基棱体排渗计算如图 6.7。

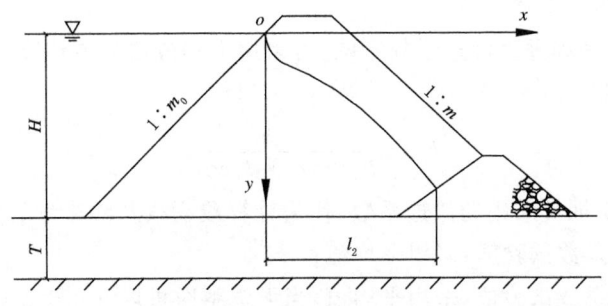

图 6.7 透水坝基棱体排渗计算图

一般情况下，渗流量、浸润线及逸出高度均可按不透水坝基近似计算。当坝基渗透系数远大于坝身渗透系数时（如 $k_1 > 100k$），可近似按下式计算浸润线。

$$\frac{y}{H} = f\left(\frac{x}{l_1}\right) = \frac{1}{\pi}\arccos\left(1 - \frac{2x}{l_1}\right) \tag{6.20}$$

式中：l_1——浸润线水平投影长度，m；

$\frac{y}{H}$——根据 $\frac{x}{l_1}$ 由图 6.7 查得。坐标如图 6.8。

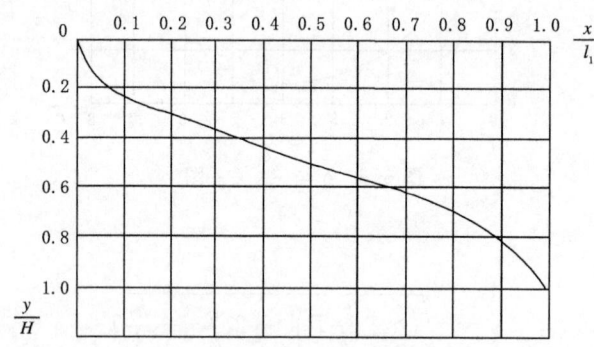

图 6.8 浸润线坐标计算曲线

地基的出逸坡降可参照公式(6.19)计算。

(3)水平排渗

总单宽渗流量可用透水地基无排渗设施公式计算，式中 q 应按不透水地基水平排渗坝身渗流量公式计算。

一般情况下浸润线仍按不透水地基水平排渗浸润线公式计算，只有当坝基渗透系数远大于坝身渗透系数时，并满足 $\frac{l_1 + m_0 H}{T} \geq 1$ 的条件，则坝轴线下游浸润线可近似地按下式计算，坝轴线上游浸润线可按流线勾图。

$$y = \sqrt{\left(\frac{k_1}{k}T\right)^2 + 2\frac{q}{k}(x + 0.44T)} - \frac{k_1}{k}T \tag{6.21}$$

6.1.2 尾矿冲积坝的渗透系数和渗流公式的选用

6.1.2.1 尾矿冲积坝的渗透系数

尾矿冲积坝的水平和垂直渗透系数不同，可采用下列方法近似估算。

(1)倾斜渗透系数

$$k_a = \frac{k_s k_c}{k_s \sin^2 a + k_c \cos^2 a} \tag{6.22}$$

式中：k_a——计算冲积坝常采用的渗透系数，作为计算浸润线及渗流量的依据；

k_s——水平渗透系数试验值，采用平均值；

k_c——垂直渗透系数试验值，采用平均值，当无资料时可取 $k_c = 0.2 k_s$；

a——渗流平均倾斜角，近似采取 $a = \arctan\frac{H_0}{l}$；

H_0——上游水深，m；

l——化引渗透长度，m。

(2)当计算回水量和渗透稳定时可采用渗透系数平均值

$$k_p = \sqrt{k_s k_c} \tag{6.23}$$

(3)分层的尾矿冲积坝渗透系数

沿分层方向的渗透系数：

$$k_I = \frac{1}{H}(k_1 H_1 + k_2 H_2 + \cdots + k_n H_n) \tag{6.24}$$

垂直于分层方向的渗透系数：

$$k_{\text{u}} = \frac{H}{\dfrac{H_1}{k_1} + \dfrac{H_2}{k_2} + \cdots + \dfrac{H_n}{k_n}} \tag{6.25}$$

式中：$k_1, k_2, \cdots, k_n$——各分层的渗透系数；

$H_1, H_2, \cdots, H_n$——各分层的厚度；

$H = H_1 + H_2, \cdots, + H_n$——各分层厚度之和。

6.1.2.2 尾矿坝渗流计算公式的选用

(1)初期坝为土坝，地基不透水时，尾矿渗透系数 k 远大于土坝渗透系数 k_2（如 $k \geqslant 100\ k_2$），可视初期坝顶标高以下为不透水地基进行渗透计算（图 6.9）。

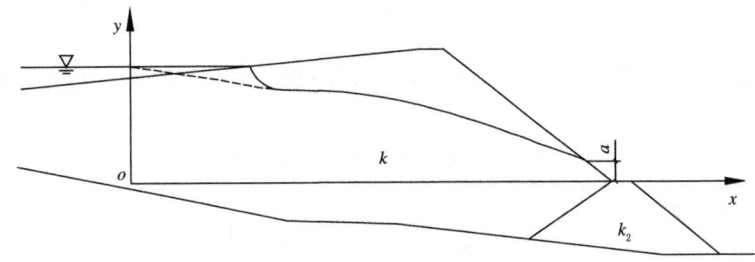

图 6.9 初期不透水坝渗流计算图

(2)初期坝为土坝，其渗透系数与尾矿渗透系数相近时（$\dfrac{k}{k_2} < 100$），即 $k \approx k_2$，可假定土坝与尾矿为均质体按贴坡排渗进行渗流计算。

(3)当初期坝为堆石坝或其他透水坝（$k_2 > 100\ k$）时，可按棱体排渗进行渗流计算。

(4)当初期坝为土坝或透水坝，且堆积坝底部设置水平排渗时，可选用水平排渗公式计算。

(5)当初期坝为土坝且在内坡脚设置有效的排渗管时，可按管式排渗进行计算。

6.1.3 排渗设施的渗流量计算

6.1.3.1 排渗盲沟（渗沟）

排渗盲沟（渗沟）渗流量为：

$$Q = \omega k \sqrt{i} \tag{6.26}$$

式中：Q——排渗盲沟通过的流量，m³/s；

ω——排渗盲沟的断面积，m²；

k——排渗盲沟材料的渗透系数，m/s；

i——排渗盲沟的坡度。

渗流速度为：

$$v = k\sqrt{i} = Cn\sqrt{di} \tag{6.27}$$

式中：v——排渗盲沟中的渗流速度，cm/s；

C——流速系数，试验值 $C = 20 - \dfrac{14}{d}$（当 $d > 6$ cm 时）；

n——渗水盲沟的孔隙率；

d——排渗盲沟材料的粒径（可用 d_{50}），cm。

6.1.3.2 排渗孔管（渗管）

（1）渗水管通过流量为：

$$\begin{cases} Q = v\omega \\ v = C\sqrt{Ri} \end{cases} \tag{6.28}$$

式中：Q——渗水管通过流量，m³/s；

v——管内流速，m/s；

ω——管断面积，m²；

C——谢才系数；

R——水力半径，m；

iV——渗管坡度。

Q、v 亦可由表 6.1 查算，表中，D 为圆形渗水管的直径，单位是 mm；h 为圆形渗水管充满水的高度，单位是 mm。

表 6.1　圆形渗水管水力计算表

充满度 h/D	$D=125$ mm		$D=150$ mm		$D=200$ mm		$D=250$ mm		$D=300$ mm	
	S	K	S	K	S	K	S	K	S	K
0.10	3.015	1.92	3.406	3.13	4.13	6.7	4.8	12.2	5.42	19.9
0.20	4.626	8.04	5.227	13.08	6.34	28.2	7.36	51.2	8.32	83.3
0.30	5.854	18.13	5.614	29.48	8.02	63.6	9.32	115.4	10.53	187.8
0.40	6.807	31.09	7.691	50.58	9.32	109.0	10.83	197.9	12.24	322.1
0.50	7.551	46.33	8.532	75.38	10.35	168.6	12.01	294.8	13.58	479.9
0.60	8.100	62.40	9.155	101.6	11.10	218.9	12.95	399.1	14.56	646.1
0.70	8.462	77.64	9.563	126.3	11.60	272.5	13.46	454.0	15.22	804.4
0.80	8.609	90.68	9.733	147.6	11.80	318.2	13.70	577.2	15.48	939.2
0.90	8.493	98.80	9.602	160.8	11.64	346.6	13.51	628.7	15.28	1024.0
1.00	8.351	99.66	8.532	150.8	10.35	325.2	13.01	589.5	13.58	959.9

充满度 h/D	$D=350$ mm		$D=400$ mm		$D=450$ mm		$D=500$ mm		$D=550$ mm	
	S	K	S	K	S	K	S	K	S	K
0.10	6.01	30.1	6.57	43.0	7.11	58.9	7.63	78.0	8.14	100.6
0.20	9.22	125.7	10.09	179.6	10.91	245.8	11.71	325.7	12.48	420.0
0.30	11.67	283.3	12.77	404.2	13.81	554.5	14.82	734.2	15.79	946.6
0.40	13.57	486.0	14.84	694.2	16.05	950.2	17.23	1250	18.36	1624
0.50	15.05	723.9	16.46	1034	17.82	1417	19.12	1877	20.34	2420
0.60	16.15	975.4	17.66	1393	18.98	1894	20.51	2529	21.86	3259
0.70	16.78	1213.5	18.44	1733	19.96	2373	21.42	3144	22.83	4055
0.80	17.16	1417.1	18.77	2025	20.31	2772	21.80	3673	23.24	4739
0.90	16.93	1544.0	18.52	2206	20.04	3022	21.51	4003	22.92	5162
1.00	15.05	1417.9	16.46	2069	17.82	2833	19.12	3764	20.37	4840

(2)管壁孔眼计算

管壁孔眼的最大尺寸为:

$$e = \zeta d_{50} \tag{6.29}$$

式中:e——渗水管壁孔眼最大尺寸,mm;

d_{50}——靠近管壁的反滤料中值粒径,mm;

ζ——系数,见表 6.2。

表 6.2 系数 ζ 值表

$\eta = \dfrac{d_{60}}{d_{10}}$	2	5	10
ζ	2.68	1.76	1.21

每米每排开孔数目:

$$m_0 = \frac{\zeta q}{N F_0 v_y} \tag{6.30}$$

式中:m_0——渗水管每米每排开孔数目;

q——渗水管每米渗入流量,m³/s;

ζ——备用系数,按是否易堵塞等条件:选定,一般 $\zeta > 5$;

N——管壁孔眼排数;

F_0——每个孔眼面积,m²;

v_y——允许渗透流速,m/s。

6.1.4 渗透稳定计算

6.1.4.1 渗透破坏形式

管涌(机械管涌):指在渗流作用下,土中的细颗粒由骨架孔隙通道中被带走而流失的现象,一般容易在 $\eta > 10 \sim 20$ 的非黏性土,即在较疏松的无黏性土中发生。

流土:指在向上的渗流作用下,表层局部土体被顶起或是粗细颗粒群发生浮动而流失的现象。前者多发生在表层为黏性土或其他细粒土组成的土层中,后者多发生在不均匀的砂土层中,即一般易在 $\eta < 10$ 的砂性土或黏性土中发生。

接触冲刷:渗流沿两层不同颗粒交界面流动,使两种颗粒移动并混合起来的现象,一般易在设计不合理的反滤层间发生。

接触流土:地基局部土壤流入反滤层的空隙中。

前两种渗流变形主要出现在单一土层中,后两种渗流变形则多出现在多种土层中。黏性土的渗流变形型式主要是流土。渗流变形可在小范围内发生,也可发展至大范围,导致坝体沉降、坝坡塌陷或形成集中的渗流通道等,危及坝的安全。

6.1.4.2 土的临界渗流坡降及允许渗流坡降

土开始发生渗透破坏时的渗流坡降称为该土的临界渗流坡降,一般与土的性质(密度、孔隙比、粒度和不均匀系数等)有关。

在上升渗流作用下,$\eta \leqslant 10$ 的砂性土及黏性土根据极限平衡可求得临界坡降:

$$I_l = \frac{r_g}{r_0} - (1 - n) = \frac{\Delta - 1}{1 + \varepsilon} \tag{6.31}$$

考虑黏聚力时：

$$I_l = \frac{r_g}{r_0} - (1-n) = \frac{c}{r_0} \tag{6.32}$$

考虑土的结构性和摩擦力时：

$$I_l = \frac{r_g}{r_0} - (1-n) = 0.5n \tag{6.33}$$

式中：I_l——土的临界渗流坡降；

r_g——土的干容重，$r_g = \Delta(1-n)$，kN/m^3；

r_0——水的密度，一般为 1000 kN/m^3；

n——孔隙率；

ε——孔隙比，$\varepsilon = \dfrac{n}{1-n}$；

Δ——土的比重；

c——土的黏聚力，kPa。

对于一般非黏性土还可根据不均匀系数 η 由图 6.10 查得临界坡降。

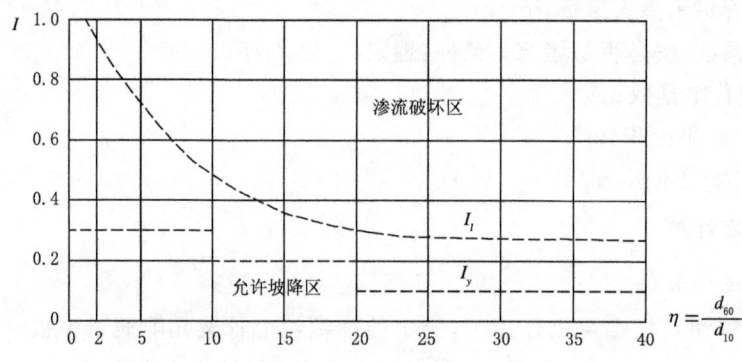

图 6.10 非黏性土临界坡降

注：适用范围：$\eta=2.3\sim39.3$，$d_{50}=0.1\sim8$ mm，$d_{10}=0.057\sim0.28$ mm

设计的渗流坡降应小于允许渗流坡降 I_y，I_y 按下式计算：

$$I_y = \frac{I_l}{K_s} \tag{6.34}$$

式中：K_s——渗透安全系数，见表 6.3。

表 6.3 渗透安全系数 K_s 表

土类	黏性土	非黏性土	
		Ⅰ、Ⅱ级工程	Ⅲ级以下工程
K_s	1.5	2.5	2.0

6.1.4.3 临界渗透流速

尾矿堆积坝的渗流逸出处及尾矿与反滤层间的渗透流速应小于临界渗透流速，以保证其渗透稳定性。

常用的临界渗透流速公式：

(1) 公式一

$$v_l = 0.26 d_{60}^2 \left(1 + 1000 \frac{d_{60}}{D_{60}^2}\right) \tag{6.35}$$

式中：v_l——临界渗透流速，cm/s；

d_{60}——尾矿或基土的控制粒径，mm；

D_{60}——第一层反滤料的控制粒径，mm。

(2) 公式二

$$v_l = 60 \sqrt[3]{k} \tag{6.36}$$

式中：v_l——临界渗透流速，m/d；

k——渗透系数，m/s。

当公式(6.36)中临界渗透流速和渗透系数单位采用 m/s 时，则公式为：

$$v_l = 0.0307 \sqrt[3]{k} \tag{6.37}$$

(3) 公式三

$$v_l = \frac{\sqrt{k}}{15} \tag{6.38}$$

式中：v_l——临界渗透流速，m/s；

k——渗透系数，m/s。

6.1.4.4 渗流时的稳定边坡

(1) 不透水地基上饱和尾矿堆积坝坡（图 6.11a）

此时流线可视为平行于地基，渗透坡降 $I \approx \tan\alpha$，设坡面有一土微体处于平衡条件，其体积为 1，土微体浮重为 $W_f = r_f$，所受渗透压力 $W_s = r_0 \tan\alpha$，则滑动力 $N_h = W_f \sin\alpha + W_s \cos\alpha$，抗滑力 $N_k = (W_f \cos\alpha - W_s \sin\alpha)\tan\varphi$。

安全系数：
$$K = \frac{N_k}{N_h} = \frac{r_f \cos\alpha - r_0 \tan\alpha \sin\alpha}{r_f \sin\alpha + r_0 \tan\alpha \cos\alpha} \tan\varphi = \frac{r_f \cos\alpha - \tan\alpha \sin\alpha}{r_b \sin\alpha} \tan\varphi \tag{6.39}$$

设计坝坡应满足下式要求：

$$\tan\alpha \leqslant \frac{-K r_b \pm \sqrt{K^2 r_b^2 + 4 r_f \tan^2\varphi}}{2\tan\varphi} \tag{6.40}$$

式中：α——稳定的边坡角，度；

K——安全系数；

r_b、r_f——尾矿的饱和容重、浮容重，kN/m³；

φ——尾矿内摩擦角，度。

(2) 透水地基上饱和尾矿堆积坝坡（图 6.11b）

此时流线可视为平行于坝坡，渗透坡降 $I \approx \sin\alpha$，土浮重 $W_f = r_f$，渗透压力 $W_s = r_0 \sin\alpha$，则滑动力 $N_h = W_f \sin\alpha + W_s$，抗滑力 $N_k = W \cos\alpha \tan\alpha$。

安全系数：

$$K = \frac{W \cos\alpha \tan\varphi}{W \sin\alpha + W_s} = \frac{r_f \tan\varphi}{r_b \tan\alpha} \tag{6.41}$$

设计坝坡应满足下式要求：

$$\tan\alpha \leqslant \frac{r_f}{K r_b} \tan\varphi \tag{6.42}$$

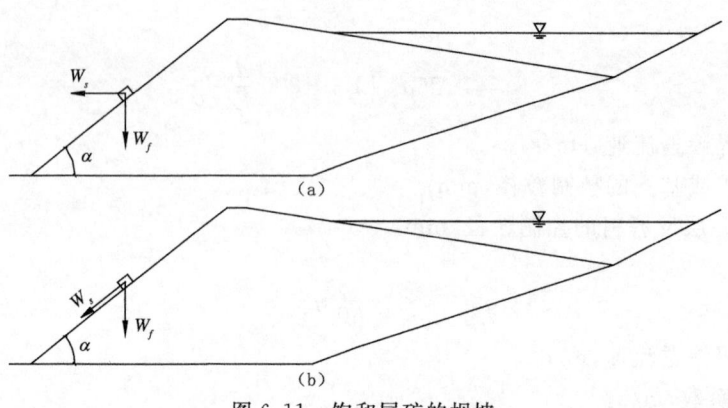

图 6.11 饱和尾矿的坝坡
(a)不透水地基;(b)透水地基

6.1.4.5 缺乏中间粒径的天然砂砾料的渗透稳定性

当天然砂砾料的颗粒组成微分曲线呈双峰时称为缺乏中间粒径的砂砾料。天然砂砾料在尾矿初期坝、反滤层以及后期坝(包括废石筑坝)的设计中广泛采用,因此必须对其渗透稳定性做出判断。

(1)天然砂砾料管涌性的鉴定

天然级配的砂砾料(包括废石)可用下述方法判断其管涌性:当 $D_0 > d_{70}$ 时发生危险性管涌。

$$D_0 = \zeta_0 d_{50} \tag{6.43}$$

式中:D_0——孔隙的平均直径,mm;

d_{50}——砂砾料的中值粒径,mm;

ζ_0——与不均匀系数 η 有关的系数,由表 6.4 查得;

d_{70}——细料部分(砂砾料以双峰之间含量最少的粒径分界)中重量占 70% 的颗粒小于该直径的粒径,mm。

表 6.4 ζ_0 值表

$\eta = \dfrac{d_{60}}{d_{10}}$	2	5	10	15	20	25	30	35	40
ζ_0	0.335	0.220	0.151	0.127	0.110	0.095	0.085	0.076	0.066

当已知砂砾料的渗透系数 k,且 $d_{50}=0.1\sim 8$ mm,$\eta=2.3\sim 39.3$ 时,D_0 可由公式(6.44)计算:

$$D_0 = \sqrt{\frac{96\mu k}{g n_1}} \tag{6.44}$$

式中:μ——水的运动黏滞系数;

g——重力加速度;

n_1——土的渗透有效孔隙率,与土的最大分子吸水量 ω_f 有关:

当 $\omega_f \leq 3\%$ 时

$$n_1 = n\left(1 - 0.114\frac{1-n}{n}\right)$$

当 $\omega_f > 3\%$ 时

$$n_1 = n - \frac{\omega_f \Delta}{1 + \omega_f \Delta}$$

式中：n——土的孔隙率；

Δ——土粒比重。

(2) 砂砾料临界渗流水力坡降

① 当砂砾料的渗透系数 k 大于其中细料（粒径小于 1 mm）的渗透系数 k' 时，则有可能发生管涌，故要求渗流坡降应小于按下式计算的管涌临界坡降：

$$I_g = \frac{0.3}{R\sqrt{kn^3}} \left(\frac{n}{n'}v\right)^2 \tag{6.45}$$

式中：I_g——发生管涌的临界坡降；

R——细料的临界雷诺数，$R = \frac{73(\Delta_1 - 1)}{\zeta^2 \mu^2} d_{50}^3$；

v——临界悬浮速度，cm/s，$v = \frac{6(1 - n')}{d_{50}} \mu R$；

n——砂砾料的孔隙率；

n'——细料的孔隙率；

k——砂砾料的平均渗透系数，cm/s；

d_{50}——细料的中值粒径，cm；

Δ_1——细料的土粒比重；

μ——水的运动黏滞系数；

ζ——与细料孔隙率有关的系数，见表 6.5。

表 6.5　ζ 值表

n'	0.2	0.3	0.4	0.5	0.6	0.7	0.8	0.9	1.0
ζ	43	33	25	15	9.5	5.5	3	1	0

② 当砂砾料的渗透系数 k 小于其中细料（粒径 1 mm 以下）的渗透系数 k' 时，则有可能发生流土，故要求渗流坡降应小于按下式计算的流土临界坡降：

$$I_l = \frac{19.6\mu(1 - n)^2}{n^3 d_{50}^2} \left(\frac{n}{n'}v\right) \tag{6.46}$$

式中：I_l——砂砾料发生流土的临界坡降；

d_{50}——砂砾料的中值粒径，cm；

其他符号同前。

6.1.4.6　坝基的渗透稳定性

当坝基为第四纪土层时，可用表 6.6 中的容许水力坡降验算坝基的渗透稳定性。

表 6.6　坝基土层的容许水力坡降

坝基土的种类	容许的 I 值
大块石	1/3~1/4
粗砾砂、砾石、黏土	1/4~1/5
砂黏土	1/5~1/10
砂	1/10~1/12

对双层结构的坝基(图 6.12),当表层土的渗透性小于下层土的渗透性时,应验算表土浮动(流土)的可能性,如符合下式时,应设置排水盖重或排水减压井等措施。

$$I \geqslant \frac{I_l}{K_s} = I_y \tag{6.47}$$

式中:I——通过表土层的渗流坡降,可用表层土底面的实际水头除以表层土厚度来求得,即 h/t_1;

I_l——临界坡降;

K_s——渗透安全系数。

当采用透水盖重时,盖重厚度可用下式确定:

$$t = \frac{K_s I - I_l}{r_G} t_1 \tag{6.48}$$

式中:t——盖重层厚度,m;

r_G——盖重层密度,kN/m^3;

t_1——表层土的厚度,m。

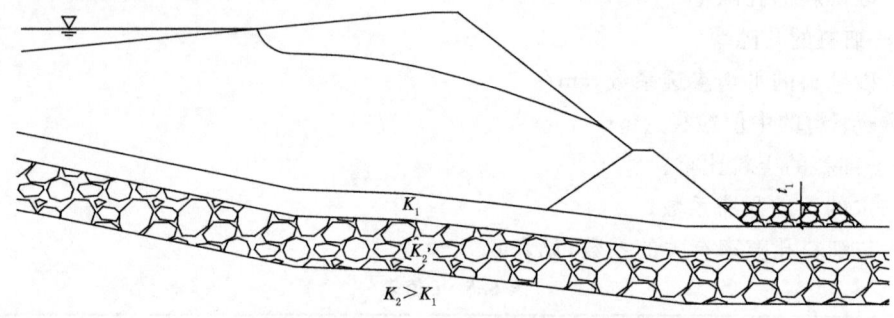

图 6.12 坝基渗透稳定图

6.1.5 流网图

流网是解决渗流问题的常用方法,获得流网的方法有试验法(电拟法)、数解法及图解法等,此处仅将图解法简单介绍。

6.1.5.1 流网图的绘制

(1)流网图的特点

①流线与等势线为光滑的曲线,且互相正交,组成扭曲的正方形网格;

②两相邻流线间通过的流量相等,两等势线间的水头差相等;

③浸润线与不透水地基表面为边界流线,上游坡与下游排渗设施轮廓为等势线的边界。

(2)流网图的绘法步骤

①先画好坝断面,边界流线及等势线;

②将上下游水位差 H 等分若干段(如 $H = 10\Delta H$),并引出水平线与浸润线相交,其交点作为等势线的起点;

③根据上述特点粗绘流网图;

④再根据特点检查并修正流网直至得到满意的结果为止(图 6.13a)。

(3)流网图的检查

①每个扭曲正方形网格的中线正交且相等;
②扭曲正方形对角线联成的网格也应形成扭曲正方形网格;
③每个扭曲正方形的内切圆应互相切接;
④边界上的扭曲网格可以用中线分为四个,每个小扭曲正方形亦有上述特点。

(4)多种土层中的流网图

在土层变化处流线与等势线发生转折,转角为 $\tan\alpha_2 = \dfrac{k_2}{k_1}\tan\alpha_1$(图 6.13b)。因此在 k_1 土中是扭曲正方形,则在 k_2 土层中应绘成模数为 k_1/k_2 的扭曲矩形。

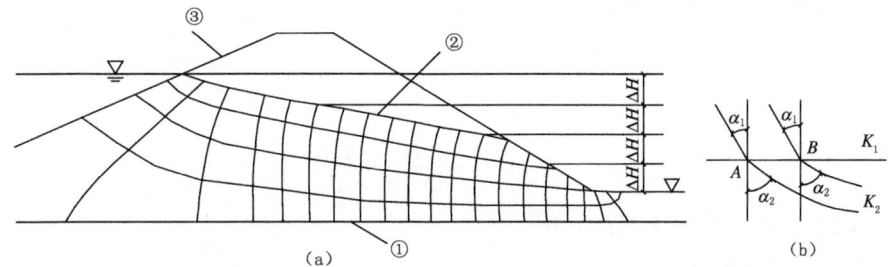

图 6.13 流网示意图
(a)均质坝流网的手绘法;(b)不同土层的流网绘法
(①不透水层;②浸润线;③上游坝坡)

图 6.14 为常见的尾矿坝流网图。

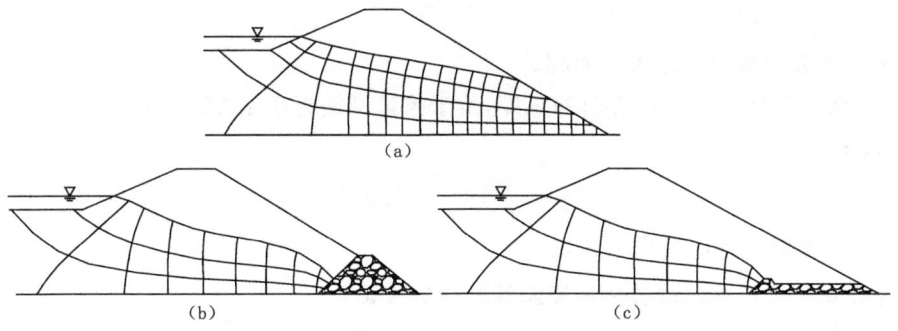

图 6.14 尾矿坝常见的流网图
(a)无排渗或贴坡排渗;(b)棱体排渗;(c)管式或水平排渗

6.1.5.2 流网图的应用

(1)渗透压力

任一点的渗透压力值:
$$h_i = H - n_i\Delta H = \Delta H(n - n_i) = N_i\Delta H \tag{6.49}$$

式中:h_i——渗透压力水头,m;
　　　H——上下游水位差,m;
　　　N——等势带总数目;
　　　n_i——自上游至计算点的等势带数目;

N_i——自下游至计算点的等势带数目；

ΔH——两等势线间消耗的水头，$\Delta H = \dfrac{H}{N}$，m。

(2)渗透坡降

任意点的渗透水力坡降 i：

$$i = \frac{\Delta H}{\Delta L} \tag{6.50}$$

式中：ΔL——计算点所在网格沿流线方向的边长；

ΔH——两等势线间消耗的水头，$\Delta H = \dfrac{H}{N}$，m。

(3)渗透流速

相邻两流线间流线层的平均渗流速度：

$$v = ki = k\frac{\Delta H}{\Delta L} = \frac{\Delta q}{\Delta L} \tag{6.51}$$

式中：v——流线层的平均渗流速度，m/s；

k——土的渗透系数，m/s；

Δq——渗透流量，m/s·m，按公式(6.52)计算；

ΔL——计算点所在网格沿流线方向的边长。

(4)渗透流量

通过相邻两流线间的渗流量：

$$\Delta q = ki\omega = k\frac{\Delta H}{\Delta L}\Delta S \approx k\Delta H \tag{6.52}$$

式中：ω——相邻两流线间的渗流面积；

ΔS——渗流网格沿等势线方向的长度，由于渗流网格近于正方形，故 $\Delta S \approx \Delta L$。

单宽渗流量：

$$q = \sum \Delta q = k\Delta HM \tag{6.53}$$

式中：M——由流线组成的流束数目。

6.1.6 考虑尾矿冲积坝非均质性在渗流计算中的修正

由于尾矿冲积的原因，沿浸润线方向渗透系数有逐渐增加的趋势，一般不超过 $10\sim100$ 倍。由于水平夹层的存在，沿垂直方向的渗透系数小于水平渗透系数，一般不超过 10 倍，平均约为 5 倍。

(1)对于水平渗透系数的变化，一般取浸润线出入段斜向渗透系数的平均值，误差不大；也可对浸润线方程式在不同点取不同的渗透系数加以解决。

(2)对于垂直方向渗透系数的变化，采用比例交换法解决：首先将水平比例尺缩小 $\sqrt{k_c/k_s}$ 倍，按均质坝的方法绘制浸润线及流网图，然后将水平比例尺乘以 $\sqrt{k_s/k_c}$ 放大，恢复实际断面和流网图。单宽渗流量按下式确定：

$$q = \sqrt{k_s k_c}\Delta HM \tag{6.54}$$

式中：k_s——水平渗透系数；

k_c——垂直渗透系数；

ΔH——两等势线间消耗的水头,$\Delta H/N$;

M——流束数目。

6.2 稳定性计算

6.2.1 基本计算方法

稳定计算是根据尾矿库坝体材料及坝基的物理力学性质、尾矿坝的几何形态和结构设计、地下水条件和孔隙压力等分析初期坝与堆积坝的抗滑稳定性。

尾矿的形态极为复杂,分析条件很少是常规的,至今未形成自身的独立分析体系,由于尾矿坝材料构成主要为土石结构和尾砂,按类别属于土石坝分支,目前均沿用土力学的传统分析方法。其稳定分析方法主要有3类:

(1)刚体极限平衡法:包括瑞典圆弧法、毕肖普法、简布法等;

(2)数值分析法:包括有限元法、有限差分法、边界元法等;

(3)不确定性分析方法:包括可靠度方法、模糊数学、人工智能法等。

通常是采用极限平衡方法,基本思想是假定一个可能的简单形状的破坏面,求出沿这个面的应力状态和可能获得的强度,把此强度与沿该面引起破坏所必需的应力相比较,求出极限平衡状态下的安全系数。目前应用广泛的有瑞典圆弧法、毕肖普法等。

安全系数的定义:为使破坏面之上滑体处于静平衡状态,可获得的抗剪强度应当除以(缩小)的系数(倍数)。其中隐含两个简化的假定:一是破坏面之上的滑体是一个"刚性自由体",忽略滑体内部的强度与变形的影响;二是沿整个破坏面的安全系数是一个常数,忽略了沿潜在破坏面应力分布不均匀的客观特征。

在某种稳定安全系数计算方法实际应用中,还必须进一步对总应力分析和有效应力分析方法进行选择。总应力法分析比较简单,是基于这样的假定,即水位降低后破坏面上的有效法向应力与水位降低前的有效法向应力相同,从而不考虑孔隙压力变化(由于荷载降低)对强度的影响。总应力分析使用不排水试验测定的抗剪强度参数,因为试验条件必须符合现场固结条件(各向异性或各向同性),不排水强度远比排水强度对试样扰动敏感,故必须仔细地测定和选择抗剪强度参数。有效应力法分析更为合理,因为实际上是有效应力控制强度。有效应力分析使用排水试验(或有孔隙应力测定的不排水试验)的有效抗剪强度参数。

6.2.2 基本荷载

尾矿坝基本荷载主要分为静力荷载、动力荷载以及随着坝体堆筑时逐级加载、库水位动态变化时水压力变化等引起的荷载。

尾砂坝多为水力冲填坝(干堆法除外),如上游式尾矿坝的堆筑过程,由于初期坝的拦挡作用,尾砂和水将流向库尾,采用排洪、排渗措施后,尾砂排水固结,尾砂、尾砂里存水、库尾澄清水等为主要静力荷载,动力荷载主要为地震力施加的荷载。

尾矿坝稳定计算时的上述荷载分为5类:

(1)荷载类别1系指运行期正常库水位时的稳定渗透压力;

(2)荷载类别2系指坝体自重;

(3)荷载类别3系指坝体及坝基中的孔隙水压力;

(4)荷载类别4系指设计洪水位时有可能形成的稳定渗透压力;

(5)荷载类别 5 系指地震荷载。

6.2.3 力的组合及要求的安全系数

尾矿坝稳定计算的荷载可根据不同运行条件按表 6.7 进行组合。

表 6.7 尾矿坝稳定计算的荷载组合

运行条件	计算方法	1	2	3	4	5
正常运行	总应力法	有	有	—	—	—
	有效应力法	有	有	有	—	—
洪水运行	总应力法	—	有	—	有	—
	有效应力法	—	有	有	有	—
特殊运行	总应力法	有	有	—	—	有
	有效应力法	有	有	有	—	有

注:坝坡抗滑稳定的安全系数根据坝的级别和不同的计算方法要求不一样,不应小于表 6.8 规定的数值。

表 6.8 坝坡抗滑稳定的最小安全系数

计算方法	运行条件	一	二	三	四、五
简化毕肖普法	正常运行	1.50	1.35	1.30	1.25
	洪水运行	1.30	1.25	1.20	1.15
	特殊运行	1.20	1.15	1.15	1.10
瑞典圆弧法	正常运行	1.30	1.25	1.20	1.15
	洪水运行	1.20	1.15	1.10	1.05
	特殊运行	1.10	1.05	1.05	1.00

6.2.4 瑞典圆弧法

瑞典圆弧法亦称 Fellenious 法,是边坡稳定分析领域最早出现的一种方法。该法假定土体有一系列圆柱形破坏面,按平面考虑即为圆弧面。圆弧内的土体绕圆心转动,稳定性若能满足则表示坝坡稳定,即土体绕圆心的抗滑力矩大于滑动力矩,否则边坡丧失稳定。

$$F_s = \frac{\sum(每一土条在滑裂面上的抗滑力矩)}{\sum(每一土条在滑裂面产生的滑动力矩)} \tag{6.55}$$

式中,F_s——稳定性系数。

瑞典圆弧法特点是不考虑条块间的作用力,假定条块两侧条块间合力方向均与基底面平行。条块基底面的法向力是通过分解垂直于基底面的全部力求得的;不满足每个条块本身的力和力矩平衡条件,只满足整个滑动体的力矩平衡条件;较低地估计安全系数,对高孔隙压力的深层破坏的计算结果误差较大;有些条块基底面上的有效法向应力可能变成负值;安全系数定义为抗滑力矩与滑动力矩之比,计算简单;严格来说只适用于圆弧形破坏面,近乎圆弧形破坏面的总应力分析,而未必适用于有效应力分析。

6.2.4.1 总应力圆弧法

(1)坝坡稳定计算

按总应力圆弧法进行坝坡稳定分析时,把滑动土体分为若干条宽度为 $b=0.1R$ 的土条(图 6.15,R 为圆弧半径),0 号土条中线应与过滑弧圆心 O 的垂直重合。求出各土条的重量,滑动力、抗滑力,则坝坡稳定安全系数可按下式计算:

$$K = \frac{\sum W_i \cos\alpha_i \tan\varphi + cl}{\sum W_i \sin\alpha_i} \tag{6.56}$$

式中:W_i——各土条重量,kN。稳定渗流期坝体浸润线以下,下游水位以上土体重量,对于滑动力按饱和容重计算,对于抗滑力按浮容重计算;浸润线以上则不论滑动力或抗滑力,均用湿容重(或最大干容重)计算;下游水位以下则都用浮容重计算;

α_i——过各土条中线的圆弧半径与过滑弧圆心的法线间的夹角,度;

l——滑弧长度,m;

c——土的黏聚力(内聚力),kPa;

φ——土的内摩擦角度。

按公式(6.56)计算时可列表进行。

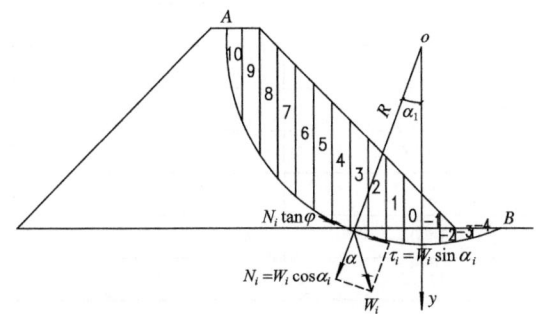

图 6.15 圆弧稳定分析示意图

(2)寻找最危险滑弧的方法

①确定最危险滑弧圆心的范围

(a)如图 6.16,过坝坡中点 D 作一铅垂线,并由该点作另一直线与坝面成 85°角(倾向坡脚);

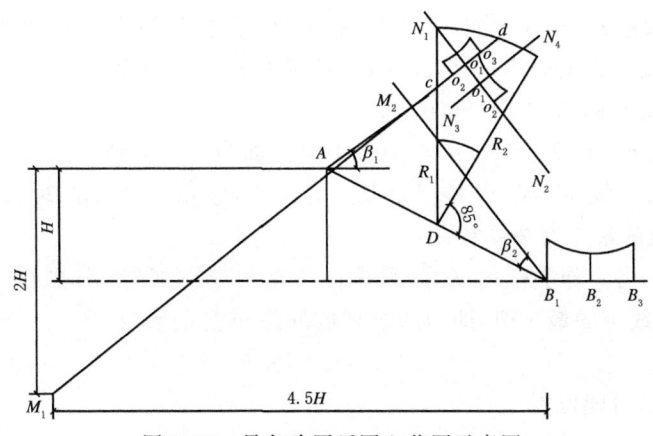

图 6.16 最危险圆弧圆心范围示意图

(b)以 D 点为圆心,用 R_1 及 R_2 为半径,分别作弧,交以上两直线成扇形。R_1、R_2 之值随坡度而变,可由表 6.9 查得;

表 6.9　R_1、R_2 值表

坝坡坡度	1:1	1:2	1:3	1:4	1:5	1:6
内半径 R_1	0.75H	0.75H	1.0H	1.5H	2.2H	3.0H
外半径 R_2	1.5H	1.75H	2.3H	3.75H	4.8H	5.5H

一般情况下,最危险滑弧圆心位置即在扇形面积内;

(c)作 AM_2 和 B_1M_2 两直线,其交点为 M_2,此两线的方向按角 β_2 和 β_1 确定,两角之值随坡度而变,可由表 6.10 查得;

(d)将距坝顶以下 $2H$,距坝脚以内 $4.5H$ 之点定为 M_1 点,连接 M_1M_2 并延长,则 cd 即为所寻找的最危险滑弧圆心的大概范围。

当坝坡为折线时,可用一条平均的直线代替该折线。

表 6.10　β_1、β_2 角度表

坝坡坡度	坝坡坡角	角度	
		β_1	β_2
1:0.58	60°	29°	40°
1:1	45°	28°	37°
1:1.5	33°40′	26°	35°
1:2	26°34′	25°	35°
1:3	18°26′	25°	35°
1:4	14°03′	25°	36°
1:5	11°19′	25°	37°

②最危险滑弧试算

(a)在坡脚附近定出一些 B 点($B_1,B_2,B_3,\cdots$),如图 6.16;

(b)在 cd 线上任选几个点 $O_1,O_2,O_3,\cdots$ 为圆心,过 B_1 点作圆弧,求得各圆弧的稳定系数 K 标于 O_1,O_2,O_3 之上方,连成曲线,找出较小 K 值点;

(c)通过 K 值较小的一点(例如 O_1 点),N_1N_2 线垂直于 M_1M_2 线,在此线上再任选几个点 $O'_1、O'_2、\cdots$ 为圆心,亦通过 B_1 点作圆弧,求各滑弧的稳定系数,将其值标于 O'_1、O'_2 的上方,连成曲线,找出最小的 K 值点(例如 O'_1 点);

(d)在多数情况下,此 O'_1 点之 K 即为最小值。如为了更精确起见,还可通过 O'_1 点再作 N_3N_4 线垂直于 N_1N_2 线,在 N_3N_4 线上定几点为圆心,做几个滑弧的 K 值计算,求得最小值即为通过 B_1 点滑弧的最小安全系数;

(e)对 $B_2,B_3,\cdots$ 各点作类似的试算,可求得各点的最小 K 值,分别标在 $B_1,B_2,B_3,\cdots$ 的上方,画 K 曲线,曲线上的最小值,即为所求坝坡的最小安全系数($B_2,B_3,\cdots$ 各点也可以选在坝坡上)。

③最危险圆弧的可能位置

由于地基、初期坝、尾矿性质和其他外力条件不同,滑弧的位置可能有几种情况:

(a) 地基条件良好,一般容易在坡脚处发生滑动;

(b) 地基较软弱时,可能连同一部分地基一起滑动;

(c) 若初期坝强度较高,也可能在初期坝以上发生滑动;

(d) 在特殊情况下,最不利滑弧位置也可能发生在尾矿未达到最终堆积标高以前的某个断面上。

6.2.4.2 有效应力圆弧法

有效应力圆弧法受力分析如图 6.17,P_i 及 P_{i+1} 是作用于土条两侧的条间力合力,滑裂面 AB 上的平均抗剪强度为:

$$\tau_f = c' + (\sigma - \mu)\tan\varphi' \tag{6.57}$$

式中:c'——有效内聚力,kPa;

φ'——有效内摩擦角;

σ——平面上法向总应力,kPa;

μ——孔隙压力,kPa。

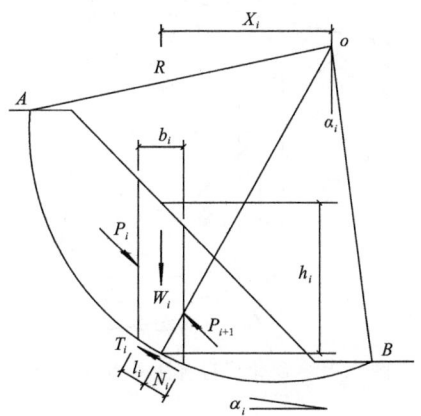

图 6.17 有效应力圆弧法受力分析图

图中 α_i 表示第 i 条块的倾角。土底切向阻力 T_i 为:

$$T_i = \tau l_i = \frac{\tau_f l_i}{F_s} = \frac{c'_i l_i}{F_s} + (N_i - \mu_i l_i)\frac{\tan\varphi'_i}{F_s} \tag{6.58}$$

式中:c'_i——第 i 条滑弧有效内聚力,kPa;

φ'_i——第 i 条滑弧有效内摩擦角;

N_i——作用于土条底部的法向应力,kPa;

l_i——为土条底面长度,m;

μ_i——第 i 条块孔隙水压力,kPa。

取土底法向力平衡,得:

$$N_i = W_i \cos\alpha_i \tag{6.59}$$

式中:W_i——各土条重量,kN。

因为 $x_i = R\sin\alpha_i$,得:

$$F_s = \frac{\sum[c'_i l_i + (W_i \cos\alpha_i l_i - \mu_i l_i)\tan\varphi'_i]}{\sum W_i \sin\alpha_i} \tag{6.60}$$

6.2.5 毕肖普法

毕肖普法是条分法的一种,假定滑动面是一个圆弧面,考虑土条侧面的作用力,并假定各土条底部滑动面上的抗滑安全系数均相同,即等于整个沿动面的平均安全系数。该方法也就是满足所有的力矩平衡条件,不满足水平向的力的平衡的坝坡稳定分析方法。

简化毕肖普法考虑了条块间的法向力,忽略了条块间的切向力。

简化毕肖普法受力分析如图 6.18,取每一土条竖直方向力的平衡,得:

$$N_i \cos a_i = W_i + X_i - X_{i+1} - T_i \sin a_i \tag{6.61}$$

式中:X_i、X_{i+1}——土条条间力竖向分力,kPa;
N_i——作用于土条底部的法向应力,kPa;
W_i——第 i 条土条重量,kN;
a_i——第 i 条块的倾角,度;
T_i——土底切向阻力,kPa。

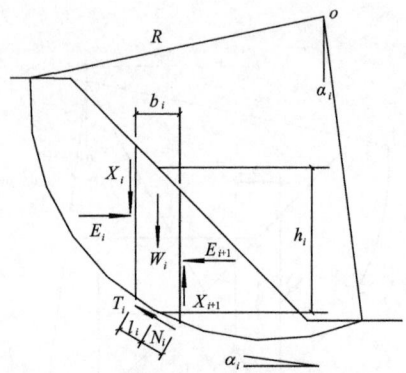

图 6.18 简化毕肖普法受力分析图

土底总法向力为:

$$N_i = \left[W_i + (X_i - X_{i+1}) - \frac{c'_i l_i \sin a_i}{F_s} + \frac{\mu_i l_i \tan \varphi'_i \sin a_i}{F_s} \right] \frac{1}{m_{a_i}} \tag{6.62}$$

式中:m_{a_i}——条块计算系数,$m_{a_i} = \cos a_i + \dfrac{\tan \varphi'_i \sin a_i}{F_s}$;

F_s——安全系数;
a_i——第 i 条块的倾角,度;
W_i——第 i 条土条重量,kN;
c'_i——第 i 条滑弧有效内聚力,kPa;
l_i——土条底面长度,m;
μ_i——第 i 条块孔隙水压力,kPa;
φ'_i——第 i 条滑弧有效内摩擦角。

考虑各土条对滑裂面圆心的力矩之和应当为零,有:

$$F_s = \frac{\sum \dfrac{1}{m_a} \{ c'_i b_i + [W_i - \mu_i b_i + (X_i - X_{i+1})] \tan \varphi'_i \}}{\sum W_i \sin a_i} \tag{6.63}$$

式中:b_i——第i条块宽度,m。

如果忽略条间作用力,则:

$$F_s = \frac{\sum \frac{1}{m_a}[c'_i b_i + (W_i - \mu_i b_i)\tan\varphi'_i]}{\sum W_i \sin\alpha_i} \tag{6.64}$$

简化毕肖普法不考虑各块间的切向力,假定条块间的合力是水平的,可以给出相当精确的结果,但限于圆弧形滑动面,需用迭代求解,但收敛很快;在坡脚附近滑动面有负钝角的场合可能产生误差;适用于土质和软岩中圆弧形破坏面的总应力分析和有效应力分析。

6.2.6 强度折减法

强度折减法是通过逐渐减小土体剪切强度,直到某一点计算不收敛为止,认为该点处于破坏状态,最大强度折减率即是最小安全系数。该法能得到较为准确的结果,能够分析从坝坡起始状态到破坏状态的变形过程,不需要假定破坏面。

采用有限元法进行坝坡稳定分析是一种近似于真实情况的方法,该方法可以满足平衡力条件、协调条件、本构方程和边界条件等要求,较为真实的模拟坝坡破坏形态及更好的体现现场条件,进而得到坝坡最小安全系数及坝坡破坏性状的详细信息,坝坡破坏过程是自动完成的,不需要假定破坏面。

为了模拟坝坡的破坏状态,需要计算任意点的安全系数,当该点的摩尔圆和破坏包络线接触,此时,该点被认为是处于破坏极限平衡状态。当这种破坏状态扩大时,坝坡就会发生整体破坏,此时有限元分析将发散,而此时安全系数就是最小安全系数。

用于强度折减法中的土体材料模型包括摩尔-库仑、德鲁克-普拉格、修正摩尔-库仑,分析过程中,本构参数除了黏聚力c、内摩擦角φ,和膨胀角是可变的,其他参数均不变。计算公式如下:

$$c_f = \frac{c}{SRF} \tag{6.65}$$

$$\varphi_f = \arctan\left(\frac{\tan\varphi}{SRF}\right) \tag{6.66}$$

式中:c_f——折减后黏聚力;

φ_f——折减后的摩擦角;

SRF——折减系数,临界破坏时的折减系数即为坝坡失稳安全系数。

目前,尚无统一的边坡失稳判据,现行的边坡失稳判据主要有以下几种:

(1)以数值计算的收敛性作为失稳判据;

(2)以特征部位位移的突变性作为失稳判据;

(3)以塑性区的贯通性作为失稳判据。

6.2.7 应力分析法

尾矿坝稳定性分析最常用的方法是极限平衡法,该方法不能解决坝体应力演化问题,然而有限元法可考虑边坡变形演化过程及土体特性。应力分析法是指通过有限元计算,获得坝体每个点处的应力结果,假设多个滑移面,并根据应力计算结果及土体力学参数,获得各个滑面的安全系数,进而计算出最小的安全系数和对应的滑面。

采用有限元法的安全系数表达式为:

$$F_s = \frac{\int_s \tau_f \mathrm{d}\Gamma}{\int_s \tau_m \mathrm{d}\Gamma} \tag{6.67}$$

式中：Γ——滑面长度，m；

τ_m——剪切应力；

τ_f——剪切强度。

针对摩尔-库仑本构模型，τ_m、τ_f 的表达式如下：

$$\tau_f = c + \sigma_n \tan\varphi \tag{6.68}$$

$$\tau_m = \frac{1}{2}(\sigma_y - \sigma_x)\sin2\theta + \tau_{xy}\cos2\theta \tag{6.69}$$

式中，σ_n 为滑面的法向力，表达式如下：

$$\sigma_n = \sigma_x \sin^2\theta + \sigma_y \cos^2\theta - \tau_{xy}\sin2\theta \tag{6.70}$$

c——黏聚力；

φ——滑面的内摩擦角；

θ——水平面和滑面之间的角度；

σ_x、σ_y——沿 x 和 y 方向应力；

τ_{xy}——剪切应力。

6.3 地震液化及动力分析

6.3.1 地震液化分析

饱和砂土受到振动、剪切或渗透，部分或全部有效应力转化为孔隙水压力，称为液化。尾矿坝由初期坝和后期尾砂堆积坝组成，初期坝一般经过碾压修筑，后期尾砂堆坝大多数采用水力充填而成，初期整个尾矿堆积坝体处于较松的饱和状态，经过排洪、排渗设施的作用，尾砂由于自重作用排水固结，但尾砂由于颗粒粗细不等，往往形成不同粒径区域的层，如尾细砂层、尾粉砂层、尾粉土层、尾粉质黏土层等。各尾砂层之间也是交互搭界，由于放矿的影响和尾砂颗粒分配因素等，尾砂沉积过程中，常形成透镜体层，即软弱夹层，此夹层对于地震作用极为敏感，有些坝体在地震作用下，由于该类别的坝料液化而丧失稳定性，另外颗粒很细的尾砂层亦易发生液化现象，对坝体稳定产生不利影响。

研究饱和砂土地震液化的常规方法有总应力法、有效应力法、有限单元法等，另外有限差分法、边界元法、振型叠加法等也是分析砂土地震液化的常用手段。

6.3.1.1 影响砂土液化的因素

砂土液化的影响因素问题的研究，近几十年都没间断过，包括研究不同液化机理产生的液化影响因素。研究表明砂土类别、砂土密度、砂土渗透性、砂土起始应力条件、地震荷载因素等为影响砂土液化的主要因素。

(1) 砂土类别

砂土类别是一个重要条件，不同的黏聚力 C 值将影响砂土的抗剪强度，也将影响液化的形成。

(2) 砂土密度

研究表明砂土具有剪缩性,砂土密度与其剪缩性成反比关系,砂土密度的增大,其剪缩性会减弱。地震荷载作用时,由于往复剪切作用,松砂体积易于缩小,孔隙水压力上升快,故松砂比较容易液化。

(3)砂土渗透性

尾砂土由于粒径大小分为尾粗砂、尾细砂、尾粉砂、尾粉土等。粗颗粒砂土由于透水性好,孔隙水压力易消散,故也不易产生液化。试验及实测资料都表明:粒径 $d_{50}=0.015\sim0.5$ mm 的砂土和塑性指数小于 7 的砂质黏土,在一定条件下都可能发生液化,其中以细、粉砂($d_{50}=0.05\sim0.09$ mm)最容易液化;滚圆的颗粒较有棱角的颗粒易液化,即粉、细砂土和粉土比中、粗砂土容易液化;级配均匀的砂土比级配良好的砂土容易发生液化。含黏粒大于 20% 的土不易液化。

(4)砂土起始应力条件

在地震作用下,砂土中孔隙水压力等于固结压力是初始液化的必要条件。如果固结压力越大,则在其他条件相同时越不易发生液化。因此,砂土的埋藏深度和地下水位深度,即土的有效覆盖压力大小就成了直接影响土体液化可能性的因素。

(5)地震荷载

地震烈度及地震持续时间也是影响液化的因素之一。室内试验表明,对于同一类和相近密度的土,在一定固结压力时,动应力较高则振动次数不多就会发生液化;而动应力较低时,需要较多振次才发生液化。

6.3.1.2 砂土及砂质黏土液化可能性的判断

砂土及砂质黏土液化可能性一般通过现场试验、室内实验、经验对比、动力分析等手段进行判断。

(1)现场试验方法。其判别法基本原理是在宏观地震液化和非液化区域,依据现场试验测得判别指标的数据,通过分析、统计和总结,建立与宏观地震灾害资料之间的关系,得出经验公式或液化分界线来判别液化与否。主要包括标准贯入击数判别法、静力触探法、剪切波速法、瑞利波速法、能量判别法。此类方法比较直观且可以考虑多个影响饱和液化的因素,避免了室内试验中土样扰动等问题,具有较强的实用性和可靠性。

(2)室内试验方法。这类方法根据室内试验模拟现场条件确定土体的抗液化强度,同时用设计地震资料计算地震动应力指标,比较两者大小判别液化与否。采用的主要室内试验有:各种类型的循环三轴压缩试验、共振柱试验、循环剪切、循环扭剪、振动台、离心机模型试验。此类方法主要用于判别大型尾矿库初期坝地基和堆积坝的饱和砂土体的液化。它可根据具体形状、场地边界、排水条件等在实验室中进行模拟,并根据实际经验对结果给予修正。因此,试验参数确定以及如何更好地模拟土体的现场情况是提高室内试验方法判别可靠度的关键。

(3)经验对比。根据宏观震害总结的经验,提出液化判别标准,如水利水电工程地质勘查部门提出的相对密度判别法。

(4)动力分析方法。动力分析方法主要有等效线性总应力动力分析法和有效应力动力分析法 2 种。前者不考虑孔隙水压力的升高对土动力特性的影响,后者则考虑了这种影响。动力分析方法适用于自由场地,也适用于判别大型尾矿库初期坝地基和堆积坝的饱和砂土体的液化。它综合考虑了地震动力特性、地形地质条件、荷载作用、边界条件等多种因素的影响,还可以研究地震过程中及以后液化区的发生、发展过程。随着计算技术的发展和数学理论的完善，目前出现了通过严谨的数学方法将影响砂土液化的各主要指标统一起来进行判别的方法，如神经网络法、支持向量机法、模糊综合评判法等。

实验室动力试验多采用两种方法模拟地震，一是模拟地震加速度，一是用等幅值的剪应力及循环次数模拟地震剪切波。

工程上对于砂土及砂质黏土液化可能性的判断主要依赖于地震现场调查。液化调查应在以下几个方面取得定量的资料：场地受到的地震作用，即地震震级、震中距或烈度、持续时间等；场地土层剖面，主要是各埋藏土层的类别、埋深、厚度、重度和地下水位；影响土体抗液化能力的主要物理力学参数。

结合尾矿库工程的特性，通常采取如下四种判别方法：

(1) 颗分曲线法

尾矿的全粒径颗分资料为非常重要的尾矿基础资料之一，根据建筑场地地震经验给出的判别液化土层的界限及尾矿颗粒分配组成，可以判定某粒径范围内的尾矿层为液化土层。

(2) 相对密度法

根据实测的尾矿相对密度与液化临界相对密度进行比较，将研究结果进行加工和归纳统计，即可判定某尾砂层的液化可能性。

当饱和无黏性土（包括砂和粒径大于 2 mm 的砂砾）的相对密度不大于表 6.11 中的液化临界相对密度时，可判为可能液化土。

表 6.11 饱和无黏性土的液化临界相对密度

地震动峰值加速度	0.05g	0.10g	0.20g	0.40g
液化临界相对密度$(Dr)_{cr}$(%)	65	70	75	85

(3) 标贯试验法

通过现场对尾砂的标准贯入锤击试验，比对计算值临界标贯击数，可以对尾砂各层液化可能性进行判别。由于标准贯入试验锤击数值的离散性往往较大，故在解决工程实际问题时，应结合现场采用多孔标贯试验资料进行判断。

符合下式要求的土应判为液化土。

$$N < N_{cr} \tag{6.71}$$

式中，N——工程运用时，标准贯入点在当时地面以下 d_s(m) 深度处的标准贯入锤击数；

N_{cr}——液化判别标准贯入锤击数临界值。

当标准贯入试验贯入点深度和地下水位在试验地面以下的深度，不同于工程正常运用时，实测标准贯入锤击数应按下式进行校正，并应以校正后的标准贯入锤击数 N 作为复判依据。

$$N = N'\left(\frac{d_s + 0.9d_w + 0.7}{d'_s + 0.9d'_w + 0.7}\right) \tag{6.72}$$

式中：N'——实测标准贯入锤击数；

d_s——工程正常运用时，标准贯入点在当时地面以下的深度(m)；

d_w——工程正常运用时，地下水位在当时地面以下的深度(m)；当地面淹没于水面以下时，d_w 取 0；

d'_s——标准贯入试验时，标准贯入点在当时地面以下的深度(m)；

d'_w——标准贯入试验时，地下水位在当时地面以下的深度(m)；若当时地面淹没于水面以下时，d'_w 取 0。

校正后标准贯入锤击数和实测标准贯入锤击数均不进行钻杆长度校正。

液化判别标准贯入锤击数临界值应根据下式计算：

$$N_{cr} = N_0 [0.9 + 0.1(d_s - d_w)] \sqrt{\frac{3\%}{\rho_c}} \qquad (6.73)$$

式中：ρ_c——土的黏粒含量质量百分率(%)，当 $\rho_c < 3\%$ 时，ρ_c 取 3%。

N_0——液化判别标准贯入锤击数基准值。

d_s——当标准贯入点在地面以下 5 m 以内的深度时，应采用 5 m 计算。

液化判别标准贯入锤击数基准值 N_0，按表 6.12 取值。

表 6.12　液化判别标准贯入锤击数基准值

地震动峰值加速度	0.10g	0.15g	0.20g	0.30g	0.40g
近震	6	8	10	13	16
远震	8	10	12	15	18

注：当 $d_s = 3$ m，$d_w = 2$ m，$\rho_c \leq 3\%$ 时的标准贯入锤击数称为液化标准贯入锤击数基准值。

公式(6.73)只适用于标准贯入点地面以下 15 m 以内的深度，大于 15 m 的深度内有饱和砂或饱和少黏性土，需要进行地震液化判别时，可采用其他方法判定。

当建筑物所在地区的地震设防烈度比相应的震中烈度小 2 度或 2 度以上时定为远震，否则为近震。

(4)相对含水率或液性指数

当饱和少黏性土的相对含水率大于或等于 0.9 时，或液性指数大于或等于 0.75 时，可判为可能液化土。

相对含水率应按下式计算：

$$W_u = \frac{W_s}{W_L} \qquad (6.74)$$

式中：W_u——相对含水率(%)；

W_s——少黏性土的饱和含水率(%)；

W_L——少黏性土的液限含水率(%)。

液性指数应按下式计算：

$$I_L = \frac{W_s - W_p}{W_L - W_p} \qquad (6.75)$$

式中：I_L——液性指数；

W_p——少黏性土的塑限含水率(%)。

6.3.1.3　液化可能性定量评判方法

地震液化判别方法分为总应力法和有效应力法两类。总应力法即剪应力对比法，将时程分析计算得到的等效剪应力比 CSR 与抗液化剪应力比 CRR 进行对比来判别尾矿坝液化情况。当某处的 CSR 大于 CRR 时，即认为该处发生了液化。有效应力法通过计算得到地震过程中动孔隙水压力的增长(有效应力的降低)来进行液化判别，当某处平均有效应力降低为 0 时，认为该处发生了液化。

剪应力对比法中，抗液化剪应力比 CRR 一般根据动三轴试验获得的动剪应力比确定，由

于实验室试验与现场试验的差异,还应考虑校正系数 C_r 的影响。即

$$CRR = C_r \left(\frac{\tau_d}{\sigma_{3c}}\right)_{\overline{N}} \tag{6.76}$$

式中:τ_d、σ_{3c}——试验中的动剪应力和围压;

$\overline{N}$——等效循环数。

等效地震剪应力比由下式确定:

$$CSR = \frac{q_d}{2\sigma'_0} \tag{6.77}$$

$$q_d = \sqrt{\frac{(\sigma_x^d - \sigma_y^d)^2 + (\sigma_y^d - \sigma_z^d)^2 + (\sigma_z^d - \sigma_x^d)^2 + 6(\tau_{xy}^d)^2}{2}}$$

式中:q_d——循环偏应力;

$\sigma_x^d, \sigma_y^d, \sigma_z^d$ 和 τ_{xy}^d——动力分析中相应方向上的正应力和剪应力,在动三轴试验中,$\frac{q_d}{2}$ 即退化为 τ_d,σ'_0 为静态下平均有效应力,与动三轴试验中固结压力相对应。

6.3.1.4 防止地震液化的措施

由于对地震引起尾矿坝液化问题还处在不断地研究过程中,在实际工程中通常采取一些技术措施,减少和防止地震液化的可能性:

(1)选择地震烈度低,基岩稳定,覆盖层薄,其土层条件好的坝址,避开活动断层;

(2)采用尾矿分级措施,选择颗粒较粗、尾矿级配良好的尾砂堆坝,可增加尾矿透水性,加速坝体固结。如果在充填过程中再辅以逐层碾压,可提高尾矿密实度,增加抗液化能力和坝坡稳定性;

(3)对尾矿堆积坝设置有效的排渗设施,最大可能降低浸润线,加速尾矿固结,增加密实度,减少液化可能区域;

(4)在尾矿堆积坝坡上加压废石增加覆盖压力或采取加筋措施,可提高抗液化能力;

(5)保持库区沉积滩有较长干滩,这样浸润线位置较低,坝体中非饱和区域较大,增加尾矿坝的地震稳定性。把液化所引起的破坏局限在库尾干湿滩分界处,使坝体减轻或免受破坏,起到一定的缓冲作用;

(6)坝型选择时,从稳定性考虑,大型尾矿坝,地震烈度高的地段,具备条件时尽量采用下游法或中线法堆筑;

(7)增强坝基稳定性,挖除坝基中有可能发生液化或软化的土层;

(8)保持或保护尾矿库周边土坡稳定性,防止滑坡塌方;

(9)设立比较富裕的坝顶超高,以适应坝体沉降、坍塌或断层错动产生的变形。

6.3.2 动力稳定分析

对于一等、二等尾矿库的抗滑稳定性,除应按拟静力法计算外,尚应进行专门的动力抗震计算,动力计算包括地震液化分析、地震稳定性分析和地震永久变形分析。静力法将尾矿坝对地震的反应假定为刚性的,方法简单,但对地震荷载估计有些偏大,得出的结果偏保守。实际上尾矿坝体是个变形体,具有弹性——黏滞阻尼性能,研究表明,在方向和幅值都随时间不断发生改变的地震惯性力作用下,坝坡的瞬时安全系数和临界破坏面的位置与形状都随时间不断变化。

尾矿坝工程的动力抗震计算，一般利用动力有限元时程法对坝坡进行稳定分析，模拟地震作用下坝坡稳定的时间效应。

6.3.2.1 动力分析计算方法

(1)动力稳定分析原理

动力分析时，建立坝体有限元模型，先进行静力分析，将坝体和坝基静力分析结果作为时程法地震动力分析的初始状态，采用等效线性法进行地震动力分析。根据动力分析成果，考虑地震过程中坝体应力的瞬时变化，分析每一时刻坝坡抗滑稳定安全系数及可能产生液化的区域，并分析地震结束后坝体的永久变形。

(2)坝坡稳定动力有限元时程法

对于动力问题，结构承受的荷载是随时间变化的，即荷载是时间的函数，得到的节点荷载列阵 F 也应是时间函数 $F(t)$。选取适当的地震波，采用时程分析法对尾矿坝在地震作用下的应力、变形和加速度等进行模拟，其动态控制方程为：

$$Ma + Du + Ks = F \tag{6.78}$$

式中：M——质量矩阵；

K——刚度矩阵；

D——阻尼矩阵；

F——荷载矢量；

a——节点加速的矢量；

u——节点速度矢量；

s——节点位移矢量。

阻尼矩阵 D 为质量矩阵 M 和刚度矩阵 K 的线性组合：

$$D = \alpha M + \beta K \tag{6.79}$$

式中：α、β——瑞利阻尼系数，与阻尼比 λ 的关系为：

$$\lambda = \frac{\alpha + \beta \omega^2}{2\omega}$$

式中：ω——系统震动的基本圆频率。

对于动力方程的求解，一般采用逐步积分法，常用的方法有线性加速度法、Wilson-θ 法、Newmark-β 法等。

动荷载作用下土体的应力-应变关系表现为非线性、滞后性和变形累计 3 个特点，研究土的动应力-应变关系主要有黏弹性模型和黏弹塑性模型两大类。目前应用于尾矿坝实际抗震分析的动本构模型，以黏弹性模型为主，在参数的确定和工程应用方面也积累了一定的经验，但需结合其他方法对永久变形进行计算。

坝坡动力稳定动力有限元时程法考虑地震过程中坝体应力的瞬时变化，计算出每一时刻坝坡抗滑稳定安全系数。在分析过程中用到滑面应力分析法，滑面应力分析法是以有限元应力分析为基础，按潜在滑动面上整体和局部的应力条件，运用不同的优化方法来确定最危险滑动面。此方法与极限平衡法计算步骤类似，先确定求解安全系数然后寻找最小安全系数和对应的滑动面位置。可以说直接由极限平衡法演化而来，物理意义明确，滑动面上的应力状态更接近真实情况，也同样得到最小安全系数和最可能滑动面，使用方便。

滑面应力分析有限元法假定的滑裂面均为圆弧滑动面，根据沿滑动面剪应力的计算方法安全系数定义为：

$$F_s = \frac{\int (c + \sigma_n \tan\varphi) \mathrm{d}l}{\int \tau \mathrm{d}l} \tag{6.80}$$

其中，抗滑力基于摩尔-库仑准则得到。

滑面应力分析有限元法计算要点如下：

先按条分法的方法对潜在滑动面进行剖分，得到滑面上的计算点，这些点的应力状态由有限元计算所得的节点上的应力状态插值而来。有限元法计算得到的应力状态都位于高斯点上，需要通过形函数将应力状态映射到单元的节点上。一个节点可能是几个单元共用的节点，需要将这些单元算得的该节点的应力状态进行平均，作为此节点的应力状态 σ_x、σ_y、τ_{xy}。通过滑面与有限元网格的交点对土条细分，对同一单元内线段上的应力进行插值优化，最终得出各土条中心点上的应力状态。

根据摩尔应力圆公式，求出各土条底部中心点上的法向应力 σ_n 和切向滑移剪应力 τ_m：

$$\sigma_n = \frac{\sigma_x + \sigma_y}{2} + \frac{\sigma_x - \sigma_y}{2}\cos2\theta + \tau_{xy}\sin2\theta$$

$$\tau_m = \tau_{xy}\cos2\theta - \frac{\sigma_x - \sigma_y}{2}\sin2\theta \tag{6.81}$$

式中：σ_x、σ_y——土条底部中心 x 向和 y 向正应力；

τ_{xy}——xy 向剪应力；

θ——由 x 轴正向转至法向应力作用线的角度。

最终由下式求得整个滑裂面上的安全系数：

$$F_s = \frac{\sum(c_i + (\sigma_n - u_i)\tan\varphi_i)l_i}{\sum \tau_m l_i} \tag{6.82}$$

式中：c_i——土条底部有效黏聚力；

φ_i——为内摩擦角；

l_i——土条底部长度，m；

u_i——土条底部所受的孔隙水压力，kPa。

(3) 地震液化基本原理

少黏性土受地震力作用后，使土体积缩小、孔隙压力剧增，从而使有效压力减小，使土迅速减小或完全丧失抗剪强度，使土体像液体一样流动或喷出地面，成为地基液化。

根据动三轴试验的结果，Seed(1967)给出了初始液化(Initial liquefaction)(有时 Seed 等也简称其为液化)的定义：在简谐循环荷载作用下，饱和砂土孔隙中的残余孔隙压力初次等于所施加的围压时的状态，即峰值循环孔压与围压的比值初次达到 100% 的条件或状态。初始液化时，土样的轴向应变(双峰值差的轴向应变)大致为 5%。因此有时也把土样动轴向应变值初次达到 5% 的状态称为初始液化。Seed 学派把初始液化作为判别液化势的一个准则而得到广泛应用。

实际液化：在冲击或应变的作用下，松散饱和砂土的强度极大地降低，在极端情况下将导致流动滑移破坏。

循环液化：在动三轴循环荷载作用下，具有膨胀性趋势的较密实的砂样中孔隙水压力在每一循环中将瞬时达到围压的响应或状态,它是动力和静力荷载同时作用的结果。循环活动性也是类似定义的。

应该指出,循环液化或循环活动性一般是在较密实的(具有膨胀趋势的)饱和砂土中不排水循环荷载作用下才能发生,但不会产生实际液化也不会引起流动滑移破坏。因为进一步的应变会产生膨胀和负孔隙压力。一旦循环荷载停止,饱和砂土还是稳定的,只不过会产生一定量的残余变形。除非密砂在振动过程中,先由密振松然后才可能产生实际液化。

砂土液化引起的流动滑移通常是先由动力循环作用引起强度降低,然后主要在静力作用下引发流动滑移破坏。因而绝大多数液化流动滑移破坏是在地震以后的一段时间才发生。

(4)地震永久变形基本原理

在强震荷载作用下,土体将产生不可恢复的瞬时滑移变形或整体永久变形。永久变形的发展严重危及尾矿坝的安全和正常使用,如何预测土体地震后的永久变形成为尾矿坝抗震性能安全评价中一个重要的方面。尾矿坝永久变形分析的目的,一方面是根据变形量的大小对坝坡是否失稳进行判别,另一方面还须通过分析其坝顶的沉降情况判断震后安全超高还能否满足要求,以防止发生溃坝事故。因此,相比于仅能给出单一变形量的滑动体变形分析,能够得到坝体内不同位置变形分布情况的整体变形分析更加适合尾矿坝的永久变形分析。

永久变形计算可采用残余体应变和残余剪应变推算而得,残余体应变和残余剪应变采用如下增量形式:

$$\begin{cases} \Delta\varepsilon_{vp} = c_1 \lg e\left(\dfrac{\sigma'_m}{p_a}\right)^{1-n_{GM}} \left(\dfrac{\tau_d}{\sigma'_m}\right)^{c_2} \dfrac{\Delta N}{N+1} \\ \Delta\varepsilon_{rp} = c_3 \lg e\left(\dfrac{\sigma'_m}{p_a}\right)^{1-n_{GM}} \left(\dfrac{\tau_d}{\sigma'_m}\right)^{c_4} S^{n_{GM}} \dfrac{\Delta N}{N+1} \end{cases} \quad (6.83)$$

式中:$\Delta\varepsilon_{vp}$——残余体变增量;

$\Delta\varepsilon_{rp}$——残余剪应变增量;

N——等效振动次数;

S——静应力水平;

C_1、C_2、C_3、C_4、n_{GM}——试验参数。

目前常用的永久变形分析方法分为两类:滑动体变形分析和整体变形分析。滑动体变形分析以 Newmark(1965)提出的屈服加速度概念为基础。当土体内某一刻地震导致的平均加速度超过其屈服加速度时,沿破坏面就会发生滑动,将所有超载时刻的滑移量累加,即得到最终的永久变形。整体变形分析假定地震作用下土体均为可变形的连续介质,基于永久变形产生的不同机理进行简化,采用静力方法对永久变形进行计算,可以分为软化模量法和等效节点力法两类。软化模量法认为永久变形是由于地震导致土体模量的降低造成的,永久变形等于模量降低前后土体静变形之差;等效节点力法认为地震力对变形的影响可用一组作用于单元节点上的静节点力(即等效节点力)代替,永久变形等于等效节点力作用下产生的附加变形。软化模量法中,根据时程分析得到的动孔隙水压力计算刚度的软化和强度的弱化,进而得到地震前后变形的差值为永久变形。由于地震中孔隙水压力的上升导致材料有效应力的降低,因此,震后材料的抗剪强度和弹性模量等与有效应力有关的强度和刚度参数也均有所降低,部分区域甚至可能由弹性状态转化为塑形状态。软化模量分析法中,将震后渗流场代入震前应力场中,由此产生不平衡力,采用静力方法计算得到由于不平衡力引起的变形。

6.3.2.2 动力分析计算步骤

(1) 输入地震动力参数

根据现场工程地质勘查报告，参照《水工建筑物抗震设计规范》及《尾矿设施规范》选取设计加速度值，动力计算时，采用该场地实际地震波或模拟地震波，并将幅值技术处理后作为地震动输入。

(2) 材料动力模型参数

根据工程地质勘查资料，整理各种尾矿料的动力模型参数；根据尾矿料液化特性的试验研究，先计算破坏振动参数，然后根据破坏振次与孔压的试验关系，计算尾矿坝地震过程中的动孔压，判断其液化特性。

6.3.2.3 计算成果分析

计算模型的典型节点和典型单元一般选取在坝体的特殊位置，如坝顶、坝基等处，通过动力模型计算，汇总加速度反应、动剪应力、液化区域、永久变形等，参照类似工程计算结果进行分析。

根据抗震分析的结果对尾矿库进行安全评价主要从两方面着手：

(1) 稳定分析评价。如按震后强度计算的稳定系数远大于 1.0，尾矿坝变形较小，则可判定尾矿坝可在地震工况下正常运行。如果坝的抗液化安全系数小于 1.0 或接近 1.0，同时抗震后残余抗剪强度计算的抗滑安全系数也不足 1.0 或接近 1.0，则坝的抗震安全令人担忧。

(2) 变形分析评价。对尾矿坝的变形进行评价，要区分下述三种情况：液化不会发生；液化可能发生，但不影响尾矿坝整体稳定；液化可能发生，并将造成尾矿坝稳定性的丧失。对于前两种情况，需要作出的判断是：预测的临界滑动面的变形是否足够小，以免在坝体和坝基中引起可能发生管涌等内部侵蚀的裂缝；震后的抗滑安全系数和现有的坝顶安全超高是否足够。抗震安全评价不仅要依据抗震分析的结果，还要考虑到分析所采用的计算理论和基本假设的可信度水平以及分析中所采用参数的不确定性程度作出综合评价。

6.3.2.4 时程分析中的关键参数

(1) 地震波的时长

动参数的合理选择，对于尾矿坝动力反应时程分析具有重要意义。输入动荷载一般采用基岩的振动作用，以加速度时程曲线的形式表示。由于地震的随机性，输入地震波加速度时程曲线的特性，分别用振动的幅值（一般为峰值加速度）、频率和持续时间三个主要参数表达。

《中国地震动参数区划图》(GB 18306—2015) 对我国不同地区不同场地类型的设计峰值加速度和特征周期进行了规定，抗震分析中可依据该标准进行动荷载的选取。但对于输入地震波的持续时间，目前尚无规范进行具体规定。《尾矿设施设计规范》(GB 50863—2013) 中对人工合成地震加速度时程的持续时间给出了建议区间，见表 6.13。

表 6.13 地震震级与地震波时长的对应关系

震级	地震持续时间(s) (括号内为平均值)
6.0	10~20(15)
6.5	10~25(17.5)
7.0	15~30(22.5)
7.5	25~35(30)
8.0	35~45(40)

(2) 等效循环数和剪应力比的校正系数

在采用剪应力对比法（循环应力法）进行液化判别中，应采用式(6.76)确定抗液化剪应力比 CRR。在土动力学中常将一个不规则的地震动力时程等效为一个等幅的往返荷载，即要求这个往返荷载在以某一个幅值和某一振次作用时能够产生与原不规则波相等的效应。这种等效的概念在动三轴试验方法和等效线性地震动力分析中具有广泛应用。Seed(1971)通过对大量强地震资料的分析，提出采用最大荷载振幅的 65% 作为等幅动力时程的幅值，并对不同震级对应的等效循环数建议见表 6.13。

由于室内动三轴试验与现场条件的差异，动三轴试验结果远远大于现场条件下的抗液化剪应力。因此，采用动三轴所得动强度进行液化判别时还须引入一个小于 1 的校正系数 C_r。Seed(1967)通过对比大型振动台和动三轴试验结果，认为 C_r 在给定的循环数下时一个常数，且随循环数的增加而有所降低。当循环数为 2～30 时，单向振动时，取 0.66～0.61。考虑到现场包含多向振动的影响，可再增加一个 0.9 的修正系数，即 C_r 取 0.59～0.55。

6.4 调洪演算

尾矿库调洪演算的任务，主要是在确定洪峰流量、洪水总量和洪水过程线的基础上，分析排水构筑物的泄流流量，确定尾矿库调洪库容、调洪高度及洪水位。当尾矿库需要调节水量时，则需进行尾矿库生产水位和排水构筑物下泄流量调节，以确定在保证干滩长度的前提下所需的调节库容和水量。

调洪演算的主要步骤如下：

(1) 根据尾矿库的等别，确定洪水计算的尾矿库防洪标准，即可抵御的洪水频率。我国现行设计规范规定的防洪标准按表 1.6 确定。当确定尾矿库等别的库容或坝高偏于下限，或尾矿库使用时间较短，或失事后危害较轻的，宜取重现期的下限；反之，宜取上限；

(2) 查算地区水文手册，对尾矿库所在流域进行相应频率的设计暴雨计算；

(3) 根据地区水文手册，进行相应频率的设计洪水计算，包括计算洪峰流量、洪水总量及洪水过程线推求；

(4) 计算排水系统不同水位对应的下泄能力；

(5) 进行调洪演算。

6.4.1 洪水计算常用方法

洪水计算过程如图 6.19。首先根据尾矿库地理位置，确定尾矿库以上流域的特征（流域面积 F、主河槽长度 L、流域平均坡度 J 等），同时查算暴雨参数等值线图，计算流域中心设计点暴雨，计算流域设计面暴雨，然后按暴雨雨型进行设计暴雨时程分配，再按照产流计算算法计算净雨过程，按照汇流计算算法计算地面径流过程，确定地下径流过程后得到流域洪水过程线。整体上分为设计暴雨计算和设计洪水计算两部分，设计暴雨计算主要是为了得到流域的 24 h 暴雨时程分配过程，设计洪水计算是计算设计暴雨对应的设计洪水。

6.4.1.1 设计暴雨计算方法

地区年最大 10 min、60 min、6 h、24 h 以及 3 d 暴雨均值、变差系数等值线图和最大点雨量分布图，一般是根据地区长系列（40～50 年）实测资料站点，进行频率统计和分析，并按适线值绘制的，在勾绘变差系数（C_v）等值线图时，适当考虑某些暴雨特大值在一致区内移置的可

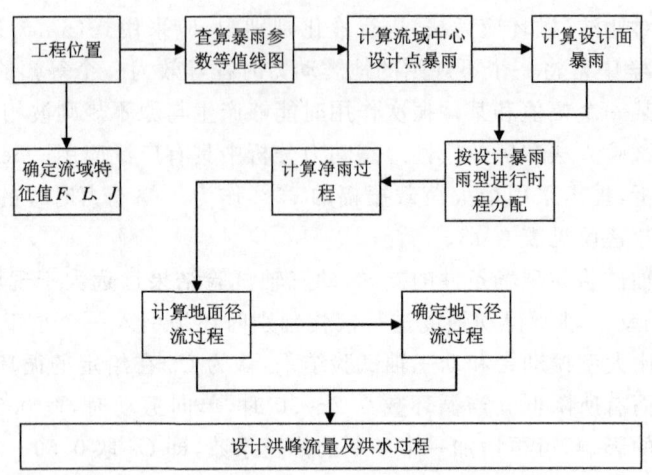

图 6.19　尾矿库以上流域洪水计算过程

能性及 Cv 的面上分布规律而进行一定平衡,这在一定程度上克服了由于单站资料系列代表性不足引起的误差,适线统计采用皮尔逊Ⅲ型曲线并取偏差系数 $Cs=3.5Cv$,所以有时由图查得的统计参数特征值与当地实测资料计算的不尽一致。应用这些等值线图查算某工程地点各种参数时,以流域中心位置,根据等值线的趋势,按比例内插取值。

应用暴雨参数等值线图推求任意时段(t)设计暴雨时,可用下列暴雨公式计算:

$$\begin{cases} P_T = P_{10\min}(t/10)^{1-n_1} & (10\text{ min} \leqslant t < 60\text{ min}) \\ P_T = P_{60\min} t^{1-n_2} & (60\text{ min} \leqslant t < 6\text{ h}) \\ P_T = P_6(t/6)^{1-n_3} & (6\text{ h} \leqslant t < 24\text{ h}) \\ P_T = P_6(t/24)^{1-n_4} & (24\text{ h} \leqslant t < 3\text{ d}) \end{cases} \tag{6.84}$$

式中:

n_1——10～60 min 暴雨递减指数,$n_1 = 1 + 1.285\lg(P_{10\min}/P_{60\min})$;

n_2——60～6 h 暴雨递减指数,$n_2 = 1 + 1.285\lg(P_{60\min}/P_{6h})$;

n_3——6～24 h 暴雨递减指数,$n_3 = 1 + 1.661\lg(P_{6h}/P_{24h})$;

n_4——24 h～3 d 暴雨递减指数,$n_4 = 1 + 2.096\lg(P_{24h}/P_{72h})$。

通过对区域发生的量级大且具有一定代表性的暴雨资料分析,从出现频次较多并对洪水调节计算较为不利的实测雨型中概化为一个综合雨型作为设计暴雨的统一雨型,并分别给出 60 min、3 h、6 h 和 24 h 为时段的暴雨时程分配雨型。在使用中凡用推理公式法计算设计洪峰流量时,视流域面积大小采用以 60 min 或 3 h 为时段的暴雨雨型进行分配计算。

6.4.1.2　简化推理公式法

推理公式的基本形式为:

$$Q = \frac{1}{3.6}\varphi i F \tag{6.85}$$

式中: $i = \dfrac{S}{\tau^n}$,$T = \dfrac{L}{3.6v}$,$v = mJ^{1/3}Q^{1/4}$,$\varphi = 1 - \dfrac{\mu}{i}$。

i——暴雨强度,mm/h;

S ——暴雨雨力,mm/h;

τ ——降雨历时,h;

n ——暴雨折减系数;

T ——汇流时间,h;

L ——主河道长度,km;

v ——汇流速度,m/s;

m ——汇流参数;

J ——流域平均坡度,‰;

Q ——洪峰流量,m³/s;

φ ——洪峰径流系数;

μ ——产流历时内平均入渗率,mm/h。

简化推理公式是根据推理公式的基本形式进行推演,并运用二项式定理的近似计算公式加以简化而得,适用于较小汇水面积的洪水计算。它与原型公式比较,产生的误差最大不超过1%,当可直接求解,省去联解试算过程,应用较方便。

简化推理公式如下所示:

$$Q_p = \frac{A(S_p F)^B}{\left(\dfrac{L}{mJ^{1/3}}\right)^C} \tag{6.86}$$

式中:Q_p——设计频率 p 的洪峰流量,m³/s;

S_p——频率为 p 的暴雨雨力,mm/h;

F——坝址以上的汇水面积,km²;

L——由坝址至分水岭的主河槽长度,km;

m——汇流参数;

J——主河槽的平均坡降;

μ——历时内流域平均入渗率,mm/h;

A、B、C、D——最大洪峰流量计算系数,根据以下公式确定。

$$A = \left(\frac{1}{3.6}\right)^{\frac{4(1-n)}{4-n}} \quad B = \frac{4}{4-n} \quad C = \frac{4n}{4-n} \quad D = \frac{1}{3.6} \times \frac{4}{4-n}$$

式中:n——暴雨递减指数,当 $\tau \leqslant 1$ 时,取 $n=n_1$,$\tau > 1$ 时,取 $n=n_2$(n_1、n_2 可由当地水文手册查取);

τ——流域汇流历时,h。

简化推理公式的计算方法:

先取 $n=n_1$,计算 A、B、C、D,并按下述确定出 S_p、m、J、μ,代入式(6.86)即可求出一个 Q_p,然后再计算 τ。当计算的 τ 值也小于或等于 1 时,Q_p 即为所求;如计算得 $\tau > 1$ 时,则应取 $n=n_2$ 重新计算。有时可能遇到如下情况,设 $\tau \leqslant 1$,算出得 $\tau > 1$;再设 $\tau > 1$,算出得 $\tau \leqslant 1$。遇到此种情况,可取 $n = \dfrac{n_1 + n_2}{2}$ 进行计算。

(1)S_p 的计算

$$S_p = \frac{H_{24p}}{24^{1-n}} \tag{6.87}$$

式中：H_{24p}——频率为 p 的 24 小时降雨量，mm，$H_{24p} = K_p \overline{H}_{24}$；

　　K_p——模比系数，由相关资料查取；

　　$\overline{H}_{24}$——年最大 24 小时降雨量均值，mm，由当地水文手册查取；

　　n——暴雨递减指数。

(2) m 的确定

汇流参数 m 是反映洪水汇流特征的参数，与流域河网的调节作用、水力学特性以及气候条件等都有关系。该参数对流量计算的影响很大，应尽可能从当地的水文手册中查取。如无此项资料时，m 也可以参照表 6.14 选用。

表 6.14　汇流参数 m 值表

流域河道情况	m		
	$\theta=1\sim30$	$\theta=30\sim100$	$\theta=100\sim400$
周期性水流陡涨陡落，宽浅型河道，河床为粗粒石，流域内植被覆盖，黄土沟壑地区，洪水期挟带大量泥沙	0.8~1.2	1.2~1.4	1.4~1.7
周期性或经常性水流，河床为卵石，有滩地，并长有杂草，流域内多为灌木或田地	0.7~1.0	1.0~1.2	1.2~1.4
雨量丰沛湿润地区，河床有山区型卵石、砾石，河槽流域内植被覆盖较好或多为水稻	0.6~0.9	0.9~1.1	1.1~1.2

(3) J 的计算

J 为沿 L 的坡面和河道平均比降，需自分水岭起根据沿流程的比降变化特征点高程，按下式用加权平均法求得：

$$J = \frac{(Z_0 + Z_1)l_1 + (Z_1 + Z_2)l_2 + \cdots + (Z_{n-1} + Z_n)l_n - 2Z_0 L}{L^2} \tag{6.88}$$

式中：Z_0——主河槽纵断面上，坝址断面处的地面标高，m；

　　Z_i——坝址上游各计算断面处的地面标高，$m, i=1,2,3,\cdots,n$；

　　l_i——各相邻计算断面间的水平距离，$m, i=1,2,3,\cdots,n$；

　　L——由坝轴线至分水岭的主河槽水平长度，m；

(4) μ 的计算

入渗率 μ 值可先按下式求出：

$$\mu = X \left(\frac{S_p}{h_R^n}\right)^Y \tag{6.89}$$

式中：X、Y——计算参数，$X = (1-n)n^{\frac{n}{1-n}}$，$Y = \frac{1}{1-n}$；

　　h_R——历时 t_R 的主雨峰产生的径流深，mm。

对于有暴雨径流相关资料的地区，可根据主雨峰降雨量 $H_R = S_p t_R^{1-n}$ 由暴雨径流相关图上查取；对于无上述资料的地区，则可按式(6.90)计算历时 24 小时降雨的径流深 $h_{R_{24}}$，取 $h_R = h_{R_{24}}$。

$$h_{R_{24}} = \alpha_{24} H_{24p} \tag{6.90}$$

式中：α_{24}——历时 24 小时的降雨径流系数，可由表 6.15、表 6.16 查取。

表 6.15 山区降雨历时等于 24 小时的径流系数 α_{24} 值

H_{24}(mm)	山 区				
	100~200	200~300	300~400	400~500	>500
黏土类	0.65~0.80	0.80~0.85	0.85~0.90	0.90~0.95	>0.95
壤土类	0.55~0.70	0.70~0.75	0.75~0.80	0.80~0.85	>0.85
沙壤土类	0.40~0.60	0.60~0.70	0.70~0.75	0.75~0.80	>0.80

表 6.16 丘陵降雨历时等于 24 小时的径流系数 α_{24} 值

H_{24}(mm)	丘 陵 区				
	100~200	200~300	300~400	400~500	>500
黏土类	0.60~0.75	0.75~0.80	0.80~0.85	0.85~0.90	>0.90
壤土类	0.30~0.55	0.55~0.65	0.65~0.70	0.70~0.75	>0.75
沙壤土类	0.15~0.35	0.35~0.50	0.50~0.60	0.60~0.70	>0.70

在计算出 μ 值后,应用下式进行复核:

$$t_c = \left[(1-n_2)\frac{S_p}{\mu}\right]^{\frac{1}{n_2}} \leqslant t_R \tag{6.91}$$

式中:t_c——主雨峰产流历时,h;

t_R——主雨峰降雨历时,h,取 $t_R = 24$ h;

其他符号意义同前。

复核结果,如满足式(6.91)的条件,则按式(6.89)计算出的 μ 值即为所求。如 $t_c > t_R$,则应该按下式计算 μ 值。

$$\mu = (1-a_{24})\frac{H_{24p}}{24} \tag{6.92}$$

式中符号意义同前。

(5) τ 的计算

$$\tau = 0.278 \frac{L}{mJ^{1/3}Q_p^{1/4}} \tag{6.93}$$

式中符号意义同前。

(6)洪水总量计算

洪水总量按下式计算

$$W_{tp} = 1000\alpha_t H_{tp} F \tag{6.94}$$

式中:W_{tp}——历时为 t,频率为 p 的洪水总量,m³;

α_t——与历时 t 相应的洪水径流系数;

H_{tp}——历时为 t,频率为 p 的降雨量,mm;

F——流域汇水面积,km²。

(7)洪水过程底宽

$$T = 9.67 \frac{W_{tp}}{Q_p} \tag{6.95}$$

式中:T——历时为 t,频率为 p 的洪水地面径流底宽,h。

(8)洪水过程线

应用推理公式求出洪峰流量后,尚需选配洪水过程线,目前常用的有以下几种方法:

①三角形过程线法

将净雨过程分成几段,分别求出各段净雨产生的三角形过程线,按时序相加即得流域出口处的设计地面径流过程线。具体做法如下:

(a)根据已定的洪峰流量 Q_m、汇流时间 τ 和相应的最大净雨深 h_τ,由设计净雨过程中确定 h_τ 出现的位置,如图 6.20 中的第Ⅲ区。然后再将其他的净雨过程分为 h_τ 前和 h_τ 后两部分,若净雨过程为双峰型,次峰再分一段,如图 6.20 中的第Ⅰ、Ⅱ、Ⅲ区。各区的净雨深分别为 h_1、h_2、h_τ 和 h_4,与其相应的净雨历时分别为 t_{c_1}、t_{c_2}、τ 和 t_{c_4}。

(b)先绘制形成最大流量的第Ⅲ区三角形过程线。该三角形为底宽等于 2τ,峰高为 Q_m 的等腰三角形。时段净雨开始点作为洪水起涨点,洪峰出现在起涨历时等于 τ 处,如图 6.20 中的Ⅲ区三角形。

(c)其他各区的净雨深是已知的,三角形的底宽一般取 $t_{c_1}+\tau_c$。如第Ⅰ、Ⅱ、Ⅳ区三角形的底宽分别为 $t_{c_1}+\tau$、$t_{c_2}+\tau$ 和 $t_{c_4}+\tau$。如果 $t_{c_1}+\tau<2\tau$ 时,则三角形底宽改用 2τ。各段净雨所形成的三角形的洪峰流量按下式计算:

$$Q_m = 0.556 \frac{h_1 F}{t_{c_1}+\tau} \tag{6.96}$$

(d)从调洪结果偏于安全的角度出发,在主峰前的三角形的峰高一般可放在主峰(即Ⅲ区三角形)的起涨点。主峰后的三角形的峰高放在主峰的退水终止点。三角形的起点都与时段净雨的开始点相同。三角形的底宽应等于 $t_{c_1}+\tau$,如图 6.20 中的第Ⅱ、Ⅳ区三角形所示。

(e)各时段净雨产生的三角形重叠部分同时间相加即得流域出口处的地面径流过程线。要注意叠加后的洪峰必须等于计算的 Q_m 值。

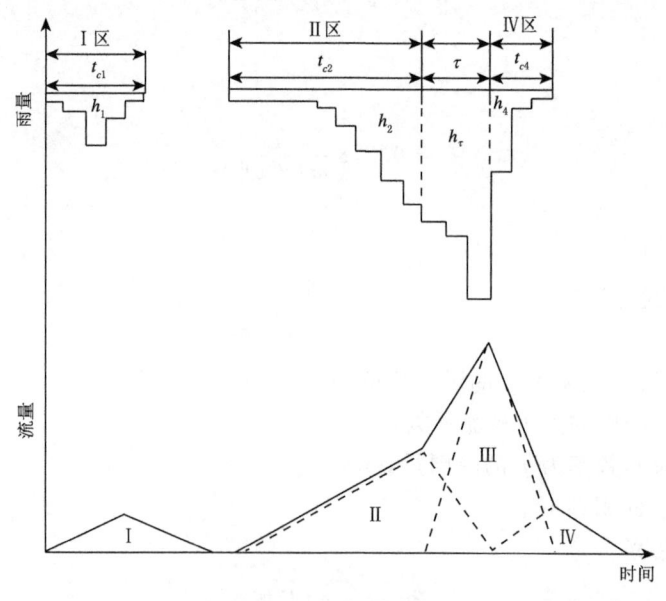

图 6.20 洪水过程线

②五点概化过程线法

五点概化过程线法的计算原则和叠加方法与三角形法相同,只是主峰段的等腰三角形改为五点概化三角形(图 6.21),基本要求是涨水段的面积 $\triangle ADC$ 应等于退水段增加的 $\triangle B'EB$ 的面积。五点概化法各转折点的坐标见表 6.17。对于按水文手册推理公式法计算的洪水进行五点概化后还需加上地下水径流过程,最后形成总的洪水过程。地下径流计算在下节详述。

表 6.17 五点概化过程线转折点坐标

坐标	A 起涨点	B 起涨段转折点	C 洪峰	D 退水段转折点	E 终止点
流量 $Q_t(\text{m}^3/\text{s})$	0	$0.1Q'_m$	Q'_m	$0.2Q'_m$	0
时间 $t(\text{h})$	0	$0.1T$	$0.25T$	$0.5T$	T

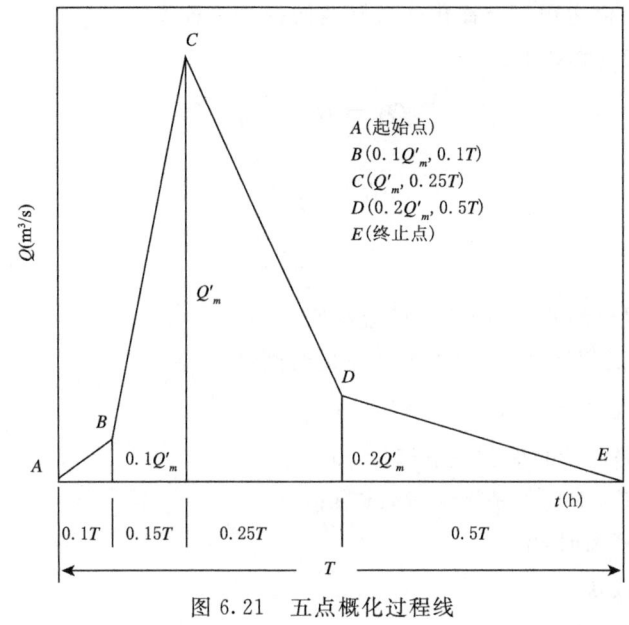

图 6.21 五点概化过程线

③概化过程线法

主峰 τ 时段三角形用概化过程线,它是实测资料综合分析所得的洪水过程线模型,一般采用相对坐标。例如横坐标用 t_1/T 或 t_1/t_x,纵坐标用 Q_1/Q_m 来表示。其中 t_1 和 Q_1 分别为各点的时间和流量坐标,T 和 t_x 为洪水过程线的总历时和上涨时间。但要注意这种方法计算出的主峰段流量不一定等于相应的净雨深 h_τ,需要进行修正,使其完全相等。

不论采用经验公式法或推理公式法计算的设计洪峰流量,都需要用各地区已经发生的特大暴雨洪水资料,历史调查洪水或附近具有实测的长系列站推算的设计洪水进行对比分析,检验结果的合理性。

6.4.1.3 水文手册推理公式法

在设计条件下,流域最大蓄水量(I_m)及前期土壤含水量(P_a)各地均有差异,南方各省平均分别约为 120 mm 及 80 mm 左右,平均最大损失量为 40 mm。如江西省,该省属于亚热带湿润季风气候区,降雨径流的主要方式为蓄满产流,一次降雨的径流总量($R_总$)取决于降雨量(P)和雨前土壤含水量(P_a)两个因素,降雨径流相关采用 $R_总 = f(P + P_a)$ 形式。

下渗率(f_c)大小取决于降雨历时(t)和降雨历时内的平均降雨强度($\overline{I}$),采用$f_c=f(\overline{I},t)$的形式。地方水文手册一般分区给出降雨径流相关查算表以及f_c计算经验公式。

推理公式的基本计算公式如下:

$$\begin{cases} Q = 0.278 \dfrac{h}{\tau F} \\ \tau = 0.278 \dfrac{L}{mJ^{1/3}Q_p^{1/4}} \end{cases} \tag{6.97}$$

式中:h——各时段的净雨量,mm。

推理公式法主要是确定汇流参数m,m值根据地区不同,可以查相关图得到,也可根据经验公式计算得到。根据以上公式点绘$Q-\tau$曲线图,两个曲线的交点即为所求的Q和τ值。根据计算得到的Q和τ值运用五点概化法得到地面径流过程线。

地下径流过程的计算如下:

$$Q_d = R_下 \frac{F}{3.6T} \tag{6.98}$$

$$Q_g = \frac{T_p}{T} Q_d \tag{6.99}$$

$$Q_t = \frac{t}{T} Q_d \tag{6.100}$$

式中:Q_d——地面径流终止点,即地下径流峰值,m³/s;

T——地面径流过程底宽,即地下洪峰流量时间,h;

$R_下$——地下径流深,mm,$R_下 = \sum f_c t$;

Q_g——地面洪峰流量对应的地下流量,m³/s;

Q_t——任意时刻t对应的地下流量,m³/s;

T_P——地面洪峰滞时,h。

6.4.1.4 瞬时单位线法

瞬时单位线计算公式:

$$u(0,t) = \frac{1}{KT(n)} \left(\frac{t}{k}\right)^{n-1} e^{\frac{t}{k}} \tag{6.101}$$

$$m_1 = nk = AI^{-\beta}$$

纳希瞬时单位线模式,主要是定量两个参数n和k值,两个参数的乘积($m_1=nk$)称单位线洪峰滞时,是一个揭示流域本质的参数。一般来说,需把区域分区后建立参数相关图,通常为$m\sim F/J$相关图,或相关经验公式,求得m值。参数n与流域面积(F)大小相关,没有区域性差别,参数n与F关系见表6.18。

表6.18 n、F关系表

F(km²)	<10	10~200	200~1000
n	1.5	2.0	3.0

实际应用中,根据m_1和n值计算K值后,查算时段单位线查算表,得到每个时段不同k值的纳希单位线。在编程计算中,首先计算出S曲线,通过S曲线计算得到时段单位线。计算公式如下:

$$S(t) = \int_0^t \frac{1}{KT(n)} \left(\frac{t}{K}\right)^{n-1} e^{\frac{t}{K}} dt \tag{6.102}$$

$$u(t) = S(t) - S(t - \Delta t)$$

式中：Δt——计算时段长，h。

计算出 $u(t)$ 后，通过时段转换得到时段单位线，时段转换公式如下：

$$q(t) = \frac{10F}{3.6\Delta t} u(t) \tag{6.103}$$

式中：$q(t)$——时段单位线；

F——流域面积，km²。

转换为时段单位线后，分时段计算单位线过程，后累加为地面径流过程。

6.4.1.5 经验公式法

估算洪峰流量的地区综合经验公式，结构简单，应用广泛，其中包括三类参数、计算参数、经验参数和计算参数的经验性指数。计算参数主要反映流域几何特征和暴雨特性等，通过量算或实测资料分析求得经验参数。经验参数反映流域综合因素如地质、地貌、植被、土壤等下垫面因素，可按地貌类型或地区分类综合求得计算参数的经验性指数。这类指数通常由实测资料分析求得，有时也可以根据一定的概化条件推导而得。

计算洪峰流量的经验公式形式很多，最常见的是：

$$Q_m = CF^n \tag{6.104}$$

式中：Q_m——设计洪峰流量，m³/s；

C——经验参数；

F——流域面积，km²；

n——经验指数。如果经验参数带有频率概念，则 Q_m 也带有频率。

6.4.1.6 水量平衡法

水量平衡法是非线性汇流计算法，用水动力学方法分别解决坡面、地下和河槽的汇流计算问题，从而求出坝趾断面处的洪水过程线及洪峰流量。故本法尤适用于解决流域内分部计算的问题。

水量平衡方程式为：

$$\bar{I} - Q_{i-1} + M_{i-1} = M_i \tag{6.105}$$

式中：$\bar{I}$——时段平均入流，m³/s；

Q_{i-1}——时段初的出流，m³/s；

M_{i-1}——时段初 M 值，m³/s；

M_i——时段末 M 值，m³/s。

按此方程可列表计算，其方法及步骤如下：

(1) 确定设计暴雨 H_{24p} 的时程分配（见本节洪水过程线部分）

(2) 进行坡面汇流计算

① 计算与绘制辅助曲线

按表 6.19 所列坡面汇流公式，假设一系列 Q 值求出相应的 M 值（表 6.20），绘出坡面汇流 Q-M 辅助曲线（图 6.22）。

表 6.19 汇流辅助曲线计算公式

汇流类别	坡面汇流	地下汇流	河槽汇流
计算公式	$M = \left(\dfrac{\tau_s}{\Delta t} + 0.5\right)Q$ $\tau_s = \dfrac{G'}{Q^{0.4}}$ $G' = 36.5\dfrac{(N_0 L_0)^{0.6}}{E_0^{0.3}}$ $L_0 = \dfrac{F}{2(L + \sum l)}$ $E_0 = \dfrac{d\sum P}{F}$	$M = \left(\dfrac{\tau_E}{\Delta t} + 1\right)Q$	$M = \left(\dfrac{\tau_s}{\Delta t} + 0.5\right)Q\tau_s = \dfrac{r\tau}{n_i}$ $\tau = 0.278\dfrac{L}{v}$ $v = mJ^{1/3}Q^{\partial}$ 抛物线形河槽： $m = 0.761\left(\dfrac{1}{N}\right)^{9/13}\dfrac{a^{2/13}}{(1+a)^{6/13}}$ $a = \sqrt{\dfrac{(\frac{b}{2})^2}{H}}$ 三角形河槽： $m = 0.707\left(\dfrac{1}{N}\right)^{\frac{3}{4}}\left(\dfrac{m_p}{1+m_p^2}\right)^{\frac{1}{4}}$ 矩形河槽： $m = \dfrac{1}{b_j^{2/5}}\dfrac{1}{N^{3/5}}$

注：表中符号说明：

τ_s——地表汇流时间，h；

Q——流量，m³/s；

G'，E_0——中间计算参数，无单位；

Δt——计算时段长，h；

N_0——山坡糙率；

l——支流长度，km；

L——流域长度，自分水岭起，km；

F——流域汇水面积，km²；

P——一条等高线的长度，km；

d——相邻等高线的高差，m；

τ_E——地下汇流时间，对小汇水面积汇流计算一般可取 $\tau_E = 9\sim 15$ h；

n_i——等流时面积分块数，取整数；

∂——河槽平均断面形状指数，对三角形，$\partial = 1/4$，抛物线形 $\partial = 1/3$，矩形 $\partial = 2/5$；

J——河槽平均坡降，以小数计；

m_p——三角形河槽的代表性平均边坡坡度，$m_p = \operatorname{ctan}\beta$；

a——抛物线形河槽的扩展指数；

b——抛物线形河槽水深 H 时的水面宽，m；

H——抛物线形河槽任意时刻的水深，m；

N——河槽的糙率；

β——山坡线与水平线之夹角，度；

b_j——矩形河槽的宽度，m；

r——系数，对抛物线形河槽 $r = 13/22$，三角形 $r = \dfrac{4}{7}$，矩形 $r = \dfrac{5}{8}$。

表 6.20 坡面汇流辅助曲线计算表

Q	$Q^{0.4}$	$\tau_s = \dfrac{G'}{Q^{0.4}}$	$\tau_s/\Delta t$	$\tau_s/\Delta t + 0.5$	$M = (\tau_s/\Delta t + 0.5)Q$
0	0				0
1	1	2.05	2.05	2.55	2.55
5	1.9	1.08	1.08	1.58	7.90
10	2.51	0.82	0.82	1.32	13.20
20	3.31	0.62	0.62	1.12	22.40
30	3.9	0.53	0.53	1.03	30.90
40	4.37	0.47	0.47	0.97	38.80
50	4.78	0.43	0.43	0.93	46.50
75	5.62	0.37	0.37	0.87	65.25
100	6.31	0.33	0.33	0.83	83.00

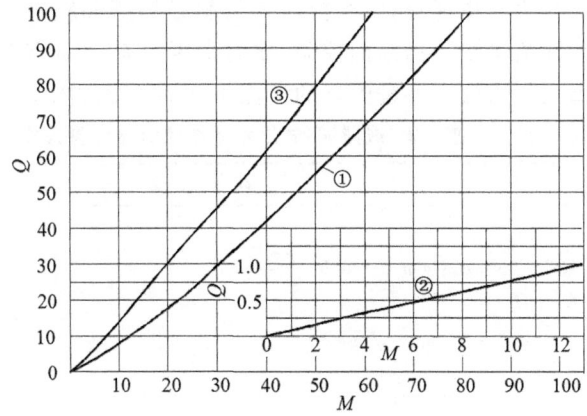

图 6.22 各种汇流的辅助曲线
①坡面汇流；②地下汇流；③河槽汇流

② Δt 的取值可根据坡面糙率和平均坡长等因素初步估定，通常可先取 $\Delta t = 1$ 小时进行计算。

根据各时段的降雨量，按公式(6.104)进行坡面汇流计算，计算可列表进行。

(3) 验算 Δt 取值是否适当

由坡面汇流出流过程中查出最大出流深 Q_{im} (mm)，再换算成单位面积的出流量 Q'_{im} (m^3/s, km^2)：$Q'_{im} = \dfrac{Q_{im}}{3.6\Delta t}$；然后按公式 $t_0 = \dfrac{58.4(N_0 L_0)^{0.6}}{(Q'_{im})^{0.4} E_0^{0.3}}$ 计算 t_0。

当计算出的 t_0 与原取的 Δt 大致相等（$\dfrac{t}{\Delta t} \approx 1$）时，则说明原取的 Δt 是合适的，否则应改变 Δt 重新计算。

6.4.1.7 考虑库内水面影响的洪水计算

当库内水面面积超过汇水面积的 10% 时，应考虑水面对尾矿库汇流条件的影响，可用水量平衡法计算洪水。如水面以外的陆面为沟谷地形时应按坡面汇流和河槽汇流计算；如无明显的沟谷时，坡面水流直接汇入水体，此时只应计算坡面汇流。将陆面汇流过程与水面降水过程同时程相加，即得洪水过程。

洪水总量可按下式计算：

$$W_{24p} = 1000(\alpha_{24} H_{24p} F_1 + H_{24p} F_s) \tag{6.106}$$

式中：F_1——流域陆面面积，km^2；

F_s——流域水面面积，km^2；

α_{24}——径流系数；

H_{24p}——频率为 p 的 24 小时降雨量，mm；

W_{24p}——频率为 p 的 24 小时洪水总量，m^3。

6.4.2 排水系统的水力计算

尾矿库排水系统常用的基本型式有排水管、隧洞、山坡截洪沟和溢洪道等。

6.4.2.1 斜槽—管(或隧洞)式排水系统

当斜槽上水头较低时，为自由泄流，由水位以下的斜槽侧壁和斜槽盖板上缘泄流；当水位升高斜槽入口被淹没时，泄流量受斜槽断面控制，成为半压力流；当水位继续升高，排水斜槽与排水管均呈满管流时，即为压力流。各种流态的泄流量按表 6.21 中的公式计算。

表 6.21　斜槽—管(或隧洞)式排水系统泄流量计算公式

工作状态	计算公式
自由泄流 (a)水位未超过盖板上沿最高点时 Q_a (b)水位超过盖板上沿最高点时 Q_b	$Q_a = Q_2 = 0.8\sigma_n m_1 (\tan\beta + \text{ctan}\beta) \sqrt{2g} H_s^{2.5}$ $Q_b = Q_1 + Q_2$ $Q_1 = m_1 (b + 0.8 H_t \text{ctan}\beta) \sqrt{2g} H_t^{1.5}$
半压力流	$Q = m_2 \omega_x \sqrt{2g H_b}$
压力流	$Q = \varphi \omega_c \sqrt{2g H_y}$ $\varphi = \dfrac{1}{\sqrt{1 + \left(0.92 + \zeta_1 + 2g \dfrac{l}{C_x^2 R_x}\right) P_1^2 + \left(\zeta_2 + \zeta_3 + \sum n\zeta_4 + 2g \dfrac{l}{C_g^2 R_g}\right) P_2^2}}$

注：表中符号说明：

H_s——自由泄流水头，m，自斜槽侧壁过水部分的最低点起算；

H_t——自由泄流水头，m，自盖板上缘最高点起算；

H_b——半压力流泄流水头，m，为库水位与斜槽进口断面中心的标高差；

H_y——压力流泄流水头，m，为库水位与排水管下游出口断面中心的标高差，当下游淹没时，为库水位与下游水位的标高差；

b——梯形堰的底宽，m，$b = b_1 + \dfrac{2h}{\sin\beta}$；

h——平盖板的厚度或拱形盖板的外缘拱高，m；

b_1——斜槽的净空宽度，m；

β——斜槽的倾角，度，$\beta = \arctan i$；

i——斜槽的坡度；

m_1——堰流量系数。对于宽顶堰（$2.5 < \frac{\delta}{H'} < 10$；$H'$为堰顶泄流水头），直角堰口：$m_1 = 0.30 + 0.08 \frac{1}{1 + \frac{P}{H'}}$，圆角堰口：$m_1 = 0.36 + 0.01 \frac{3 - \frac{P}{H'}}{1.2 + 1.5 \frac{P}{H'}}$，对于薄壁堰与实用堰：取 m1＝m；

m_2——孔口流量系数，平盖板 $m_2 = 0.52$，拱形盖板 $m_2 = 0.55$；

P——堰高，m；

σ_n——淹没系数，按照图 6.23 选取；

h_n——斜槽进水断面处槽内水面高出溢流沿最低点的高度，m；

H——斜槽进水断面处两侧三角形断面堰的泄流水头，m；

ω_x——斜槽断面面积，m²；

ω_g——排水管断面面积，m²；

ω_c——排水管出口断面面积，m²；

ζ_1——排水斜槽末端局部水头损失系数，槽与管为相同断面直接连接时，按转角考虑，取 $\zeta_1 = \zeta_4$；当用井连接时，则按水流突然扩大考虑，可由表 6.23 查取；

ζ_2——排水管入口局部水头损失系数，当槽与管为相同断面直接连接时，$\zeta_1 = 0$；用井连接时，按水流突然缩小考虑，由表 6.23 查取；

ζ_3——排水管断面变化的局部水头损失系数，由表 6.23 查取；

ζ_4——排水管转角局部水头损失系数，由表 6.23 查取；

R_x, C_x, l——斜槽的水力半径、谢才系数、长度；

R_g, C_g, L——排水管的水力半径、谢才系数、长度；

$p_1 = \frac{\omega_c}{\omega_x}$；

$p_2 = \frac{\omega_c}{\omega_g}$。

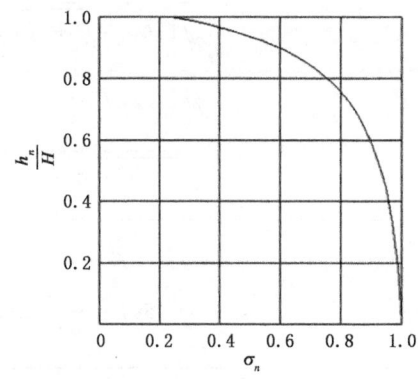

图 6.23　实用断面堰淹没系数 σ_n 曲线图

6.4.2.2　井—管（或隧洞）式排水系统

井—管（或隧洞）式排水系统的工作状态，随泄流水头的大小而异。当水头较低时，流量较小，排水井内水位低于最低工作窗口的下缘，此时为自由泄流；当水头增大，井被水充满，但排水管（或隧洞）尚未呈满管流，泄流量受排水管（或隧洞）的入口控制，此为半压力流；当水头继续增大，排水管（或隧洞）呈满管流时，即为压力流。不同工作状时的泄流量按表 6.22 中的公式计算。

表 6.22　井—管(或隧洞)式排水系统泄流量计算公式

排水井型式	工作状态	计算公式
窗口式井	自由泄流 (a) 水位在两层窗口之间时 Q_a (b) 水位在窗口部位时 Q_b	$Q_a = Q_2 = 2.7 n_c \omega_c \sum \sqrt{H_i}$ $Q_b = Q_1 + Q_2$ 对于方孔：$Q_1 = 1.8 n_c \varepsilon b_c H_0^{1.5}$ 对于圆孔：$Q_1 \approx n_c A D_c^{2.5}$
窗口式井	半压力流	$Q = \varphi F_s \sqrt{2gH}$ $\varphi = \dfrac{1}{\sqrt{1 + \lambda_j \dfrac{l}{d} f_1^2 + \zeta_1 f_2^2 + \zeta_2 + 2\zeta_3 f_1^2}}$
窗口式井	压力流	$Q = \mu F_s \sqrt{2gH_z}$ $\mu = \dfrac{1}{\sqrt{1 + \sum \lambda_g \dfrac{L}{D} f_3^2 + \sum \zeta f_3^2 + \zeta_1 f_4^2 + \zeta_2 f_3^2 + 2\zeta_3 f_3^2}}$
框架式井	自由泄流 (c) 水位未淹没框架圈梁时 (d) 水位淹没圈梁时	$Q_c = n_c m \varepsilon b_c \sqrt{2g} H_y^{1.5}$ $Q_d = Q_b = Q_1 + Q_2$（Q_1 按方孔公式计算）
框架式井	(e) 水位淹没井口	$Q_e = \varphi \omega_s \sqrt{2gH_j}$ $\varphi = \dfrac{1}{\sqrt{1 + \zeta_4 + \zeta_5 f_8^2}}$
框架式井	半压力流	$Q_e = \varphi F_s \sqrt{2gH}$ $\varphi = \dfrac{1}{\sqrt{1 + \lambda_j \dfrac{l}{d} f_2^2 + \zeta_2 + \zeta_3 f_1^2 + \zeta_4 f_1^2 + \zeta_5 f_7^2}}$
框架式井	压力流	$Q = \mu F_s \sqrt{2gH_z}$ $\mu = \dfrac{1}{\sqrt{1 + \sum \lambda_g \dfrac{L}{D} f_3^2 + \sum \zeta f_3^2 + \zeta_2 f_3^2 + \zeta_3 f_3^2 + \zeta_4 f_3^2 + \zeta_5 f_8^2}}$
叠圈式井	(f) $\dfrac{H_j}{d} < 0.5$ 时 (g) $\dfrac{H_j}{d} \geqslant 0.5$ 时	$Q_f = \pi d m_h \sqrt{2g} H_j^{1.5}$ $Q_h = Q_e$，但 $\varphi = \dfrac{1}{\sqrt{1 + \zeta_4}}$

注：表中符号说明：

A——系数，根据 $\dfrac{H_0}{D_c}$ 由图 6.26 查取；

b_c——一个排水口的宽度，m；

C——谢才系数，根据 n、R 查相关资料；

D——排水管计算管段的内径，m，对于非圆管取 $D = 4R_g$；

D_c——排水窗口直径，m；

d——排水井内径，m，对于非圆形井取 $d = 4R_j$；

F_e——排水管入口断面面积，m^2；

F_g——排水管计算管段断面面积，m^2；

F_s——排水管入口水流收缩断面面积,m²,$F_s = \varepsilon_b F_e$;

F_x——排水管下游出口断面面积,m²;

$f_1 = \dfrac{F_s}{\omega_j}$;$f_2 = \dfrac{F_s}{\omega}$;$f_3 = \dfrac{F_s}{F_g}$;$f_4 = \dfrac{F_x}{\omega}$;$f_5 = \dfrac{F_x}{\omega_j}$;$f_6 = \dfrac{\omega_s}{\omega_l}$;$f_7 = \dfrac{F_s}{\omega_l}$;$f_8 = \dfrac{F_x}{\omega_l}$;$f_9 = \dfrac{F_x}{F_e}$。$f_i(i=1,2,\cdots,9)$为排水系统指定断面的面积比,无量纲。

H——计算水头,为库水位与排水管入口断面中心标高之差,m;

H_0——最上层未淹没工作窗口的泄流水头,m;

H_i——第 i 层全淹没工作窗口的泄流计算水头,m;

H_j——井口泄流水头,m;

H_y——溢流堰泄流水头,m;

H_z——计算水头,为库水位与排水管下游出口断面中心标高之差,m,当下游有水时,为库水位与下游水位的高差;

K_1——梁、柱有效断面系数,可按其净空间距与中心间距的比值 $\dfrac{b}{B}$ 由图 6.25 查取;

L——排水管计算管段的长度(断面无变化时,即为管道的全长),m;

l——排水井内管顶以上的水深,m;

m——堰流量系数。$\dfrac{\delta}{H_y} < 0.67$ 时,按薄壁堰计算,$m = 0.405 + \dfrac{0.0027}{H_y}$;$0.67 < \dfrac{\delta}{H_y} < 2.5$ 时,按实用堰计算,$m = 0.36 + 0.1 \left(\dfrac{2.5 - \dfrac{\delta}{H_y}}{1 + \dfrac{2\delta}{H_y}} \right)$;

m_h——环形堰流量系数,查图 6.27;

n——管壁粗糙系数,按表 6.27、表 6.28 确定;

n_c——同一个横断面上排水口的个数;

R_g——排水管计算管段的水力半径,m;

R_j——排水井井筒断面的水力半径,m;

β——梁、柱形状系数,矩形断面 $\beta = 2.42$,圆形断面 $\beta = 1.79$;

δ——堰顶宽,m;

λ_g——排水管沿程水头损失系数,$\lambda_g = \dfrac{8g}{C^2}$;

λ_j——排水井沿程水头损失系数,$\lambda_j = \dfrac{8g}{C^2}$;

ε——侧向收缩系数,$\varepsilon = 1 - \dfrac{0.25\zeta_0 H_h}{b_c}$;

ε_b——断面突然收缩系数;见表 6.26;

ζ——排水管线上的局部水头损失系数,包括转角、分叉、断面变化等,由表 6.23 查取;

ζ_0——系数,见表 6.24;

ζ_1——排水窗口局部水头损失系数,$\zeta_1 = \left(1.707 \dfrac{\omega_1}{\omega_2}\right)^2$;

ζ_2——排水管入口局部水头损失系数,直角入口 $\zeta_2 = 0.5$,圆角或斜角入口 $\zeta_2 = 0.2 \sim 0.25$,喇叭口入口 $\zeta_2 = 0.1 \sim 0.2$;

ζ_3——排水井中水流转向局部水头损失系数,见表 6.25;

ζ_4——排水井进口局部水头损失系数,查图 6.24;

ζ_5——框架局部水头损失系数,为立柱、横梁的局部水头损失系数之和,即 $\zeta_5 = \sum \zeta^i = \sum \beta K_1$;

ω——井中水深范围内的窗口总面积,m²;

ω_1——排水井窗口总面积,m²;

ω_2——排水井井筒外壁表面积,m²;

ω_c——一个排水窗口的面积,m²;

ω_j——排水井井筒横断面面积,m²;

ω_l——框架立柱和圈梁之间的过水净空总面积,m²;

ω_s——井口水流收缩断面面积,m^2,$\omega_s = \varepsilon_b \omega_j$。

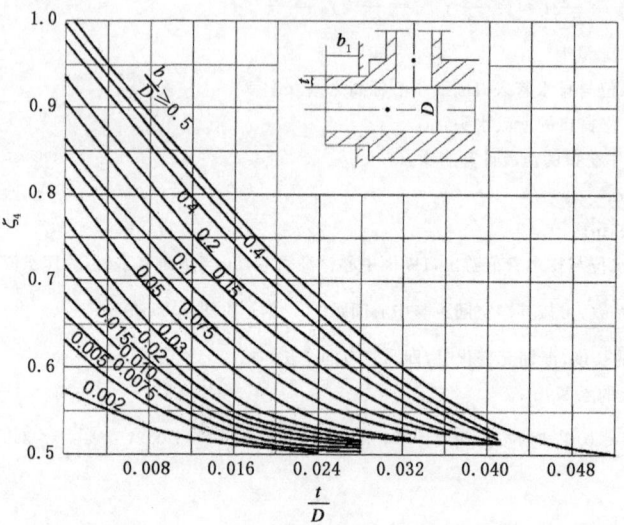

图 6.24 排水井进口局部水头损失系数 ζ_4 曲线图

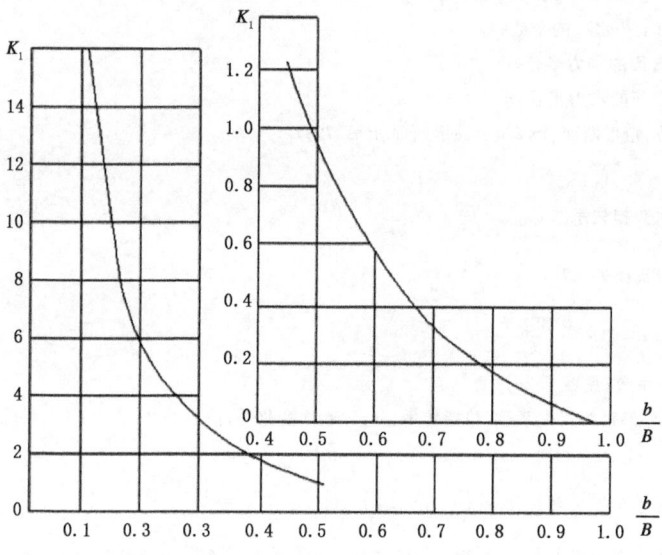

图 6.25 梁、柱有效断面系数 K_1 曲线图

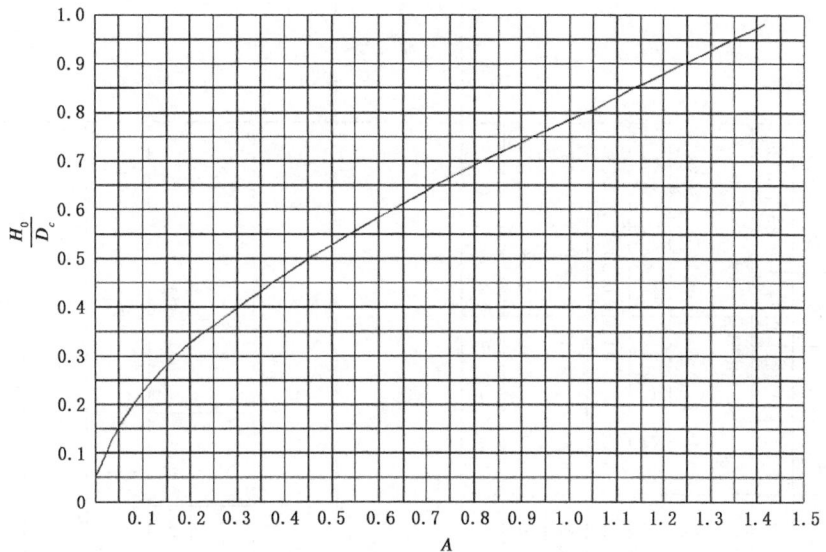

图 6.26 圆孔堰系数 A 曲线图

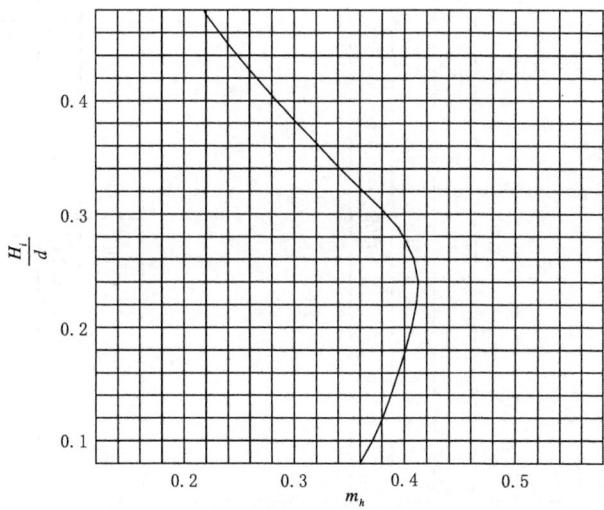

图 6.27 环形薄壁堰流量系数 m_h 曲线图

表 6.23 管道局部阻力系数 ζ

名称	示意图	局部阻力系数 ζ																		计算损失所用流速
渐变段		θ	5°	10°	15°	20°	25°	30°	40°	45°	50°	60°	70°	80°	85°					V_x
		ζ	0.06	0.16	0.18	0.20	0.22	0.24	0.28	0.30	0.31	0.32	0.34	0.35	0.36					
		D/d	θ		2°	6°	10°	15°	20°	30°	40°	50°	60°							V_x
		1.1			0.01	0.01	0.03	0.05	0.10	0.16	0.19	0.21	0.23							
		1.2			0.02	0.02	0.04	0.09	0.16	0.25	0.31	0.35	0.37							
		1.4			0.02	0.03	0.06	0.12	0.23	0.36	0.44	0.50	0.53							
		1.8			0.03	0.04	0.07	0.15	0.28	0.44	0.54	0.61	0.65							
		2.0			0.03	0.04	0.07	0.16	0.29	0.56	0.56	0.63	0.68							
		3.0			0.03	0.04	0.08	0.16	0.31	0.48	0.59	0.66	0.71							
水下出口		$\zeta = 1.00$																		
弯段		$\zeta = \zeta'(\theta)/90°$																		V_x
		$\dfrac{d}{2R}$	0.10	0.20	0.30	0.40	0.5	0.6	0.7	0.8	0.9	1.0								
		ζ	0.13	0.14	0.16	0.21	0.29	0.44	0.66	0.98	1.41	1.98								
突变段		$\dfrac{w_2}{w_1}$	10	9	8	7	6	5	4	3	2	1								
		ζ	81	64	49	36	25	16	9	4	1	0								
		$\dfrac{w_2}{w_1}$	0.01	0.10	0.20	0.30	0.40	0.50	0.60	0.70	0.80	0.90	1.00							
		ζ	0.50	0.47	0.45	0.38	0.34	0.30	0.25	0.20	0.15	0.90	0.00							

续表

名称	示意图	局部阻力系数 ζ	计算损失所用流速
分支	(T型三通，a→b,c)	流向 $a\to b$, $\zeta=2.0$；流向 $a\to c$, $\zeta=\left(\dfrac{Q_a^2}{Q_c^2}-1\right)$	V_b V_c
	(T型三通对流)	$\zeta=1.0$	
	(Y型分流)	流向 $b\to a$, 或 $b\to c$, $\zeta=1.5$；流向 $a\to b$, 或 $c\to b$, $\zeta=3.0$	V_b
	(Y型合流)	流向 $b\to c$, $\zeta=1.5$；流向 $a\to c$, $\zeta=\left(1-\dfrac{Q_a^2}{Q_c^2}\right)$	V_b V_c
	(斜接三通合流)	流向 $c\to c$, $\zeta=0.15$；流向 $c\to a$, $\zeta=0.05$	V_a V_c
	(斜接三通分流)	流向 $a\to b$, $\zeta=1.0$；流向 $a\to c$, $\zeta=\left(1-\dfrac{Q_a^2}{Q_a^2}\right)$	V_b V_a
	(斜接三通对流)	流向 $a\to c$, $\zeta=2\left(1-\dfrac{Q_a^2}{Q_c^2}\right)$；流向 $b\to c$, $\zeta=3$	V_c V_b

续表

名称	示意图	局部阻力系数 ζ	计算损失所用流速
分支		流向 $a \to b$, $\zeta = 3$；流向 $a \to c$, $\zeta = \left(1 - \dfrac{Q_c^2}{Q_a^2}\right)$	V_b V_a
		流向 $a \to b$, $\zeta = 1$；流向 $a \to c$, $\zeta = 1$	V_b V_c
		流向 $b \to a$, 或 $b \to c$, $\zeta = 1.5$	V_a

表 6.24 系数 ζ_k、ζ_0

闸墩头部形状	ζ_k	ζ_0
矩形	1.00	0.80
90°尖角拆线形	0.70	0.45
圆形	0.70	0.45
90°尖角流线形	0.40	0.25

表 6.25 水流转向局部水头损失系数 ζ_3

转角 θ	30	40	50	60	70	80	90
ζ_3	0.20	0.30	0.40	0.55	0.70	0.90	1.10

表 6.26 断面收缩系数 ε_b

$\dfrac{w_2}{w_1}$	0	0.1	0.2	0.3	0.4	0.5	0.6	0.7	0.8	0.9	1.0
ε_b	0.611	0.615	0.620	0.625	0.630	0.645	0.660	0.690	0.725	0.780	1.00

表 6.27 管壁(或隧洞)粗糙系数 n 和 y 指数(巴甫洛夫斯基公式)

隧洞表面特性	水力半径 R (m)	指数 y	流速 v (m/s)	n 值 最小	n 值 平均	n 值 最大
水泥抹面磨光的光滑的混凝土表面,温度缝和其他缝处理后与水道表面齐平	0.1~5.0	0.10	0.5~1.0 1.0~1.5 1.5~2.0 2.0~3.0 3.0~5.0 >5.0	0.0115 0.0110 0.0110 0.0115 0.0115 0.0120	0.0120 0.0115 0.0115 0.0120 0.0125 0.0125	0.0120 0.0120 0.0125 0.0130 0.0130 0.0130
用金属模板施工的水道混凝土表面,缝和接头仔细弄平	0.1~5.0	0.11	0.30~0.6 0.6~1.2 1.2~2.0 2.0~3.0 >3.0	0.0120 0.0115 0.0115 0.0120 0.0125	0.0120 0.0125 0.0125 0.0130 0.0130	0.0125 0.0130 0.0135 0.0135 0.0135
水泥抹面,并用木板抹平的混凝土表面。用木模板浇注的混凝土管面,并且有令人满意的经过处理的接头	0.1~5.0	0.11	0.3~0.6 0.6~1.0 >1.0	0.0125 0.0130 0.0135	0.0135 0.0140 0.0145	0.0140 0.0145 0.0150
用木模浇注水道的混凝土表面没有抹灰或虽抹灰而未弄平,主要为小直径(<0.25 m)的混凝土管面,未整平缝和接头	0.1~5.0	0.12	0.3~0.5 0.5~0.8 >0.8	0.014 0.0145 0.0150	0.0155 0.0155 0.0155	0.0165 0.0165 0.0165
无抹面和施工粗糙的混凝土管面。浇注粗糙的小直径混凝土管面	0.1~5.0	0.13	>0.3	0.0160	0.0165	0.0170

续表

隧洞表面特性	水力半径 R (m)	指数 y	流速 v (m/s)	n 值 最小	n 值 平均	n 值 最大
抹平和磨光的喷浆衬砌	0.1~5.0	0.11	0.3~0.6 0.6~1.2 1.2~2.0 >2.0	0.0120 0.0125 0.0125 0.0130	0.0125 0.0130 0.0135 0.0135	0.0145 0.0140 0.0145 0.0145
抹平的喷浆衬砌	0.1~5.0		0.3~0.6 0.6~1.0 >1.0	0.0125 0.0130 0.0135	0.0135 0.0140 0.0145	0.0140 0.0145 0.0150
未抹平的喷浆衬砌	0.1~5.0		>0.13	0.0160	0.0175	0.0200

表 6.28　不衬砌隧洞粗糙系数 n

隧洞表面特征	n
在岩石中开凿的隧洞,表面细致处理	0.020~0.025
在岩石中开凿的隧洞,表面没有明显的凹凸	0.025~0.035
在岩石中开凿的隧洞,具有极不平整的凹凸面	0.040~0.045

6.4.2.3　溢洪道的水力计算

溢洪道泄流计算按堰流计算

$$Q = bM\sqrt{2g}H_0^{3/2} \tag{6.107}$$

式中：b——溢流宽度，m；

M——流量系数；

g——重力加速度，9.8 m/s²；

H_0——堰上水头，计及行近流速水头，m。

尾矿库的溢洪道堰型主要有两种：一种是折线型的实用断面堰 $M=0.32\sim0.46$；另一种是无底坎宽顶堰 $M=0.32\sim0.385$。

6.4.2.4　明口隧洞

隧洞的进口不设其他进水构筑物，由洞口直接进水者，称为明口隧洞。隧洞的工作状态，可参照表 6.29 判定。

表 6.29　隧洞流态的判别

压力流	半压力流	无压流
$0<i<i_k$	$0<i<i_k$	$0<i<i_k$
$\dfrac{H_0}{h}>1.5$ 时出现压力流	①进口为喇叭口式的矩形断面，$1.15<\dfrac{H_0}{h}<1.5$ 时出现半压力流；②进口为喇叭口式的圆形断面，$1.10<\dfrac{H_0}{D}<1.5$ 时出现半压力流。	①进口为喇叭口式的矩形断面，$\dfrac{H_0}{h}<1.15$ 出现无压流；②进口为喇叭口式的圆形断面，$\dfrac{H_0}{D}<1.1$ 时出现无压流。

不同工作状态的泄流量，按表 6.30 所列公式计算。

表 6.30　明口隧洞泄流量计算公式

流态	分类条件	类别	计算公式
非淹没泄流	$i>i_k$ 或 $i<i_k$ 且 $4H_0<l<83.2(1-2.55m)H_0$	短洞	$Q=mb\sqrt{2g}H_0^{1.5}$
	$i<i_k$ 且 $l<4H_0$	壁厚孔口	$Q=m'b\sqrt{2g}H_0^{1.5}$
	$i<i_k$ 且 $l>83.2(1-2.55m)H_0$	长洞	$Q=m\delta_n b\sqrt{2g}H_0^{1.5}$
淹没泄流	半压力流		$Q=\mu_0\omega\sqrt{2g(H_0-\beta h)}$
	压力流		$Q=\mu_H\omega\sqrt{2g(H_0+il-0.85h)}$ $\mu_H=\dfrac{1}{\sqrt{1+\zeta+\dfrac{2gl}{C^2R}}}$

注：表中符号说明：

H_0——隧洞进口处的计算水头，m，自洞口底起算；

m——流量系数，可取 $m=m_\sigma$，m_σ 由表 6.32 查取；

b——隧洞宽度，m，非矩形断面取 $b=b_k=\dfrac{\omega_k}{h_k}$；

m'——流量系数，取 $m'=(1.02\sim1.03)m$；

σ_n——淹没系数，可根据 $\dfrac{h_c}{H_0}$（矩形断面）或 $\dfrac{\omega_c}{\omega_0}$（非矩形断面）由图 6.28 查取，$h_c$ 为缩断面水深，ω_c 为 h_c 的断面面积，ω_0 为正常水深 h_0 的断面面积，对于很长的隧洞可取 $h_c=h_0$；

h——隧洞高度，m，对圆形隧洞取 h=d；

ω——隧洞断面面积，m²；

μ_0——流量系数，见表 6.31；

β——系数,对圆形或圆拱直墙断面取 $\beta = 0.708 - 2i$,对矩形断面取 $\beta = \eta$,η 见表 6.31;

i——隧洞坡度;

C——谢才系数;

l——隧洞长度,m;

R——水力半径,m;

ζ——阻力系数,矩形断面见表 6.31;非矩形断面,$\zeta = 1.22$。

表 6.31 μ_0、η、ζ 值表

进口首部型式	系数		
	μ_0	η	ζ
走廊式	0.576	0.715	2.05
衣领式	0.591	0.726	1.85
从土坝斜面伸出的管道	0.596	0.726	1.81
具有圆锥体的喇叭式	0.625	0.735	1.56
具有潜没边墙喇叭式 $\theta = 30°$	0.670	0.740	1.22

注:进口首部型式见表 6.29。

表 6.32 坡度 $i = 0$ 时短管 m_σ 值表

进口型式	管道进口部示意图	m_σ
从填方斜坡伸出的管道		0.300
衣领式		0.305
具有垂直翼墙的边墩		0.310
边坡 1:1~1:1.5 的圆锥体的洞口,有垂直翼墙边墩		0.315
走廊式		0.33
具有潜没边墙喇叭 $\theta = 30°$ 填土边坡为 1:1.5		当 $\dfrac{H}{h} > 0.6$ 时,0.335 h——管道高 当 $\dfrac{H}{h} < 0.6$ 时,0.36 H——槛顶水头

续表

进口型式	管道进口部示意图	m_σ
具有垂直边墙（非潜没）的喇叭式 $\theta=30°$		0.361
具有垂直边墙（非潜没）的喇叭式 $\theta=45°$		$m_\sigma = 0.31 + 0.024\left(2.6\sqrt{\dfrac{s}{b_1}} - \dfrac{s}{b_1}\right)$
具有与两岸相接的垂直边墙的喇叭式		$m_\sigma = 0.31 + 0.065\cos^{1.5}\theta$
塔式		0.365

注：表中 m_σ 是按平坡制定的。矩形断面当纵坡每增加 1%，将表中的 m_σ 增加 2%~3%；圆形断面当纵坡比降每增加 1%，将表中的 m_σ 增加 1%。

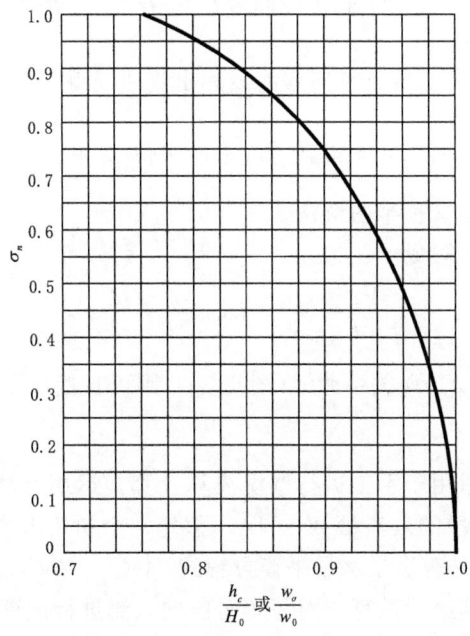

图 6.28 淹没系数 σ_n 曲线图

6.4.3 调洪计算

(1)对于洪水过程线可概化为三角形,且排水过程线可近似为直线的简单情况,其调洪库容和泄洪流量之间的关系可按下式确定。

$$q = Q_p(1 - \frac{V_t}{W_p}) \tag{6.108}$$

式中:q——所需排水构筑物的泄流量,m^3/s;

Q_p——设计频率 p 的洪峰流量,m^3/s;

V_t——某坝高时的调洪库容,m^3;

W_p——频率为 p 的一次洪水总量,m^3。

(2)对于一般情况的调洪演算,可根据来水过程线和排水构筑物的泄流量与尾矿库的蓄水量关系曲线,通过水量平衡计算求出库水位过程线,从而定出泄流量和调洪库容。常用的调洪演算方法包括半图解法、全图解法和试算法。

尾矿库内任一时段 Δt 的水量平衡方程式如下式所示。

$$\frac{1}{2}(I_1 + I_2)\Delta t - \frac{1}{2}(Q_1 + Q_2)\Delta t = V_2 - V_1 \tag{6.109}$$

式中:I_1、Q_1——时段初尾矿库的入流量和出流量,m^3/s;

I_2、Q_2——时段末尾矿库的入流量和出流量,m^3/s;

V_1、V_2——时段末尾矿库的蓄水量,m^3;

将上式改写为:

$$\frac{V_2}{\Delta t} + \frac{Q_2}{2} = \left(\frac{V_1}{\Delta t} + \frac{Q_1}{2}\right) + \bar{I} - Q_1 \tag{6.110}$$

式中:$\bar{I} = \frac{I_1 + I_2}{2}$,且等号右端为已知项,等号左端有未知项 V_2 和 Q_2,但都是库水位 Z 的函数,可由水库的库容曲线 $V = f(Z)$ 和出流曲线 $Q = f(Z)$ 建立 $\frac{V}{\Delta t} + \frac{Q}{2} = f(Z)$ 关系曲线(图 6.29a)。计算时,由时段初库水位查算库容曲线和出流曲线得 $\frac{V_1}{\Delta t} + \frac{Q_1}{2}$ 和 Q_1 值,因 $\bar{I}$ 已知,带入上式得 $\frac{V_2}{\Delta t} + \frac{Q_2}{2}$ 值。再查图 6.29b 得到时段末库水位 Z_2 和出流量 Q_2 值。逐时段计算得到库水位与出流量过程。此法又称半图解法。

若将水量平衡方程式改写成

$$\frac{V_1}{\Delta t} - \frac{Q_1}{2} + \bar{I} = \frac{V_2}{\Delta t} + \frac{Q_2}{2} \tag{6.111}$$

在图中绘制 $\frac{V}{\Delta t} - \frac{Q}{2} = f(Z)$ 关系曲线(图 6.30),则可直接从图上逐时段推求 Z_t 和 Q_t 值。此方法又称全图解法。

半图解法和全图解法适用于手工进行调洪演算计算。运用计算机进行调洪演算计算时,通常采用试算法,即某一时段的入流量 $W = \bar{I}\Delta t$,假定一个初始水位增量($\pm \varepsilon$)作为时段末的水位 Z'_2,试算时段末水位是否满足水量平衡方程式,$|V_2 - V'_2| \leq \delta$。若满足 Z'_2 即所求时段末水位 Z_2。若不满足,则继续试算。对每个时段的入流进行试算,即水库水位过程,查算库容曲线,即得到库容变动过程,继而得到调洪库容。

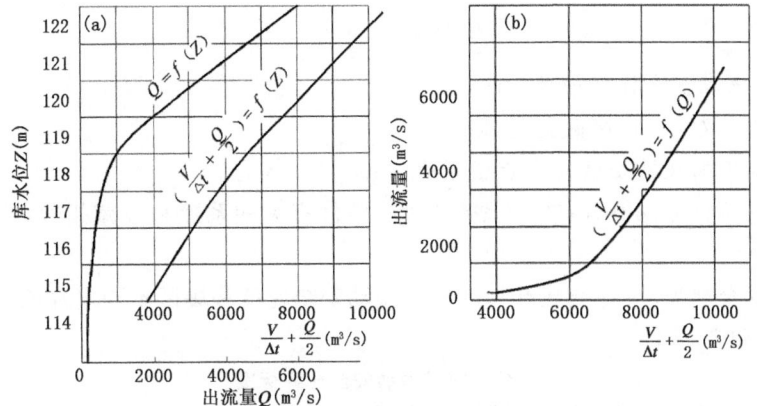

图 6.29　半图解法调洪演算曲线

(a)$Z \sim Q$ 与 $Z \sim \dfrac{V}{\Delta t}+\dfrac{Q}{2}$ 查算图；(b)$Q \sim \dfrac{V}{\Delta t}+\dfrac{Q}{2}$ 查算图

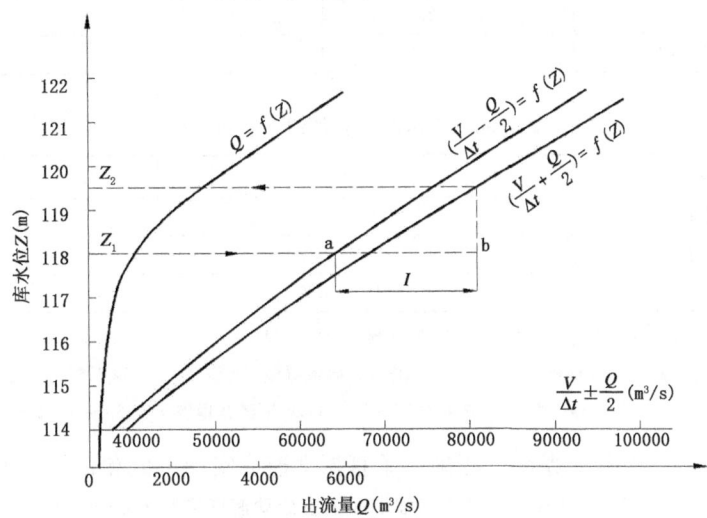

图 6.30　全图解法调洪演算曲线

6.5　爆破对尾矿库的影响分析

尾矿库周边爆破作业对尾矿库的影响主要体现在以下几个方面：

(1)地震波引发尾矿库周边山体岩石质点振动,诱发山体滑动、崩塌等事故,进而导致尾矿库库内发生溃坝等安全事故。

(2)库内尾砂可能液化为无黏性及少黏性土层,爆破地震效应可能使库内尾砂及后期堆积坝发生液化作用,造成后期堆积坝软化,进而造成溃坝事故。

(3)引发尾矿库相关设施破坏,造成尾矿输送管、回水管断裂,泵房、值班室损坏等事故。

6.5.1　爆破安全距离计算

(1)爆破安全距离计算

根据《爆破安全规程》(GB 6722—2014)的规定,爆破振动安全允许距离为：

$$R = \left(\frac{k}{v}\right)^{\frac{1}{\alpha}} Q^{\frac{1}{3}} \tag{6.112}$$

式中：R——爆破振动安全允许距离，m；

Q——炸药量，最大单段爆破药量，kg；

v——保护对象所在地安全允许质点振速，cm/s；

k、α——与爆破点至保护对象间的地形、地质条件有关的系数和衰减指数，应通过现场试验确定。

根据《爆破安全规程》对各类建筑物的容许振动安全速度和爆区不同岩性的 k、α 分别作了规定，见表 6.33 和表 6.34。

表 6.33 爆破振动安全允许标准

保护对象类别	安全允许质点振动速度 v(cm/s)		
	$f \leq 10$ Hz	10 Hz $< f \leq 50$ Hz	$f > 50$ Hz
土窑洞、土坯房、毛石房屋	0.15～0.45	0.45～0.9	0.9～1.5
一般民用建筑物	1.5～2.0	2.0～2.5	2.5～3.0
工业和商业建筑物	2.5～3.5	3.5～4.5	4.2～5.0

表 6.34 爆区不同岩性的 k 值和 α 值

岩性	k	α
坚硬岩石	50～150	1.3～1.5
中硬岩石	150～250	1.5～1.8
软岩石	250～350	1.8～2.0

注：①表中质点振动速度为三个分量中的最大值，振动频率为主振频率；

②频率范围根据现场实测波形确定或按如下数据选取：硐室爆破 f 小于 20 Hz，露天深孔爆破 f 为 10～60 Hz，露天浅孔爆破 f 为 40～100 Hz；地下深孔爆破 f 为 30～100 Hz，地下浅孔爆破 f 为 60～300 Hz。

根据相关资料，我国若干爆破工程地面垂直振动速度实测 k 值和 α 值见表 6.35。

表 6.35 国内若干爆破工程地面垂直振动速度实测 k 值和 α 值

爆破类型	工程名称	地质条件	k	α	附注
硐室大爆破	南水	粉砂岩、砂岩	240	2.0	
	金川	花岗片麻岩、大理岩	150	2.0	
	大安山	辉绿岩	115	2.0	
	火焰山	中等坚硬土	200	1.8	
	小河子	砂页岩（风化破碎）	120	1.5	
	886 厂	变质岩系	180	1.47	
	狮子山	流层状辉长岩	76	1.39	
	道林子	石灰岩（$f=6\sim10$）	152	1.3	
深孔爆破	503 厂	黄土	339	1.92	地下深孔
	503 厂	砂岩	224	1.72	
	红透山	片麻岩	116	1.73	
	眼前山	混合岩、石英绿泥石片岩	126	1.67	

根据现场情况,选择 Q、v(一般取最小极限值)、k、α 值,代入公式(6.112)可以计算得到爆破振动安全允许距离 R。如果实际爆破点距离尾矿库最近点的距离大于爆破振动安全允许距离 R 表示可以保障尾矿库的安全性。

(2)安全允许质点振速计算

由公式(6.112)转换得到:

$$v = k\left(\frac{\sqrt[3]{Q}}{R}\right)^{\alpha} \tag{6.113}$$

如果知道了爆破地点离尾矿库的最近距离,可以根据公式(6.113)计算出保护对象所在地安全允许质点振速 v,看其是否满足爆破安全规程规定要求。

(3)允许最大单段爆破药量计算

由公式(6.113)转换得到:

$$Q = \left[\frac{R}{\left(\frac{k}{v}\right)^{\frac{1}{\alpha}}}\right]^{3} \tag{6.114}$$

将相关参数代入公式(6.114)就能得到在一定距离下爆破作业的最大单段爆破药量。在对策措施中就可以明确要求爆破的最大单段爆破药量不能超过计算的 Q 值。

6.5.2 爆破地震效应对建(构)筑物的影响分析

爆破地震效应对建(构)筑物的地震破坏不但取决于爆破地震波的幅值,而且还与爆破地震波的频谱和持续时间,建(构)筑物的动力特性以及地基基础状况有关。

爆破地震烈度法是评定爆破振动破坏的一种方法,它以宏观震害为依据,单一参数法与动力法的反应谱分析相结合,对于预报爆破地震的影响范围、影响程度以及对地震设计均有实际意义。爆破地震烈度是指爆破时一定地点的地面振动强弱的尺度,是指该地点一定范围内地面振动强度的平均水平。

爆破后评价地面构筑物的指标主要有烈度 I、谱烈度 S 和地面最大速度平均值 $\bar{V}_{max}$。烈度 I 表示地震时一定地点的地面振动强弱程度,是指该地点一定范围内地面震动强度的平均水平;谱烈度 S 表示在爆破地震作用下,一般建筑物的周期从 $T_1 = 0.15$ s 到 $T_2 = 0.8$ s 范围内,阻尼比皆为 0.05 时的范围内,可能出现的最大速度的平均值。苏联专家 C.B. 麦德维捷夫提出的三参数同比尺距 r(折算距离)之间的关系是:

$$11 - 5\lg r \leqslant I \leqslant 12 - 5\lg r \tag{6.115}$$

$$S = 315r^{-1.5} \tag{6.116}$$

$$\bar{V}_{max} = 190r^{-1.5} \tag{6.117}$$

$$r = R/Q^{1/3} \tag{6.118}$$

式中:r 为折算距离,$m/kg^{1/3}$;R 为测点至爆心的距离,m。

麦德维捷夫爆破地震烈度见表 6.36。

表 6.36　麦德维捷夫爆破地震烈度表

烈度 I（度）	振动的特性	地面最大速度 $(\bar{V}_{max}/(cm \cdot s^{-1}))$	谱烈度 $(S/(cm \cdot s^{-1}))$	折算距离 $(r/(m \cdot kg^{-1/3}))$
1	只有仪器才能记录到振动	<0.2	≤0.2	>100.0
2	在静止状态下有时感觉到振动	0.2~0.4	0.3~0.6	63.0~100.0
3	一些人或知道有爆破的人感觉到振动	0.4~0.8	0.6~1.2	40.0~63.0
4	许多人注意到振动；窗户玻璃发出声响	0.8~1.5	1.2~2.5	25.0~40.0
5	粉刷的灰粉散落，欲倒塌的房屋破坏	1.5~3.0	2.5~5.0	16.0~25.0
6	抹灰层有细小裂缝，歪的房屋破坏	3.0~6.0	5.0~10.0	10.0~16.0
7	处于良好状态的房屋破坏，如抹灰层开裂，抹灰层成片掉落，墙上有细小裂缝，炉壁和烟囱开裂	6.0~12.0	10.0~20.0	6.3~10.0
8	房屋严重破坏、如承重结构的墙开裂，隔板大裂，烟囱和抹灰层掉落	12.0~24.0	20.0~40.0	4.0~6.3
9	房屋破坏、即墙大裂、砖石剥落、墙局部倒下	24.0~48.0	40.0~80.0	2.5~4.0
10~12	房屋大量毁坏和倒塌	>48.0	>80.0	<2.5

根据现场实际情况，计算出 r、S、$\bar{V}_{max}$ 值，再根据表 6.36 确定烈度 I，评价危险程度。如果确定的烈度小于建（构）筑物的设计烈度，则满足要求，否则为不满足要求。

6.5.3　爆破对尾矿库坝体稳定性影响分析

爆破对尾矿库坝体稳定性影响分析，主要步骤如下：

(1) 选取计算参数

根据尾矿库勘探和《尾矿设施设计规范》(GB 50863—2013)及相关工程经验综合确定坝体稳定性计算所需要的参数（包括比重、黏聚力、内摩擦角、渗透系数）。

(2) 选取计算剖面

选取危险性较大的剖面为计算剖面，建立尾矿库计算模型。根据计算剖面的原始地形、地层界限及尾矿分区等情况对计算模型进行网格剖分。

(3) 渗流场计算

利用专业软件(如 GeoStudio)，对尾矿坝进行渗流计算，获得坝体浸润线的位置。

(4) 坝体抗滑稳定性分析

根据前面确定的爆破地震烈度，确定相应的地震加速度，采用瑞典圆弧法和毕肖普法计算坝体的安全系数，从而分析坝体抗滑稳定性是否满足相关标准和设计的要求。

6.5.4　爆破地震动力分析法

(1) 反应谱法

爆破地震动诱发构筑物的动力响应，对评价结构的动力安全性有重要意义。在线弹性振动的范围内，采用振型叠加的反应谱方法，是一种有效的方法，但必须要先确定结构的自振特性（各阶频率、振型等）以及构筑物所处场地的爆破地震动反应谱。

实际工程中极少数工程可以简化为单质点体系,绝大多数工程均可简化为多质点体系进行计算,建立多质点体系的据振动方程,利用振型分解法来求解方程,再把各个质点振型反应变化到集合坐标的反应中。

但对于爆破来说,目前还没有统一的标准设计反应谱可用,只有通过工程爆破方案实施时,根据爆破规模大小,爆破方案与当地的地质土层情况来建立一个反应谱曲线。对于已经实施过的爆破,可根据爆破地震动来建立相应的反应谱。相对天然地震,爆破地震加速度反应谱研究得比较少,目前尚缺乏标准化的设计谱,有根多理论工作与实际工作需要去做,所以使用此方法较少。

(2)时程分析法

时程分析法又称为逐步积分法,它是一种完全的动力法。天然地震的结构抗震设计从简单的地震系数法过渡到考虑结构动力特性的反应谱法,有了很大的进步,各国的抗震规范都普遍采用这一方法。不过反应谱法还不是完全的动力法,地震对结构物的作用是一个随时间进行变化的过程,反应谱法求出的只是变化过程中的最大值,同时只能用于线弹性结构分析,不适用于弹塑性非线性结构分析。爆破地震及爆炸冲击作用产生的强烈响应,往往会使结构进入弹塑性状态,采用非线性分析是非常必要的。

时程分析法是20世纪60年代开始发展起来的,但并未在工程上广泛应用,因为时程分析需有大容量高速运行的计算机,在工程结构动力学计算上得到广泛应用只是近20年的事。

采用时程分析法计算结构动力响应时,是从地基输入爆破地震波,由地震动初开始,逐步地对动力平衡方程积分,直到地震动停止,即地震动波振幅为零的时刻停止,求得地震动过程中任一时刻的结构变形和内力,这种分析法能"再现"结构在地震时的变形状况,因此这种计算方法为"仿真分析"。从理论上讲,这种方法对研究爆破地震的动力反应来说很可信。

第7章 定量计算软件介绍

7.1 MIKE21

尾矿库溃坝范围数值模拟的软件主要有 MIKE21、FLUENT、RAMMS 等,下面简要介绍 MIKE21 在尾矿库溃坝范围数值模拟中的应用。

7.1.1 MIKE21 简介

MIKE21 软件是丹麦水利研究所(Danish Hydraulic Institute,简称 DHI) Water & Environment 机构开发的一个用于数值模拟各种流场问题(如海域、港湾、河流等)和基于流场下的环境问题(如污染物扩散、水质、重金属、泥沙输移)等工程问题的专业软件包。

MIKE21 为工程应用、海岸管理及规划提供了完备、有效的设计环境。ECO LAB 环境模块的加入使得 MIKE21 还是一个有效的环境模拟及评价工具。高级图形用户界面与高效计算引擎的结合使得 MIKE21 在世界范围内成为一个水流模拟专业技术人员不可缺少的工具。

MIKE21 具有以下特点:

(1)用户界面友好,属于集成的 Windows 图形界面;

(2)具有强大的前、后处理功能。在前处理方面,能根据地形资料进行计算网格的划分;在后处理方面,具有强大的分析功能,如流场动态演示及动画制作、计算断面流量、实测与计算过程的验证、不同方案比较等;

(3)多种计算网格、模块及许可选择确保用户根据自身需求来选择模型;

(4)可以热启动,当用户因各种原因需要暂停 MIKE21 运行时,只要在上次计算时设置了热启动文件,再次计算时将热启动文件调入便可继续计算,极大方便了计算时间有限制的用户;

(5)能进行干、湿节点和干、湿单元的设置,能较方便地进行滩地水流的模拟;

(6)具有强大的卡片设计功能,可以进行多种控制性结构的设置,如桥墩、堰、闸、涵洞等;

(7)可广泛地应用于二维水力学现象的研究,潮汐、水流、风暴潮、传热、盐流、水质、波浪紊动、湖震、防浪堤布置、船运、泥沙侵蚀、输移和沉积等,被推荐为河流、湖泊、河口和海岸水流的二维仿真模拟工具。

MIKE21 Flow Model FM 包含多个模块,使用者可依照需求做选择:

· Hydrodynamic(水动力学模块)

· Transport(对流扩散模块)

· Inland Flooding(洪水模拟模块)

· ECO Lab/Oilspill(水质水生态模块)

· Mud Transport(黏性泥沙模块)

- Particle Tracking(粒子追踪模块)
- Sand Transport(非黏性泥沙模块)

用户可按需选择一个或多个模块使用,但水动力学模块始终是必需的。水动力学模块在平面二维自由表面流数值模拟方面具有强大的功能,可计算多种外力和边界条件驱动下的水流和盐度分布情况,因此可以采用 MIKE21 软件进行尾矿库溃坝数值模拟。图 7.1 为平面二维水流界面。

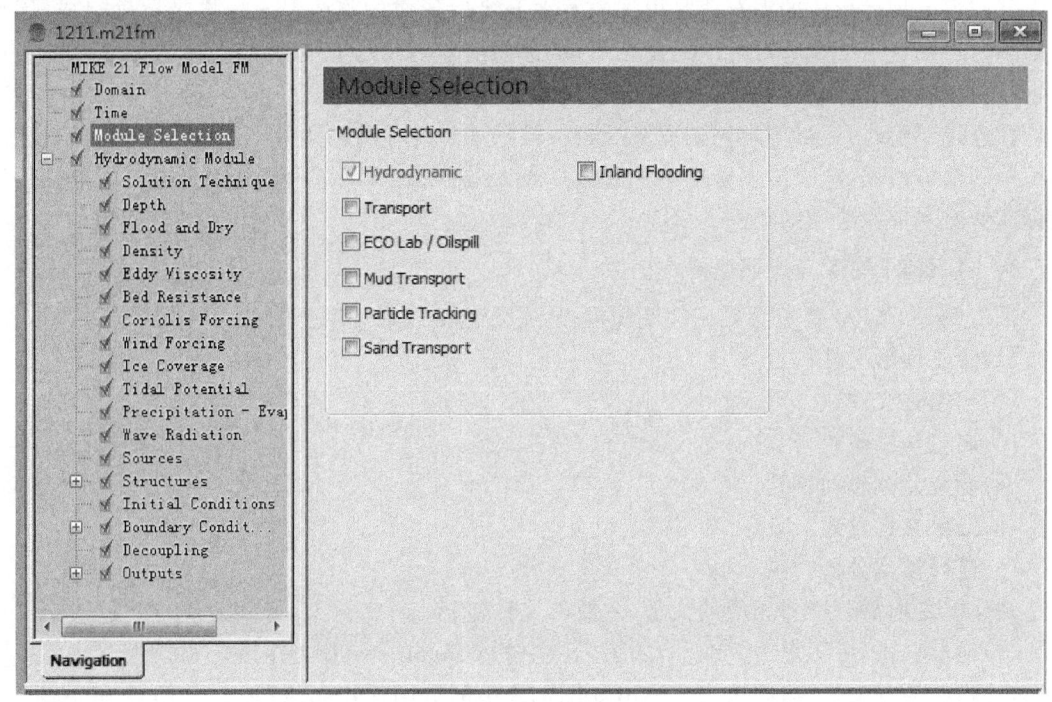

图 7.1　平面二维水流界面

7.1.2　溃坝形式

尾矿库在发生溃坝时,会有不同的形式,这些形式可以根据不同的溃坝规模分为不同模式。按照相关的规模可以将溃坝的模式分为局部的溃坝和全面的溃坝;也可以按照溃坝所发生的时间进行溃坝模式的分类,分为逐渐溃坝和瞬间溃坝两种。将以上四种模式可融合为三种,分别为:瞬间全面溃坝、瞬间部分溃坝、逐渐溃坝。

(1)瞬间全面溃坝。瞬间全面溃坝具有全面性和瞬时性。在溃坝的一瞬间,坝体所具有的高势能能够在瞬间得到释放,高势能的泥石流所到之处几乎全部被毁,所造成的损失几乎无法估量。瞬间的全面溃坝是三种溃坝模式中危害最大的,破坏力最强。

(2)瞬间部分溃坝。瞬间部分溃坝就是在一瞬间坝体的部分几乎失去任何的工作能力。瞬间的部分溃坝可以分为两种:一种是瞬间横向局部的溃坝形式。这种情况是在局部的一瞬间,坝体的长边方向发生局部的溃坝,溃坝的这一部分几乎没有任何的工作效用。另一种是瞬间纵向局部的溃坝,这种形式的瞬间局部溃坝是在坝体上产生一定的缺口,并且溃坝的程度直达坝基。

(3)逐渐溃坝。逐渐溃坝的意思是坝体在经过一定的水流的冲击的情况下,或者受到不可抗力的情况下,尾矿库坝体受到一定的损害。

加强对尾矿库坝的保护措施,尽最大的可能性降低尾矿库溃坝发生的概率。减弱溃坝所带来的危害,是尾矿库坝在设计、修建以及管理上需要考虑的头等大事。

尾矿坝溃坝的主要原因是洪水漫顶和基础管涌、渗漏,这种溃决虽属于逐渐溃坝类型,但由于引起溃坝的水流冲击能力极强,从决口开始时刻到基本形成稳定的溃决断面时,整个时间非常短暂,为安全考虑可按瞬时溃坝处理。

尾矿坝溃坝后形成的泥石流是由坝内蓄水下泄后形成的高流量水流携带尾砂组成,因此尾矿坝内水量直接决定着可下泄的泥石流量,进而决定着溃坝后对下游造成的影响范围。尾矿坝漫顶时,坝上水位为坝顶标高。

在进行评价时,可以假定尾矿库溃坝是在堆积坝最终标高的条件下发生的,初期坝以上的堆积尾砂发生溃坝,这时溃坝形成的泥石流量最大,造成的溃坝范围也越大。也可以取几种不同标高情况来模拟溃坝的范围。

7.1.3 MIKE21 尾矿库溃坝模拟

采用 MIKE21 软件进行尾矿库溃坝模拟,主要包括以下几个步骤:
(1)建立地形文件;
(2)初始化文件;
(3)确定曼宁系数;
(4)设置计算时间序列;
(5)结果文件设置;
(6)进行模拟分析。
在建模之前需要准备相应的文件,主要的文件包括:
(1)地形文件,后缀名为 .mesh,如图 7.2 中的 domain.mesh 文件;
(2)初始条件文件,后缀名为 .dfsu,如图 7.2 中的 initial.dfsu 文件;
(3)水和流砂两相流体与地表摩擦系数文件,后缀名为 .dfsu,如图 7.2 中的 Manning's.dfsu 文件;
(4)模拟范围文件,后缀名为 .xyz,如图 7.2 中的 bianjie-b.xyz 文件。

文件名	修改日期	类型	大小
1211.log	2020/1/16 16:23	文本文档	115 KB
1211.m21fm	2020/1/16 16:08	MIKE Zero Flow ...	169 KB
bianjie-b.xyz	2019/12/30 11:09	XYZ 文件	5 KB
domain.mesh	2020/1/11 15:39	MIKE Zero Data ...	6,681 KB
initial.dfsu	2020/1/11 16:37	MIKE Zero Data ...	13,058 KB
initial.frv	2020/1/11 16:37	FRV 文件	9 KB
Manning's.dfsu	2020/2/17 9:56	MIKE Zero Data ...	32,278 KB

图 7.2 建模之前需要准备的文件

7.1.4 计算示例

(1)网格与地形图

某尾矿库堆积到 1195 m 标高时,其总库容达 62.9 万 m^3,坝高为 39 m。该尾矿库地处狭长形谷地,场址谷口较狭窄,下游沟口左右侧近似对称,两侧坡角度约为20°～30°,坡度约为3.5%～14.3%,上游较陡,下游较平缓,该泥石流沟从上游至下游逐渐收窄,上游物源形成区的面积较大,下游尾矿库所在区域为泥石流沟的流通区,两侧山坡植被发育,多为杂木树及杂草。尾矿库溃坝分析采用无结构三角形对尾矿库影响地区进行剖分,无结构三角形具有复杂区域适应性好、局部加密灵活和便于自适应的优点,能很好地模拟自然边界及复杂的水下地形,提高边界模拟精度。根据尾库坝影响区的地形数据进行网格剖分,得到图7.3和图7.4。

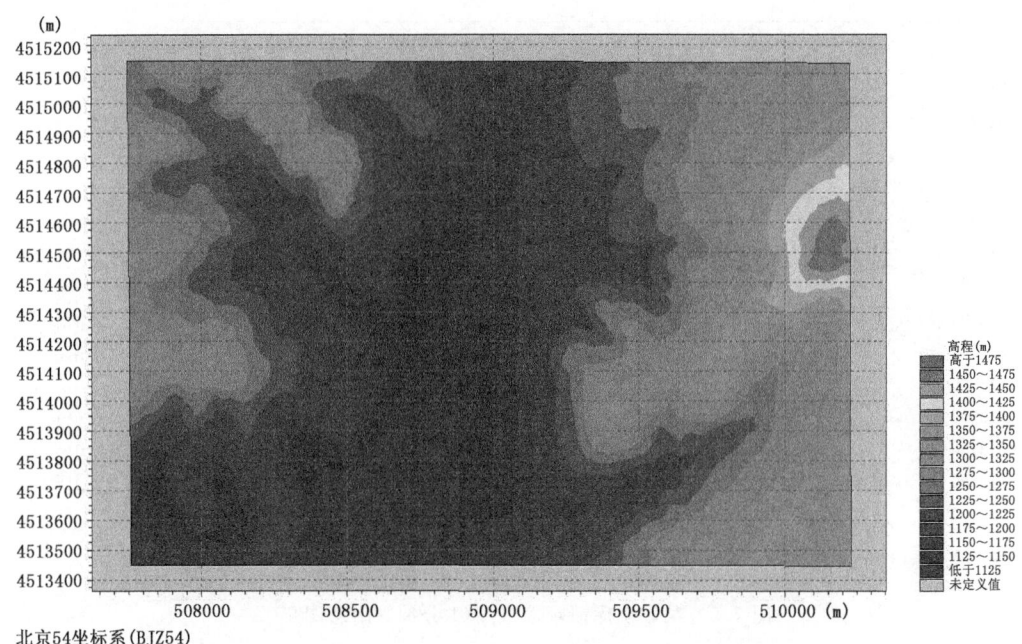

图7.3 某尾矿库影响区二维模型计算地形(附彩图)

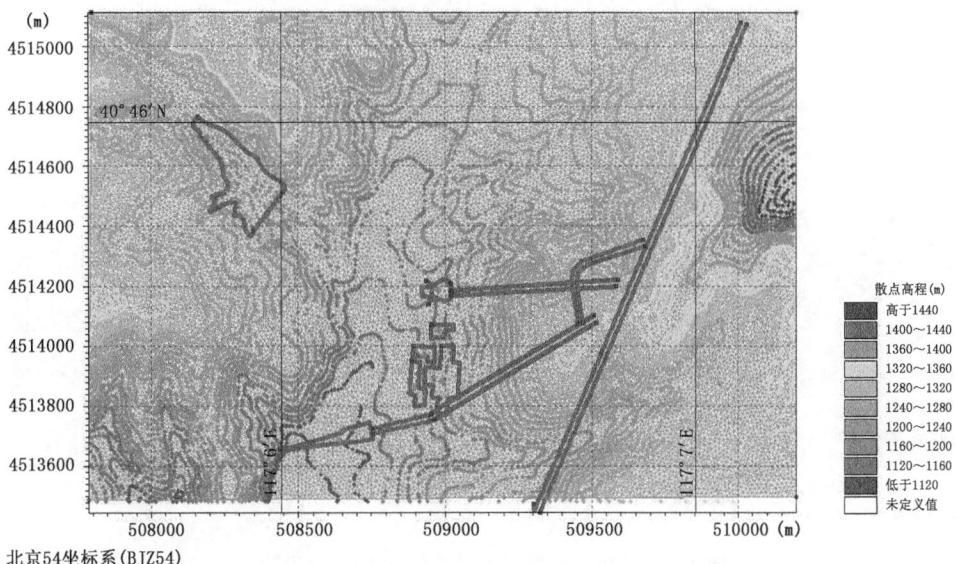

图7.4 某尾矿库影响区局部网格剖分图(附彩图)

(2)溃坝范围

以堆积坝标高以上设计堆积坝高全溃作为溃坝最大范围模拟分析情景,分析 30 分钟内溃坝范围情况,尾砂和水混合体演进过程图见图 7.5—图 7.10。从图中可以看出瞬时溃坝历时较短,瞬时溃坝最大流量出现在溃坝初瞬;溃坝范围随时间的增加而增大,且增速变缓,增速最快出现在溃坝瞬时。

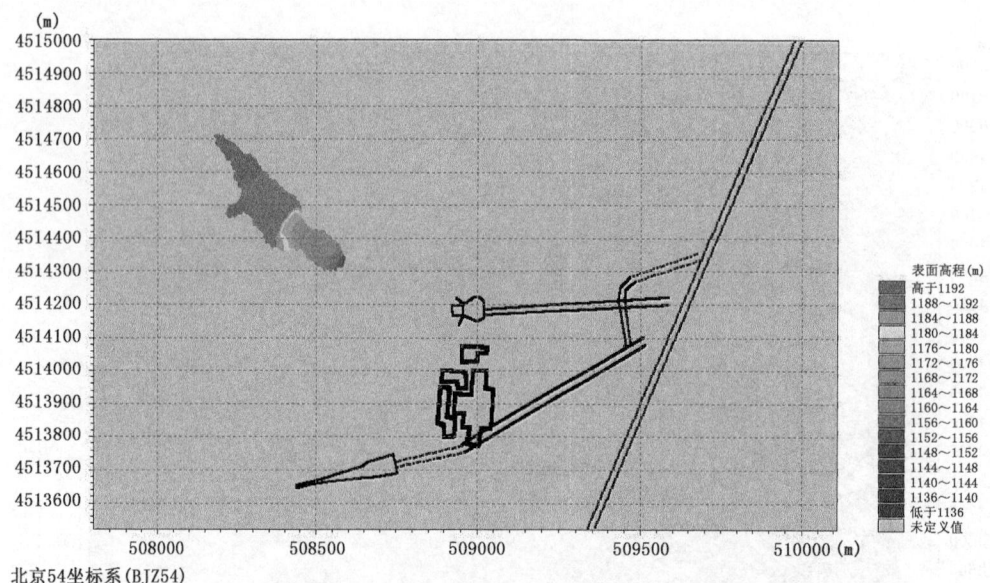

图 7.5 某尾矿库溃坝演进图(1 分钟)(附彩图)

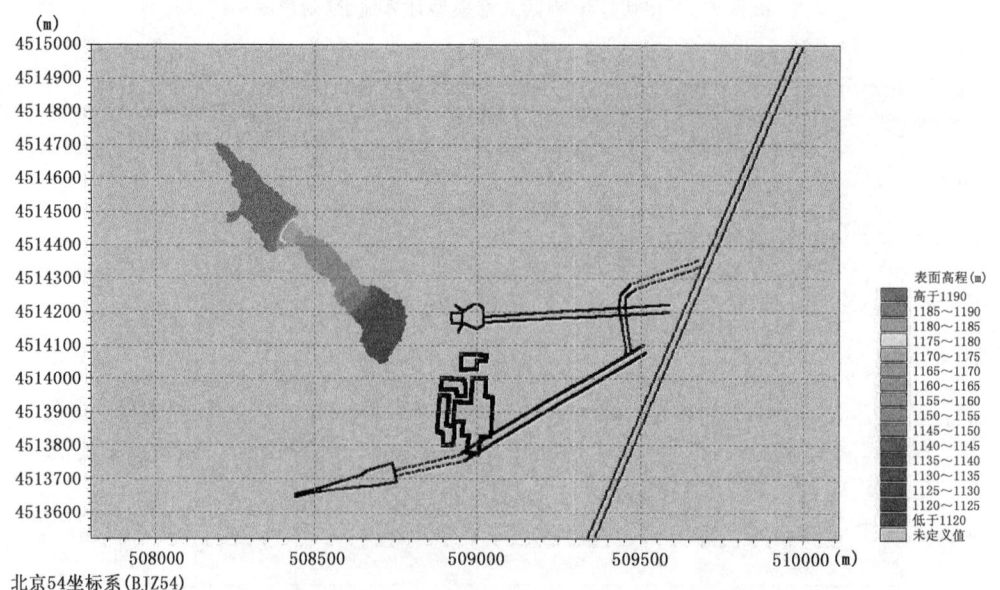

图 7.6 某尾矿库溃坝演进图(3 分钟)(附彩图)

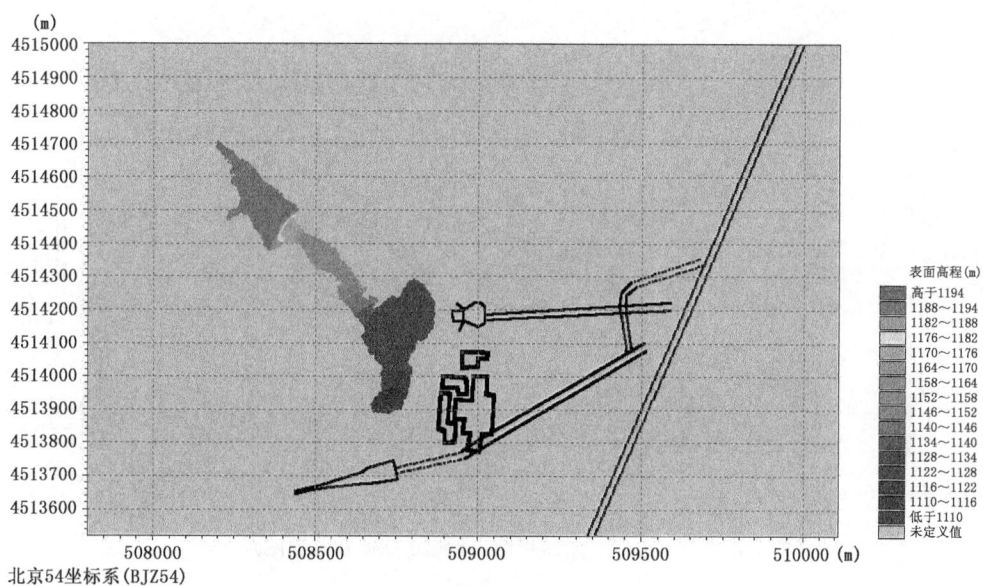

图 7.7　某尾矿库溃坝演进图(5 分钟)(附彩图)

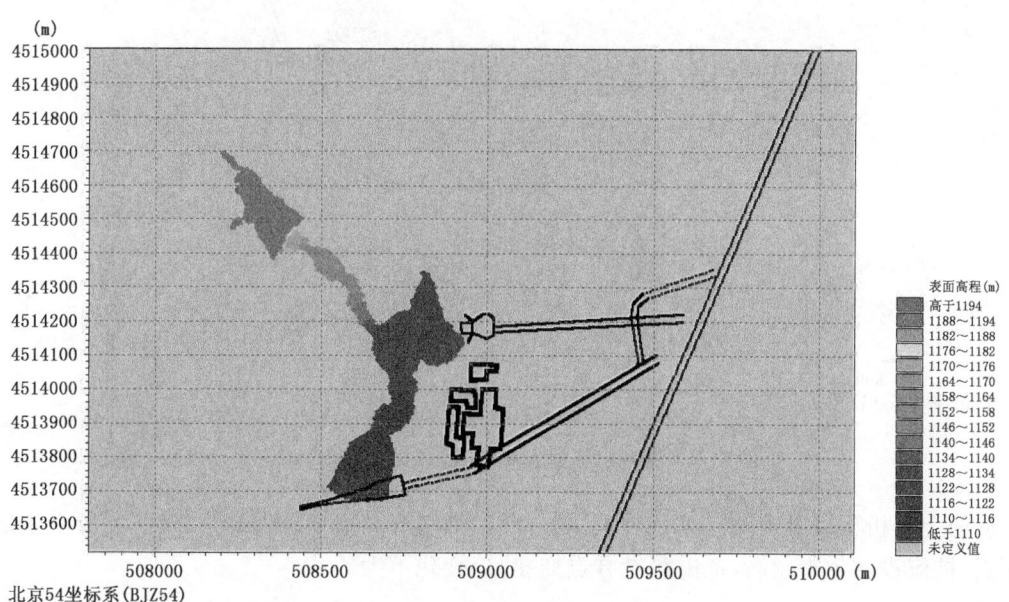

图 7.8　某尾矿库溃坝演进图(10 分钟)(附彩图)

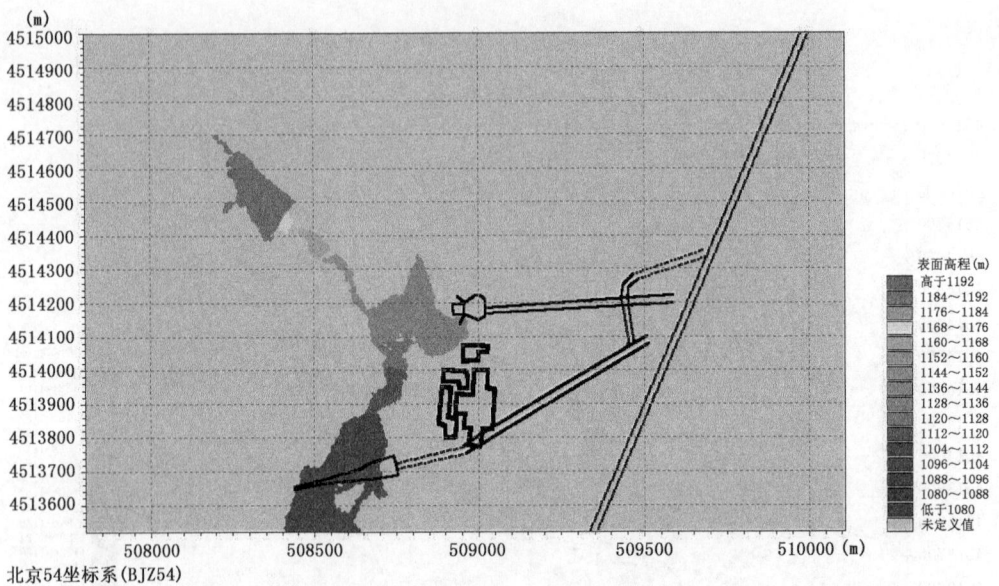

图 7.9　某尾矿库溃坝演进图(20 分钟)(附彩图)

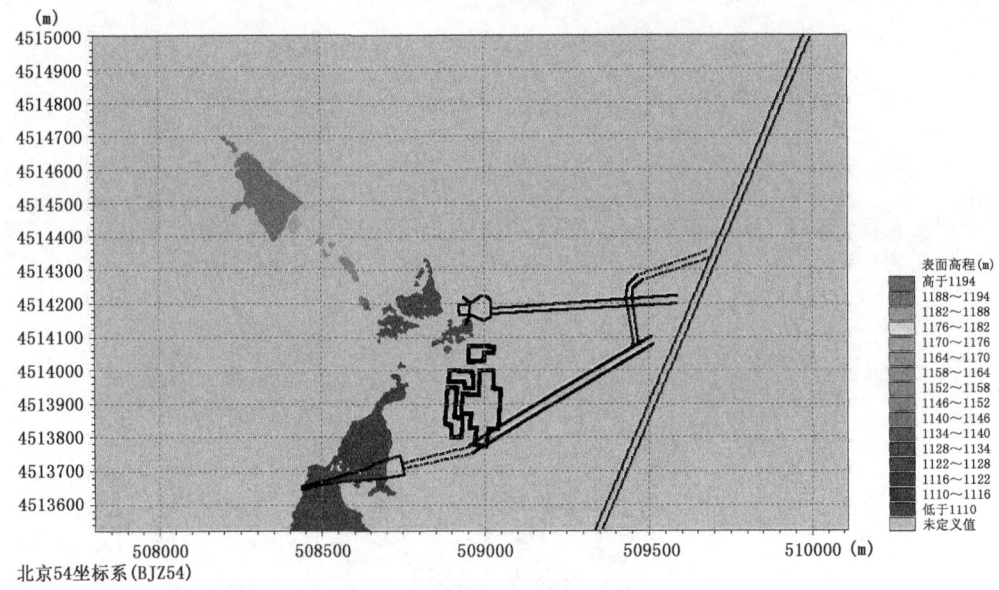

图 7.10　某尾矿库溃坝演进图(30 分钟)(附彩图)

从图上分析可以看出,在 10 分钟内,尾矿库溃坝将淹没到下游大部分地区,下游由于地形的原因,被淹没的越来越高,范围稍微有点变化,但变化不大。

7.2　GeoStudio

7.2.1　GeoStudio 简介

GeoStudio 系统软件是由全球闻名的加拿大岩土软件开发商 GEO-SLOPE 公司在 20 世

纪 70 年代开发的面向岩土、采矿、交通、水利、地质、环境工程等领域的一套仿真分析软件。它包括以下八个专业软件：

(1) SLOPE/W 边坡稳定性分析软件；

(2) SEEP/W 地下水渗流分析软件；

(3) SIGMA/W 应力变形有限元分析软件；

(4) QUAKE/W 动力响应分析软件；

(5) TEMP/W 地下热传递分析软件；

(6) CTRAN/W 污染物运移分析软件；

(7) AIR/W 水－气两相流分析软件；

(8) VADOSE/W 地表环境下非饱和区渗流分析软件。

在尾矿库定量计算中，主要用到 SLOPE/W 边坡稳定性分析软件和 SEEP/W 地下水渗流分析软件。

GeoStudio 的每个专业软件可以看作由模型建立、模型定义、边界条件和计算求解四部分组成。以下以 GeoStudio2012 为例对 SLOPE/W 边坡稳定性分析软件和 SEEP/W 地下水渗流分析软件的使用进行介绍。

7.2.2 SLOPE/W 操作步骤

尾矿库稳定性分析主要计算该尾矿库的最小安全系数和确定滑移面的位置。SLOPE/W 操作步骤如下。

(1) 创建分析项目

在系统中创建一个新的 SLOPE/W 分析项目，并在对话框中输入模型名称，选择对分析方法、孔隙水压力、滑动面选项、安全系数分布等进行设置。

(2) 设置工作区域

工作区域为定义一个问题时可用的空间尺寸，工作区域可以小于、等于或大于打印尺寸。如果工作区域大于打印尺寸，则当所建模型显示比为 100% 或者更大时，不能将该模型完整打印在一张纸上，模型打印将需要多张纸。因此，工作区域设置时应该设置为较合理方便的尺寸。工作区域尺寸要比模型尺寸大，这样在模型周围有空间可以添加一些标注和说明。

(3) 设置比例

当两个方向区域尺寸设置完毕，软件会计算出一个近似的比例（比例数字通常带有小数）。此后可以将这个比例调整为一个整数值，这时候 X 方向区域的最大值会自动调整来适应新的比例值。

(4) 设置绘图网格

在绘制模型图时通常需要网格进行辅助绘图，当网格存在时，绘图中鼠标可以捕捉到精确的坐标值，有助于准确绘图。

网格将在绘制窗口中显示出来。在窗口移动鼠标时，离鼠标最近的网格点坐标值将在窗口右下角的状态栏中显示出来。

(5) 保存设置

先前的设置要进行保存，这样在进行以后的保存和结果步骤时能够从保存的文件中获取所需要的基本信息。数据可以在设置的任何时候进行保存，及时保存可以避免很多不必要的麻烦。

所有的 GeoStudio 文件扩展名为 GSZ,如果没有制定扩展名,SLOPE/W 将自动加上扩展名。如果有多个不同的 GeoStudio 项目,最好在文件名中对文件对应的项目有所描述。

(6)绘制坐标轴

坐标轴的绘制有助于建模时图形的绘制、结果的输出和查看。

(7)绘制模型

在建立模型时,首先要绘制模型轮廓图。绘制模型轮廓图对于以后图层参数定义以及边界条件的定义都是非常有好处的。

如果在绘制轮廓图时有错误,可以使用修改对象来进行修改。

(8)生成材料区域

对于每种不同的材料,通过鼠标绘制材料区域。

(9)定义材料属性

在材料区域生成后,对每种材料区域的材料参数进行设置。参数主要包括:材料层的命名、本构模型、重度、粘聚力、Phi 值。

(10)绘制压力线

两层材料的孔隙水压力可以用同一根压力线表示。

(11)绘制滑移面入口和出口范围

为了控制滑移面的位置,在滑移面设置中有很多选项可以选择。其中一个选项就是定义滑移面的入口和出口范围。在计算过程中,SLOPE/W 会根据使用者对滑移面范围的不同定义来自动搜索滑移面。

(12)绘制说明文字标签

可以将材料参数作为标签显示在模型中,这样使得打印的图形有附录性质的说明文字。如果改变了材料参数,则显示的标签也会自动随之一起改变。

(13)进行计算

在相关参数设置和模型建立完成之后,通过点击相应的按钮,便可以进行计算。

(14)结果查看

可以以图形化的方式查看分析的结果。

①显示所有计算的滑移面及其安全系数;

②生成安全系数等高线图;

③最小滑移体中任意土条的力平衡矢量图和自由体受力图;

④计算结果的绘图。

同时可以生成计算报告。

7.2.3 SEEP/W 操作步骤

(1)创建分析项目

在系统中创建一个新的 SEEP/W 分析项目,并在对话框中输入分析名称,定义分析类型:静态/动态。

(2)设置工作区域

工作区域为定义一个问题时可用的空间尺寸,工作区域可以小于、等于或大于打印尺寸。如果工作区域大于打印尺寸,则当所建模型显示比为 100% 或者更大时,不能将该模型完整打印在一张纸上,模型打印将需要多张纸。因此,工作区域设置时应该设置为较合理方便的尺寸。工作区域尺寸要比模型尺寸大,这样在模型周围有空间可以添加一些标注和说明。

(3)设置比例

当两个方向区域尺寸设置完毕,软件会计算出一个近似的比例(比例数字通常带有小数)。此后可以将这个比例调整为一个整数值,这时候 X 方向区域的最大值会自动调整来适应新的比例值。

(4)设置绘图网格

在绘制模型图时通常需要网格进行辅助绘图,当网格存在时,绘图中鼠标可以捕捉到精确的坐标值,有助于准确绘图。

网格将在绘制窗口中显示出来。在窗口移动鼠标时,离鼠标最近的网格点坐标值将在窗口右下角的状态栏中显示出来。

(5)保存设置

先前的设置要进行保存,这样在进行以后的保存和结果步骤时能够从保存的文件中获取所需要的基本信息。数据可以在设置的任何时候进行保存,及时保存可以避免很多不必要的麻烦。

所有的 GeoStudio 文件扩展名为 GSZ,如果没有制定扩展名,SEEP/W 将自动加上扩展名。如果有多个不同的 GeoStudio 项目,最好在文件名中对文件对应的项目有所描述。

(6)绘制坐标轴

坐标轴的绘制有助于建模时图形的绘制、结果的输出和查看。

(7)绘制模型

在建立有限元网格时,首先要绘制模型轮廓图。绘制模型轮廓图对于以后网格划分以及边界条件的定义都是非常有好处的。

如果在绘制轮廓图时有错误,可以使用修改对象来进行修改。

(8)生成有限元区域

将区域分为不同的有限元区域。

(9)定义材料属性

定义尾矿库基础参数材料,如渗透系数等。

(10)给有限元赋予材料

对于每个有限元区域,确定区域里面相关的材料。

(11)有限元区域网格剖分

设定有限元区域内网格和单元的参数。

(12)设置边界条件

设置水头等边界条件。

(13)绘制流量截面

流量截面是用来计算通过大坝总渗流流量的截面,流量截面在绘制时必需完全穿越所在位置的单元。

(14)进行计算

在相关参数设置和模型建立完成之后,通过点击相应的按钮,便可以进行计算。

(15)结果查看

在 SEEP/W 的后处理中,可以以图形化的方式查看分析的结果。

①生成结果云图；
②显示代表流动方向的速度矢量；
③显示通过制定截面的总流量；
④单个节点和单元的结果查看；
⑤计算结果的曲线图。

7.2.4 计算示例

某尾矿库设计最终堆积标高 766 m,尾矿库的总库容约为 2495 万 m³,其有效库容约为 2120.7 万 m³,填充系数为 0.85。该选矿厂年产尾矿量约 95 万 t,干密度按照 1.5 t/m³ 计算,每年生产尾矿 63.3 万 m³,其服务年限约为 33.5 年。尾矿库总坝高 144 m,总库容约 2495 万 m³,属二等尾矿库,其中初期坝为透水堆石坝,最大坝高为 30 m,坝顶标高为 652 m,坝底标高为 622 m;尾矿坝外边坡的平均坡比为 1:4,最终堆积标高为 766 m,堆积坝高 114 m。该尾矿库现状堆积标高 690 m,为了保证尾矿库的稳定性,掌握坝体稳定性的具体情况,对该尾矿库现状稳定性进行计算分析(图 7.11)。

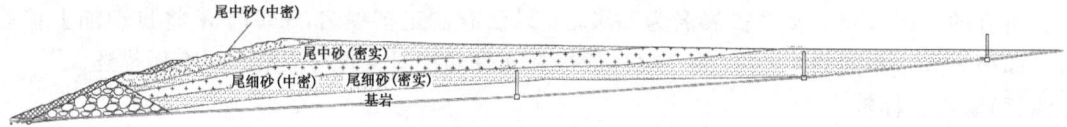

图 7.11　某尾矿库剖面图(附彩图)

(1) 计算模型

根据尾矿库概化分区及实际坐标,建立尾矿库坝体边坡稳定性计算模型。计算模型的几何尺寸及边界条件的确定不但涉及计算量的问题(即单元大小及数量),而且影响到计算的精度及整个坝体的力学分析,因此,合理确定计算剖面、剖面的尺寸及边界条件非常重要。

首先确定渗流计算的边界条件,根据库内实际运行水位及初期坝处的实际监测水位,结合模型的网格划分及各概化分区的渗透系数,进行尾矿坝渗流场计算,渗流计算模型见图 7.12。根据计算出来的渗流场,采用三种极限平衡法,即简化毕肖普法、简化简布法、Morgenstern-Price 法(简称 M-P 法)计算尾矿坝边坡在正常工况、地震工况下的稳定性。

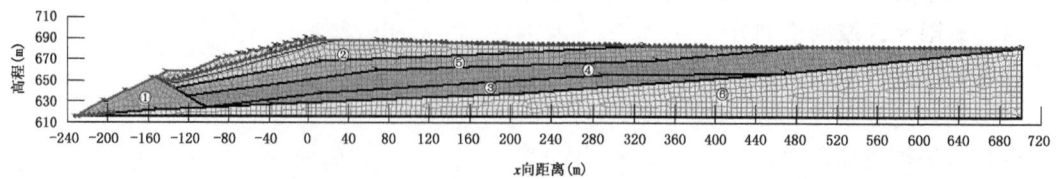

图 7.12　尾矿稳定性计算渗流模型(附彩图)
①堆积坝;②尾中砂(中密);③尾细砂(密实);④尾细砂(中密);⑤尾中砂(密实);⑥基岩

(2) 结果分析

在渗流计算所得的浸润线分布情况下,采用极限平衡法计算所得正常工况及地震工况下尾矿坝边坡稳定性计算结果分别如图 7.13—图 7.18。

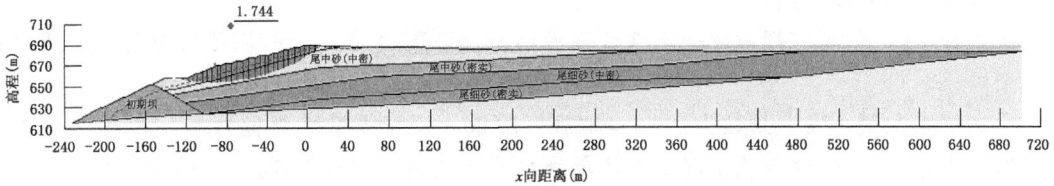

图 7.13 正常工况边坡稳定性结果(简化毕肖普法)(附彩图)

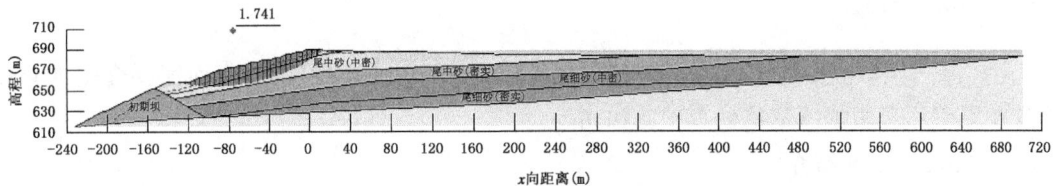

图 7.14 正常工况边坡稳定性结果(简化简布法)(附彩图)

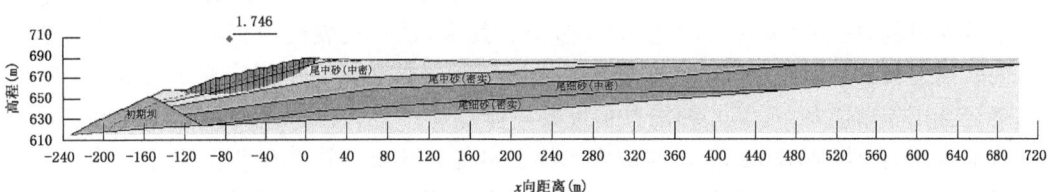

图 7.15 正常工况边坡稳定性结果(M-P 法)(附彩图)

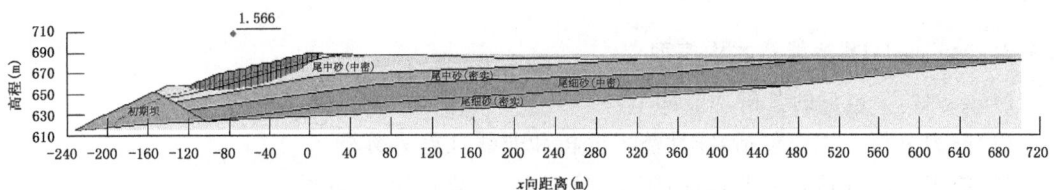

图 7.16 地震工况边坡稳定性结果(简化毕肖普法)(附彩图)

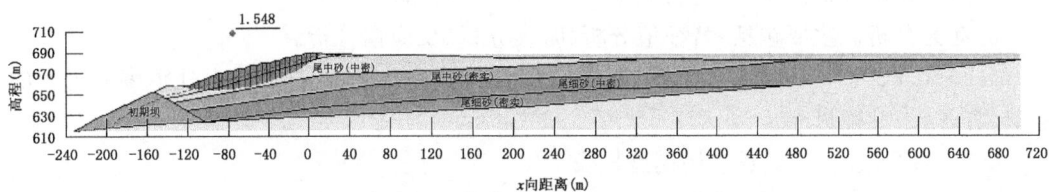

图 7.17 地震工况边坡稳定性结果(简化简布法)(附彩图)

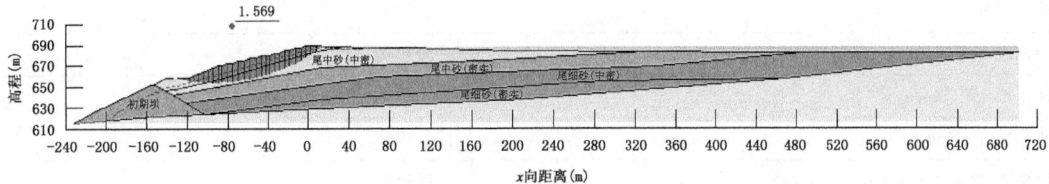

图 7.18 地震工况边坡稳定性结果(M-P 法)(附彩图)

从计算结果可以看出：

①两种工况下，尾矿坝边坡稳定性计算最小安全系数值为 1.548，满足规范对于二等尾矿库的要求；

②正常工况最小安全系数为 1.741，地震工况最小安全系数计算值为 1.548，地震工况安全系数小于正常工况，这与该工况下坝体承受水平向地震荷载有关，将对坝坡稳定性产生不利影响。

7.3 Midas/GTS

尾矿库三维渗流数值模拟的软件主要有 Midas/GTS、Seep/3D 等，下面简要介绍 Midas/GTS 在尾矿库三维渗流数值模拟中的应用。

7.3.1 Midas/GTS 简介

Midas/GTS 是由韩国 MIDAS IT 公司开发研制的一套专业三维岩土有限元分析软件，MIDAS IT 拥有 GTS、Civil、Gen 等一系列土木工程有限元分析与设计软件，在世界多个国家建立了分支机构，应用于实际工程达 5000 多个。其中，最具代表性的有世界最高建筑物——位于阿联酋迪拜的哈利法塔、世界最大跨度公铁两用斜拉桥——中国沪通长江大桥、2008 年北京奥运会国家体育场（鸟巢）、韩国首尔世界杯体育场馆等。在这些载入世界土木建筑史册的结构的应用，证明 MIDAS IT 已经成为世界上最优秀的土木软件开发公司之一。

Midas/GTS 最大优点在于其完全中文化，并采用 Windows 风格操作界面，学习起来非常容易上手。同时其操作习惯和分析内核也综合了国内外众多软件的优点，使学习者更容易理解和掌握。

7.3.2 Midas/GTS 功能及本构模型

Midas/GTS 包含的分析功能如下：

(1)静力分析。主要包括：线性静力分析和非线性静力分析。

(2)施工阶段分析。主要包括：施工、稳态渗流、瞬态渗流、固结。

(3)稳态流分析。包括：稳态流分析和非稳态流分析。

(4)边坡稳定分析。主要包括：极限平衡法、强度折减法。

(5)动力分析。主要包括：特征值分析、时程分析、反应谱分析。

Midas/GTS 基本上涵盖了岩土方面所有的分析计算功能，经过了国内外很多大工程的运用和验算，结果准确可靠。

Midas/GTS 包含的材料本构模型见表 7.1。

表 7.1 Midas/GTS 包含的材料本构模型

材料模型	特征
线性弹性(Linear Elastic)	最简单
摩尔-库仑(Mohr-Coulomb)	弹塑性，软化
特雷斯卡(Tresca)	弹塑性
范梅塞斯(Von Mises)	弹塑性
德鲁克-普拉格(Drucker-Prager)	弹塑性

续表

材料模型	特征
横向各向同性(Transversely Isotropic)	横向各向同性弹性
邓肯-张(Duncan-Chang)	双曲线,非线性弹性
霍克-布朗(Hcek-Brown)	弹塑性
节理(Jointed Rock)	各向异性弹性-各向异性塑性
剑桥(Cam-Clay)、修正剑桥(Modified Cam-Clay)	弹塑性
应变软化(Strain Softening)	应变软化
修正摩尔-库仑(Modified Mohr-Coulomb)	弹塑性
用户自定义(user defined)	用户接口

丰富的材料本构模型,针对各种岩体土体材料,准确模拟其应力应变关系。

7.3.3 建模的分析流程

(1)属性定义

Midas/GTS 中的属性定义见表 7.2。

表 7.2 Midas/GTS 中的属性定义

材料	岩土	选择土体材料的本构模型,输入参数,以准确模拟其受力变形情况
	结构	输入结构材料的参数,一般为混凝土和钢筋,认为是弹性材料
特性	梁、桁架截面尺寸	选择杆件单元的截面形状并输入截面尺寸
	板厚	输入板单元的厚度
	弹簧/接触	输入弹簧刚度和接触刚度特性等

(2)几何尺寸定义

Midas/GTS 既可以导入第三方软件的数据文件,如 STEP、IGES、Parasolid、STL (Mesh)、AutoCAD DXF (2D\3D),也可以在 GTS 里面利用其几何工具进行建模,最方便实用的是 AutoCAD DXF (2D\3D)。

(3)网格划分

GTS 提供了多样的网格划分形式,建议读者灵活应用,划分最优网格。

循环网格化(Loop Mesher),基于循环法则的直接曲面网格化;

德劳内网格化(Delaunay Mesher),基于德劳内三角形分割的间接曲面网格化;

栅格网格化(Grid Mesher),基于修正网格逼近的混合曲面网格化;

四面体网格化(Tetra Mesher),基于德劳内四面体化和前沿的实体网格化;

映射网格化(Map Mesher),基于超限插值法的结构化的曲面/实体网格化。

(4)边界荷载定义

根据工程实际受力条件、边界条件和分析工况荷载。

荷载

■自重

■力、弯矩

■强制位移

- ■压力
- ■梁单元荷载
- ■单元温度、温度梯度
- ■初始应力
- ■节点质量
- ■反应谱分析数据(包含各种设计谱数据)
- ■时程分析数据
  —— 荷载函数(包括54个地震加速度记录)
  —— 地面加速度
  —— 时变静力荷载
  —— 节点动力荷载,面动力荷载
  —— 时程结果函数

边界条件
- ■一般支承
- ■节点水头边界
- ■节点流量边界,面流边界
- ■渗流边界函数
- ■非饱和特性函数
  —— 渗透函数,包括 Gardner 系数/Frontal 函数,用户定义。
  —— 含水量函数,包括 Van Genuchten,用户定义。
- ■释放梁端约束
- ■释放板端约束
- ■材料变化
- ■边界组变化

(5)施工阶段定义

如果是施工阶段分析,就需根据实际的施工工序定义施工阶段。GTS 提供施工阶段模拟对话框,只需要拖放就可以实现单元的生成,同时对于工况特别多的工程,GTS 提供了施工阶段建模助手,根据网格组名称轻松定义施工阶段。

(6)分析工况定义

根据分析需求选择分析工况。

7.3.4 计算示例

(1)某尾矿库为一座山谷型尾矿库,占地面积约 156.6 万 m^2。初期坝最大坝高 32 m,采用水力冲积放矿筑坝的上游式筑坝方式,最终堆积标高为 714 m,堆积坝外边坡平均坡比为 1∶4,堆积坝坝高 134 m,总坝高为 166 m,总库容为 9997 万 m^3,尾矿库等别为二等。

根据《尾矿库安全技术规程》,需通过三维渗流分析确定浸润面(线)分布情况,若尾矿堆积坝坝坡有浸润线出逸情况,应在堆积坝坝内增设排渗设施。本工程将整个尾矿坝体作为分析区域,在正常运行和洪水运行两种工况下对尾矿堆积标高 580 m 进行三维渗流数值模拟计算,分析尾矿库的渗透特性(图 7.19)。

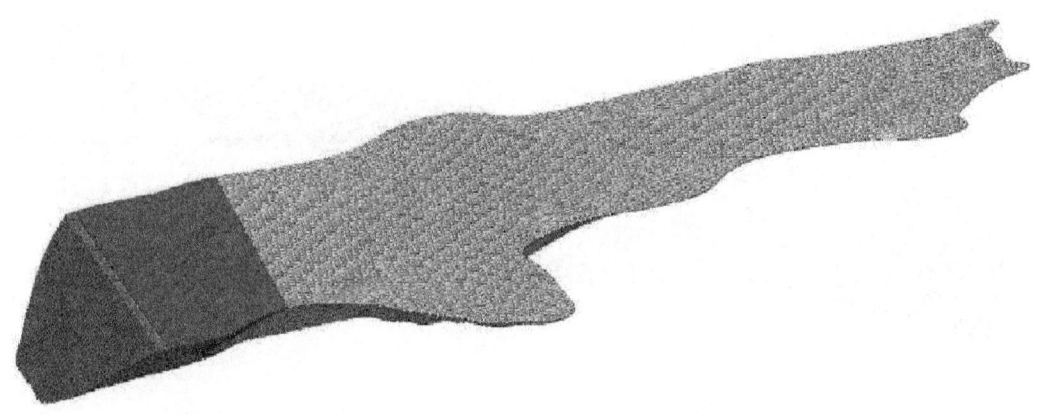

图 7.19　三维数值模型网格划分左视图(标高 580 m)(附彩图)

(2)三维渗流数值模拟主要包括以下内容：

①基于 Midas/GTS NX 软件,建立数值模拟分析计算模型；

②进行不同标高不同工况下的三维渗流数值模拟分析,得出浸润面及水力坡降的空间分布形态；

③根据计算成果对该尾矿库的渗流特性进行综合分析。

(3)结果分析

图 7.20 中彩色区域为饱和区域,浸润面为彩色区域与白色区域的分界面。结果表明,浸润面在初期坝附近呈现跌水现象,浸润面显著降低,这也充分显示了透水堆石坝作为排水棱体的优越性。

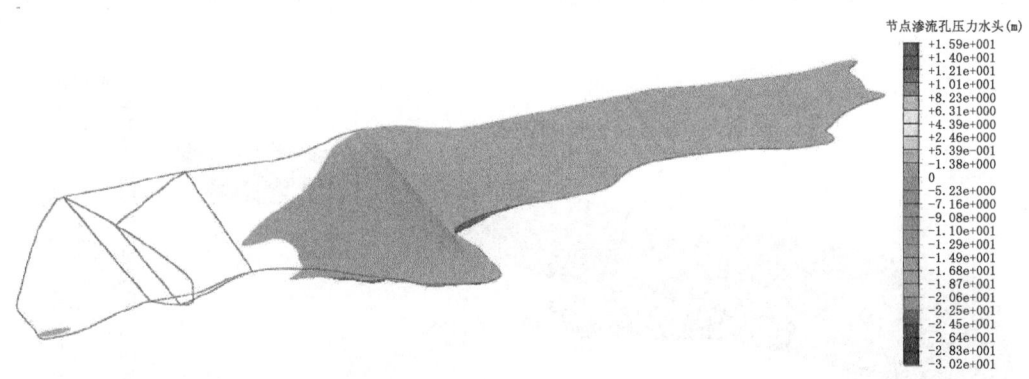

图 7.20　正常工况下的三维左视浸润面云图(标高 580 m)(附彩图)

图 7.21 代表水力坡降云图,水力坡降越大,代表单位流径上的水头变幅越大,可反应水力破坏的可能性大小,图中水力坡降大值主要集中在干滩面与水面交界部位附近。

受入渗点影响,与正常工况相比,洪水工况下的浸润面(线)位置较高,洪水运行水位工况下的渗流数值模拟计算结果如图 7.22 和 7.23。图 7.23 表明,洪水工况下出现较大水力坡降值的范围仍位于初期坝上游坡面附近区域和库区水边线下游侧附近区域,最大值约为 1.81,该值较大,考虑到初期坝为透水堆石坝,渗透力小于堆石自重,发生渗透破坏的可能性很小,此

图 7.21 正常工况下的三维左视水力坡降云图(标高 580 m)(附彩图)

图 7.22 洪水工况下的三维左视浸润面云图(标高 580 m)(附彩图)

图 7.23 洪水工况下的三维左视水力坡降云图(标高 580 m)(附彩图)

外,设计在初期坝上游侧设置有反滤层,可有效防止渗透水将尾矿带出,在初期坝与基础之间设置有反滤层,可有效防止渗透水流的冲刷,因此,在土工布反滤层能够发挥作用的前提下,坝体不会发生渗透破坏。

7.4 BTPFS2018

7.4.1 系统简介

BTPFS2018 是由北京矿冶科技集团有限公司(BGRIMM Technology Group)矿山工程研究设计所于2018年开发的尾矿库调洪演算与水情预警系统(Flood Routing & Warning System for Tailings Pond),主要用于尾矿库调洪演算、尾矿库水位预测预报、汛期尾矿库动态预警。

7.4.2 系统功能

BTPFS2018 主要功能包括全国水文数据库、静态调洪演算、水位预测预报、防洪安全动态预警、导出计算报告等,其中静态调洪演算、水位预测预报、防洪安全动态预警为其核心功能。BTPFS 主界面如图 7.24。

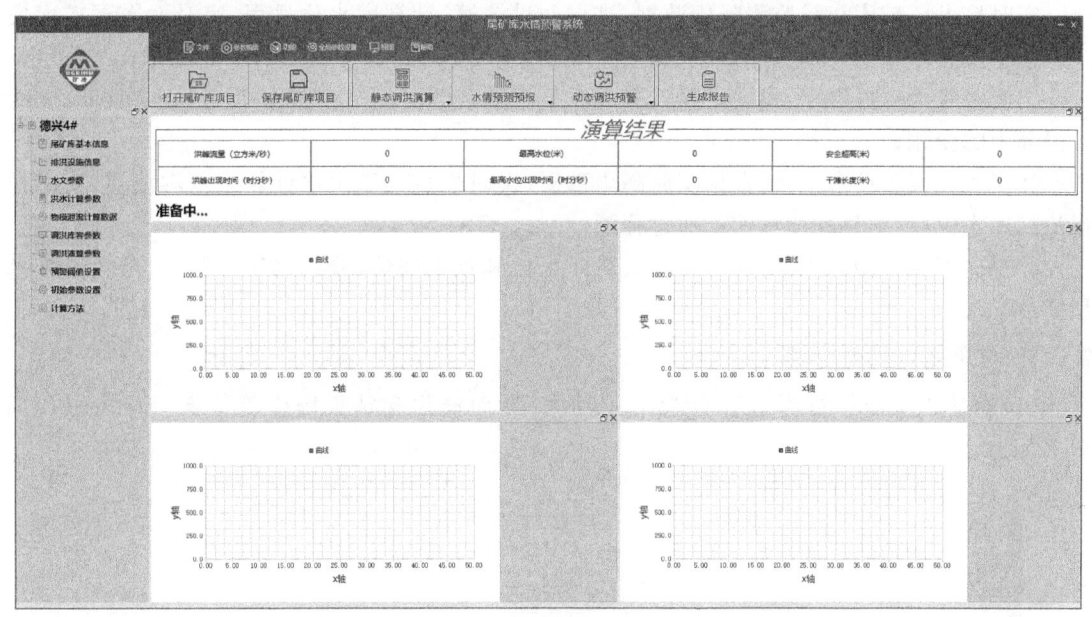

图 7.24 BTPFS 主界面

(1)静态调洪演算

用户输入调洪演算的必要参数,设置调洪演算的初始条件(起始水位等),即可对尾矿库进行调洪演算。主要调洪演算内容包括:

①静态调洪演算:根据输入的尾矿库现状相关参数,如尾矿库上游汇水面积大小、汇水坡度,排洪设施型式及尺寸,对尾矿库进行入库洪水计算、排洪过程计算、调洪演算;

②安全预警分析:根据尾矿库现状参数,计算尾矿库现状防洪标准下的入库洪水,计算排洪过程和调洪演算过程。设置尾矿库安全预警阈值,对比调洪演算结果和安全预警阈值,可分析出红色、橙色或黄色安全预警等预警情况;

③库水位调整建议:根据尾矿库调洪演算结果和预警阈值,根据红色预警、橙色预警或黄色预警等预警情况,自动计算出建议的运行库水位值,为企业提供建议;

④不同防洪标准下的调洪演算：根据企业需求，可试算不同防洪标准（最大可能洪水、5000年一遇、2000年一遇等）洪水下，尾矿库的防洪安全状况。

(2) 水位预测预报

实时接入气象部门 3 h、6 h、24 h 气象降雨数据，进行调洪演算，根据调洪演算结果发布预警信息。

①库水位预测预报：根据接入的不同时段的气象降雨总量，进行入库洪水计算和调洪演算，对库水位进行预测预报；

②安全预警分析：根据设定的预警阈值，对比调洪演算计算结果，分析给出黄色、橙色、红色三级预警信息；

③尾矿库水位调整建议：根据分析出的黄色、橙色或红色预警信息，自动计算出建议的安全初始水位值，指导企业在一定的时间内下调水位，保证尾矿库安全。

(3) 防洪安全动态预警

实时接入尾矿库在线监测降雨数据，进行调洪演算，计算库水位过程，实时发布尾矿库安全预警信息。

①实时降雨数据展示：根据雨量计实时测量的降雨数据，以柱状图的形式，动态展示，实时掌握降雨的变化；

②库水位实时动态预报：根据实时降雨数据，实时进行入库洪水计算和调洪演算，实时预报最高库水位，展示最高库水位变化过程图；

③尾矿库实时动态预警：实时对比最高库水位和预警阈值，分析尾矿库黄色、橙色或红色预警情况。

7.4.3 软件基本操作介绍

(1) 静态调洪演算操作过程分为工程操作、界面操作和结果操作等步骤。具体过程如图 7.25。

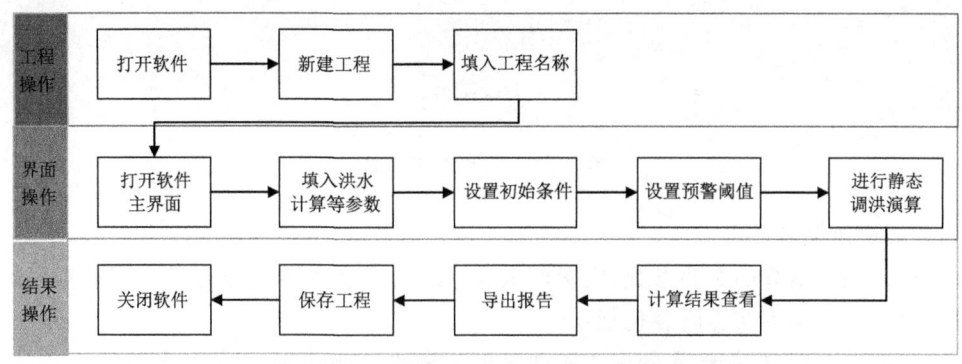

图 7.25 静态调洪演算操作过程

静态调洪演算具体操作步骤如下：
①双击打开软件，填入新建工程名称，保存至设备指定位置，进入软件主界面；
②填写尾矿库基本信息，主要包括尾矿库地理位置、企业信息、设计参数和现状参数等；
③填写尾矿库排洪系统信息，填写排水构筑物和输水构筑物等相关参数；

④导入降雨径流查算表和瞬时单位线查算表,如果无降雨径流查算表和瞬时单位线查算表,可选择系统默认值;

⑤填写或通过 EXCEL 表格导入每个水位标高对应的调洪库容值,显示对应的水位库容曲线;

⑥如果选用的物模泄流曲线,填入或导入物模泄流值;

⑦填写水位步长和调洪阈值等相关调洪演算计算参数;

⑧填写静态调洪演算的初始水位标高值;

⑨进行静态调洪演算;

⑩保存调洪演算报告。

(2)水位预测预报操作过程与静态调洪演算类似,多出了气象数据接入环节。具体过程如图 7.26。

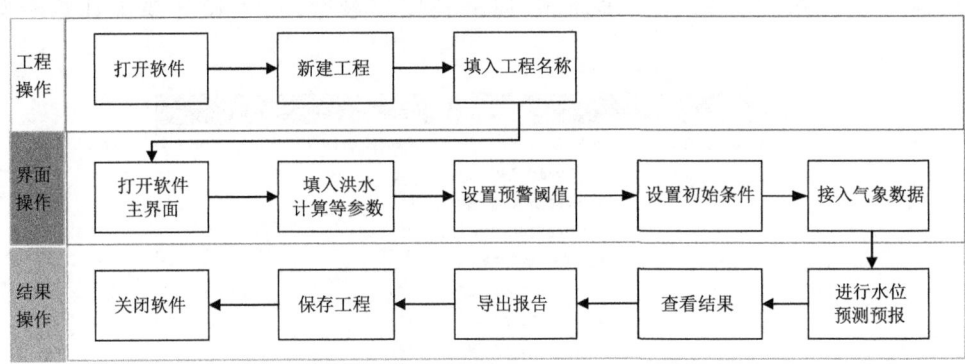

图 7.26 水位预测预报操作过程

水位预测预报具体操作步骤如下:

①计算参数设置同静态调洪演算操作步骤 1—8;

②填写或者通过传感器数据设置尾矿库初始水位值,点击接入中国气象数据网 24 h 气象降雨数据;

③进行水位预测预报计算,显示计算结果;

④导出计算报告。

(3)实时动态预警与水位预测预报操作过程类似,多出了实时降雨数据接入和展示环节,具体操作过程如图 7.27。

实时动态预警具体操作步骤如下:

①计算参数设置同静态调洪演算操作步骤 1—8;

②点击接入尾矿库实时监测降雨数据,选择计算时段长;

③进行实时动态预警计算,显示实时降雨情况和动态调洪演算结果;

④导出计算报告。

7.4.4 计算示例

某尾矿库位于江西省中部,为上游式尾矿库,设计洪水标准为 5000 年一遇,上游汇水面积 14.3 km^2,主河槽长度 5 km,主河槽平均坡度 0.01。现状堆积坝标高 280 m,为一等库,现状运行水位 256 m,运用尾矿库水情预警软件进行静态调洪演算和安全预警。

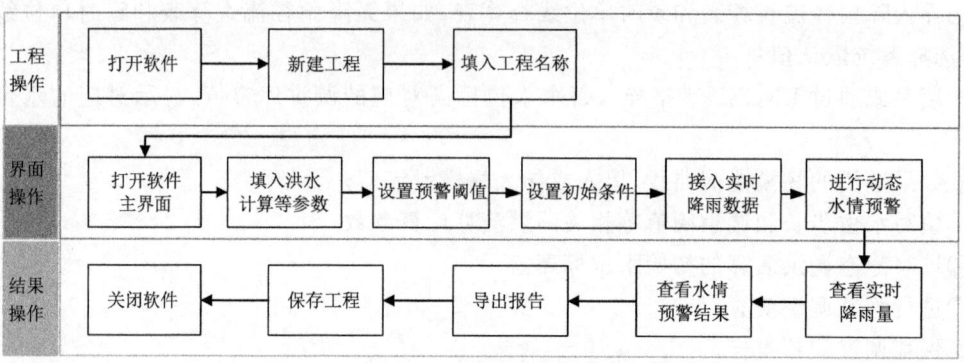

图 7.27 实时动态预警操作过程

在软件水文参数界面输入汇水面积、河槽长度等参数,输入设计暴雨计算参数,如图 7.28。

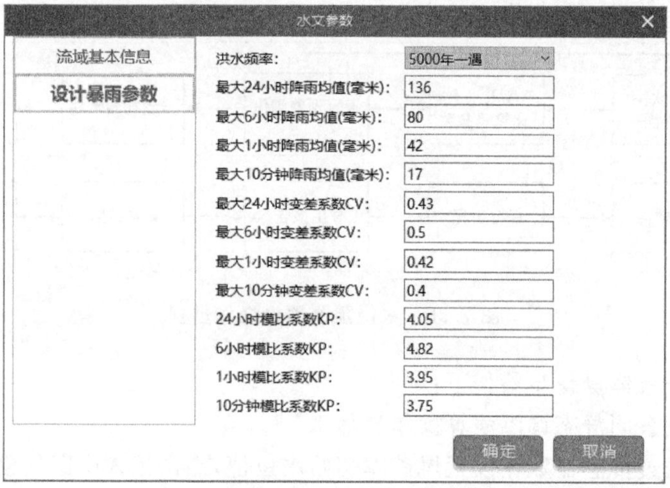

图 7.28 水文参数输入界面

选择来洪曲线即泄流曲线的计算方法。算例尾矿库为一等库,根据规范要求,需用两种洪水计算方法进行计算,此处选择全国通用的简化推理公式法和单位线法进行洪水计算,对于泄流曲线的计算可以用物模数据,也可以用经验公式法,在示例中选择物模实验数据,如图 7.29。

填写起调水位参数进行调洪演算,计算初始化参数设置,如图 7.30。

设置好初始参数后,进行自动调洪演算。算例尾矿库调洪演算结果如图 7.31。从图左下侧结果汇总中,可以直接看到计算洪峰流量、调洪演算库水位等调洪演算结果参数。

尾矿库安全预警需设置预警阈值,包括库水位、安全超高、干滩长度三个指标不同等级的预警阈值,预警阈值设置界面如图 7.32。

设置完预警阈值后,进行安全预警计算,界面显示安全预警结果,如图 7.33。从图中左下可以看出,算例尾矿库在现在库水位条件下,遭遇 5000 年一遇洪水时,出现黄色预警,建议调低运行水位,以满足汛期防洪需求。

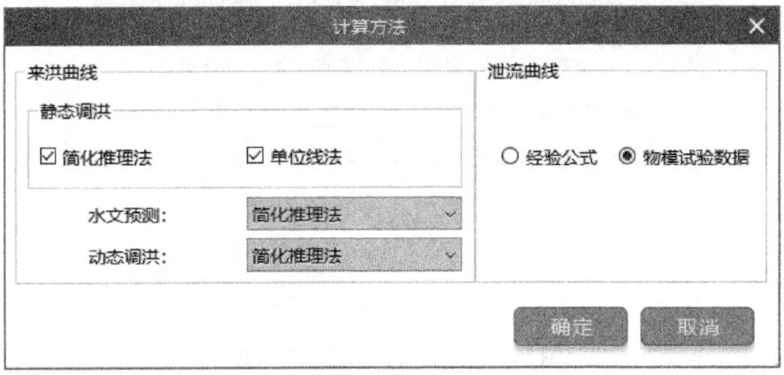

第 7 章 定量计算软件介绍

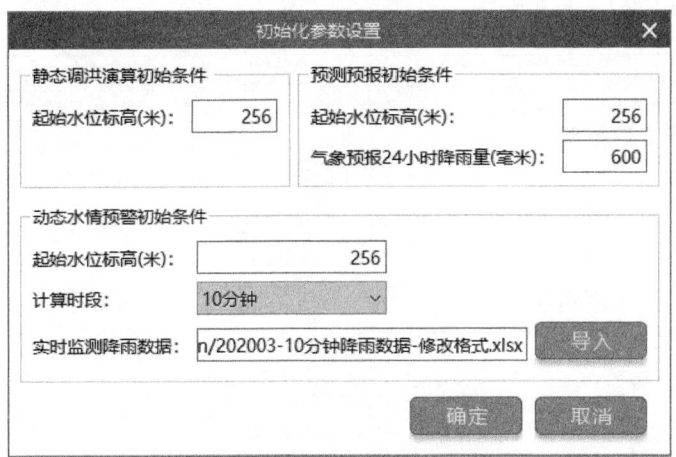

图 7.29 计算方法选择界面

图 7.30 初始化参数设置界面

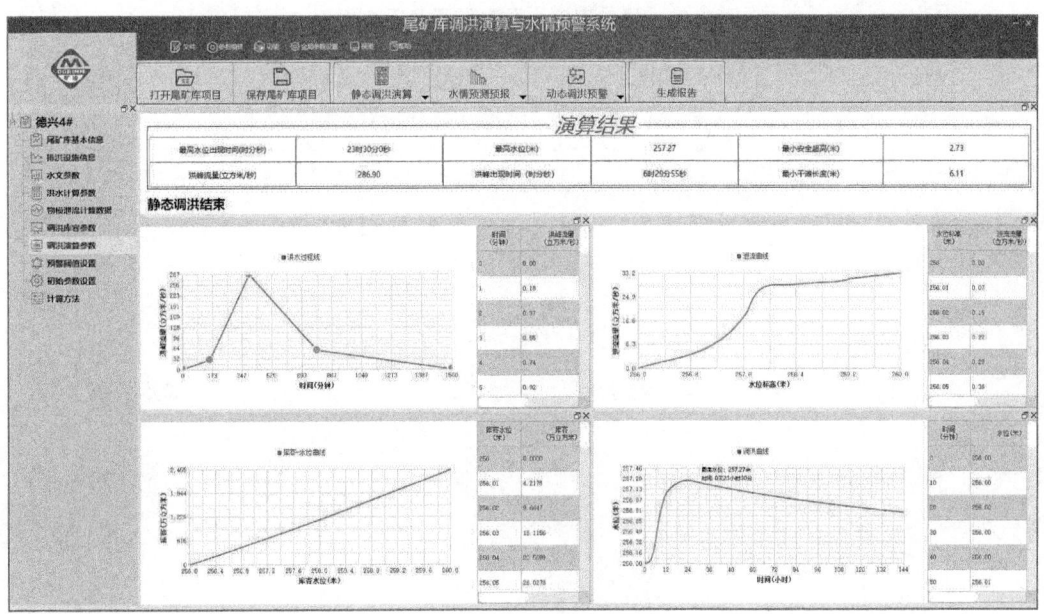

图 7.31 调洪演算结果界面

图 7.32 预警阈值设置界面

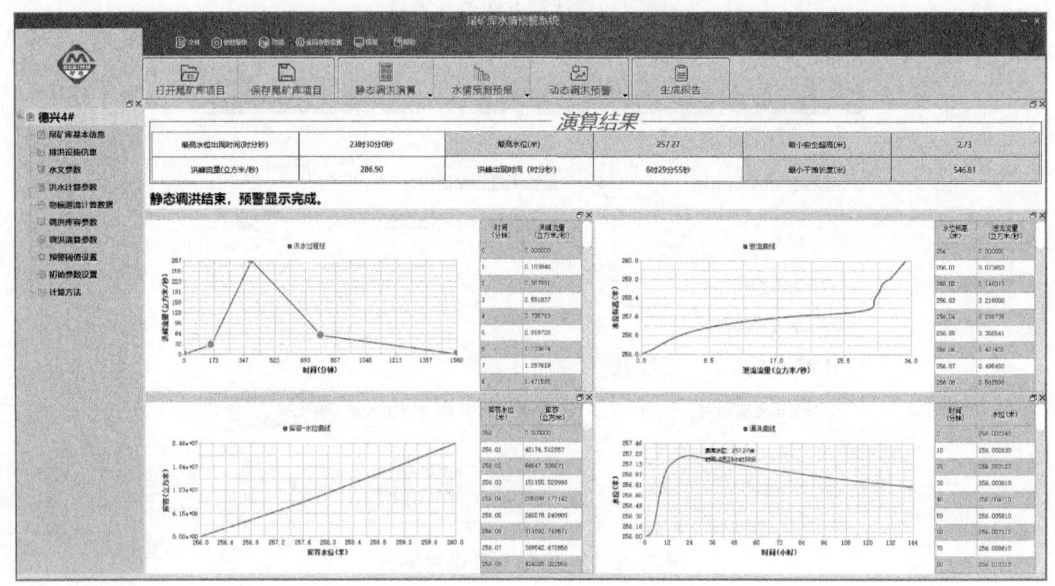

图 7.33 尾矿库安全预警结果显示主界面

参考文献

包为民,2009.水文预报(第4版)[M].北京:中国水利水电出版社.
陈仲颐,周景星,王洪瑾,2007.土力学[M].北京:清华大学出版社.
顾淦臣,1989.土石坝地震工程[M].南京:河海大学出版社.
郭世振,2010.高堆尾矿坝稳定控制及环境保护技术[M].郑州:黄河水利出版社.
金有生,2005.尾矿库建设、生产运行、闭库与再利用、安全检查与评价、病案治理及安全监督管理实务全书[M].北京:煤炭工业出版社.
金钟集,石明,2010.现代尾矿设施设计与管理维护技术及尾矿资源综合利用实用手册[M].北京:当代中国音像出版社.
李广信,张丙印,于玉贞,2013.土力学[M].第2版.北京:清华大学出版社.
李炜,2006.水利计算手册[M].第2版.北京:中国水利水电出版社.
李治,2013.Midas/GTS在岩土工程中应用[M].北京:中国建筑工业出版社.
林继镛,2013.水工建筑物[M].北京:中国水利水电出版社.
刘杰,1992.土的渗透稳定性与渗流控制[M].北京:中国水利水电出版社.
龙晓飞,高龙华,2011.茜坑水库溃坝洪水数值模拟研究[J].人民珠江,32(2):42-43,50.
落全富,安莉娜,2010.青山水库溃坝洪水模拟计算[J].浙江水利科技,2:17-19.
罗显枫,2012.基于强度折减法的边坡可靠度分析[D].大连:大连理工大学.
毛昶熙,1990.渗流计算分析与控制[M].北京:水利电力出版社.
马松,王立娟,裴尼松,等,2019.尾矿库溃决影响范围分析的三维激光扫描与颗粒流技术[J].现代矿业,35(5):23-27.
齐清兰,张力霆,2011.尾矿库渗流场的数值模拟及工程应用[M].北京:中国水利水电出版社.
芮孝芳,2004.水文学原理[M].北京:中国水利水电出版社.
田文旗,薛剑光,2006.尾矿库安全技术与管理[M].北京:煤炭工业出版社.
王光进,袁利伟,孔祥云,等,2015.边坡工程稳定性与不确定性分析Slide程序的应用[M].北京:冶金工业出版社.
王会芬,董羽蕙,邹超英,2013.基于GeoStudio下尾矿坝地应力场的数值计算[J].中国市场,2:32-34.
王文松,2017.地震作用下高堆尾矿坝动力稳定性研究[D].重庆:重庆大学.
汪闻韶,1997.土的动力强度和液化特性[M].北京:中国电力出版社.
《尾矿设施设计参考资料》编写组,1980.尾矿设施设计参考资料[M].北京:冶金工业出版社.
《尾矿坝设计手册》编委会,2008.尾矿坝设计手册[M].北京:冶金工业出版社.
沃廷枢,汪贻水,肖垂斌,等,2013.尾矿库手册[M].北京:冶金工业出版社.
谢定义,2011.土动力学[M].北京:高等教育出版社.
辛保泉,万露,耿龙龙,等,2018.尾矿库溃坝室外模型试验及灾害预测分析[J].中国安全生产科学技术,14(5):102-108.
尹光志,魏作安,许江,2004.细粒尾矿及其堆坝稳定性分析[M].重庆:重庆大学出版社.
袁聚云,2003.土工试验与原理[M].上海:同济大学出版社.
詹道江,徐向阳,陈元芳,2010.工程水文学[M].第4版.北京:中国水利水电出版社.
张春和,杨超,2006.尾矿坝的安全评价与病患治理[M].武汉:湖北人民出版社.

张家荣,刘建林,李晓刚,2019. 尾矿库溃坝及尾矿泄漏成因分析与预防措施研究[J]. 环境保护科学,45(2):113-117.

张克绪,谢君斐,1989. 土动力学[M]. 北京:地震出版社.

张晓敏,2017. 浅析尾矿库溃坝形式与预防措施[J]. 世界有色金属,24:94,96.

中仿科技公司,Geostudio 软件在岩土工程中的应用[EB/OL]. [2019-08-30] http://www.cntech.com.cn/down/2010-06/geostudio-conference0605.html.

《中国有色金属尾矿库概论》编辑委员会,1992. 中国有色金属尾矿库概论[M]. 北京:中国有色金属工业出版社.

中华人民共和国国家标准编写组,2012. 构筑物抗震设计规范:GB 50191—2012[S]. 北京:中国计划出版社.

中华人民共和国行业标准编写组,2001. 水工建筑物抗震设计规范:DL 5073—2000[S]. 北京:中国电力出版社.

中华人民共和国水利部,2001. 碾压式土石坝设计规范:SL 274—2001[S]. 北京:中国水利水电出版社.

中华人民共和国水利部,2003. 水工建筑物抗震设计规:SL 203—97[S]. 北京:中国水利水电出版社.

中华人民共和国住房与城乡建设部,2013. 尾矿设施设计规范:GB 50863—2013[S]. 北京:中国计划出版社.

周彬,刘育明,2016. 金属非金属矿山建设项目安全管理实用手册[M]. 北京:煤炭工业出版社.

周汉民,2012. 尾矿库建设与安全管理技术[M]. 北京:化学工业出版社.

周汉民,2016. 膜袋法尾矿库堆坝技术[M]. 北京:冶金工业出版社.

Clough R W, Woodward R J,1967. Analysis of embankment stresses and deformations[J]. Journal of Soil Mechanics & Foundations Div, 93(4):365-373.

Lee,K L,Seed H B,1967. Cyclic stress conditions causing liquefaction of sand[J]. Journal of the Soil Mechanics and Foundations Division,93:47-70.

Newmark N M,1965. Effects of earthquakes on dams and embankments[J]. Geotechnique,15(2):139-160.

Seed H B,Idriss I M,1971. Simplified procedure for evaluating liquefaction potential[J]. Journal of the Soil Mechanics and Foundations Division,97:1249-1273.